智慧农业技术及其典型应用场景

阮俊虎 王博文 吴庆国◎编著

科学出版社

北京

内 容 简 介

本书深入剖析了数字技术如何助力智慧农业的发展。书中详细列举了多个典型应用场景，如农业环境及作物信息获取、农产品溯源、植物工厂等，展现了数字技术如何提升农业生产效率、降低成本、优化资源配置。通过生动的案例和实践经验，本书为读者呈现了一个数字化、智能化的现代农业新画卷，对于推动农业现代化、促进乡村振兴具有重要参考价值。

本书可供农业科技工作者、农业企业管理人员及农学、信息技术和管理类领域的研究者阅读和参考，也可作为高等院校智慧农业相关专业的教科书和参考书。

图书在版编目（CIP）数据

智慧农业技术及其典型应用场景 / 阮俊虎，王博文，吴庆国编著. —北京：科学出版社，2025.7. —ISBN 978-7-03-079782-7

Ⅰ．S-39

中国国家版本馆 CIP 数据核字第 2024JE6465 号

责任编辑：郝　悦 / 责任校对：贾娜娜
责任印制：张　伟 / 封面设计：有道设计

科 学 出 版 社 出版
北京东黄城根北街 16 号
邮政编码：100717
http://www.sciencep.com

北京建宏印刷有限公司印刷
科学出版社发行　各地新华书店经销

*

2025 年 7 月第 一 版　开本：720×1000　1/16
2025 年 7 月第一次印刷　印张：17
字数：343 000
定价：188.00 元
（如有印装质量问题，我社负责调换）

目 录

第 1 章 农业遥感技术 ... 1
1.1 遥感技术概况 ... 1
1.2 农业遥感技术的应用 ... 6
1.3 农业遥感技术的发展与展望 ... 18
1.4 典型案例 ... 23
参考文献 ... 31

第 2 章 农业环境及作物信息获取技术 ... 33
2.1 种植环境及作物信息获取技术概况 ... 33
2.2 农业环境及作物信息获取的应用场景 ... 40
2.3 农业环境及作物信息获取的发展前景 ... 48
2.4 典型案例 ... 56
参考文献 ... 61

第 3 章 养殖环境与动物信息监测技术 ... 62
3.1 养殖环境与动物信息监测技术概况 ... 62
3.2 养殖环境与动物信息监测技术的应用场景 ... 71
3.3 养殖环境与动物信息监测技术的发展前景 ... 78
3.4 典型案例 ... 82
参考文献 ... 91

第 4 章 水肥一体化技术 ... 92
4.1 水肥一体化技术概况 ... 92
4.2 水肥一体化技术的应用场景实例 ... 98
4.3 水肥一体化技术的发展与展望 ... 101
4.4 典型案例 ... 109
参考文献 ... 112

第 5 章 无人农机技术 ... 113
5.1 无人农机技术概况 ... 113
5.2 无人农机应用场景 ... 121
5.3 无人农机的发展与展望 ... 128
5.4 典型案例 ... 131
参考文献 ... 137

第 6 章 农产品溯源技术 ... 139
6.1 农产品溯源技术概况 ... 139

6.2 农产品溯源技术的应用场景 ……………………………………… 145
　　6.3 农产品溯源技术的未来展望 ……………………………………… 151
　　6.4 典型案例 …………………………………………………………… 154
　参考文献 …………………………………………………………………… 163

第 7 章　智慧果园 ………………………………………………………… 164
　　7.1 智慧果园的模式概况 ……………………………………………… 164
　　7.2 智慧果园的关键设备 ……………………………………………… 169
　　7.3 智慧果园的系统组成 ……………………………………………… 174
　　7.4 智慧果园的应用与展望 …………………………………………… 180
　　7.5 典型案例 …………………………………………………………… 182
　参考文献 …………………………………………………………………… 194

第 8 章　植物工厂 ………………………………………………………… 195
　　8.1 植物工厂概况 ……………………………………………………… 195
　　8.2 植物工厂的应用场景 ……………………………………………… 213
　　8.3 植物工厂的发展与展望 …………………………………………… 216
　　8.4 典型案例 …………………………………………………………… 220
　参考文献 …………………………………………………………………… 228

第 9 章　农业生产社会化服务平台 ……………………………………… 230
　　9.1 农业社会化服务概况 ……………………………………………… 230
　　9.2 农业生产社会化服务平台概况 …………………………………… 241
　　9.3 农业生产社会化服务平台的应用场景 …………………………… 245
　　9.4 典型案例 …………………………………………………………… 258
　参考文献 …………………………………………………………………… 267

第1章 农业遥感技术

农业遥感（remote sensing，RS）是利用卫星、航空和无人机等搭载平台获取农业相关信息并为农业生产提供决策的技术。本章分别从遥感技术概况、农业遥感技术的应用、农业技术的发展与展望和典型案例四个方面来介绍农业遥感技术。

1.1 遥感技术概况

1.1.1 遥感技术的定义

遥感是指非接触的、远距离的探测技术。一般指运用传感器/遥感器对物体电磁波的辐射、反射特性进行的探测。遥感是通过遥感器这类对电磁波敏感的仪器，在远离目标和非接触目标物体条件下探测目标地物，获取其反射、辐射或散射的电磁波信息（如电场、磁场、电磁波、地震波等信息），并进行提取、判定、加工处理、分析与应用的一门科学技术。

遥感技术是在现代物理学、空间科学、电子计算机技术、数学方法和地球科学理论的基础上发展起来的一门新兴的、综合性的边缘学科，广泛地应用于农业、地理、地质、海洋、水文、气象环境监测、资源勘探等领域。遥感与计算机技术的发展和应用，使农业生产和研究从沿用传统观念和方法进入到精准农业（precision agriculture，PA）、定量化和机理化农业的新阶段。

1.1.2 遥感技术的原理

遥感之所以能够根据收集到的电磁波来判断地物目标和自然现象，是因为物体由于其种类、特征和环境条件的差异，而具有完全不同的电磁波反射或发射辐射特征。地物的电磁波响应特性随电磁波长的改变而变化的规律，称为地物波谱。地物波谱是电磁辐射和地物相互作用的结果。地物的波谱特征是遥感识别地物的基础。

1. 电磁波谱

电磁波是电磁场的传播，而电磁场具有能量。因而波的传播过程也就是电磁能量的传播过程。不同的电磁波由不同的波源产生。紫外线、可见光、红外线等都属于电磁波。按电磁波在真空中传播的波长递减顺序排列，就能得到如表 1-1

所示的电磁波谱表。

表1-1 电磁波谱表

波长	电磁波谱名称
[1,+∞) 毫米	无线电波
[0.76,1000) 微米	红外线
[0.40,0.76) 微米	可见光
[0.01,0.40) 微米	紫外线
[0.1,10) 纳米	X 射线
(0,0.1) 纳米	γ 射线

2. 地物的波谱特征

所有物体都具有反射和发射电磁辐射的本领,但是不同物质反射、投射、吸收、散射和发射电磁波的能量是不同的,它们都具有本身特有的变化规律,表现为地物波谱随波长而变化的特性,即地物波谱特征。不同地物由于表面状况和内部组成物质不同、环境不同或入射辐射的不同而具有不同的波谱特性。传感器用来记录地物本身发射的电磁波信息和地物反射太阳光中的电磁波信息,获取的影像具有不同特征,可作为识别物体的依据。

1.1.3 遥感技术的分类

根据不同的分类标志和遥感探测及应用侧重的不同方面,可将遥感分成不同的类型。

1. 按搭载平台分类

按搭载平台距离地面的高度可把遥感分为航天遥感、航空遥感和地面遥感,如图 1-1 所示。

1）航天遥感

航天遥感又称太空遥感,是指在地球大气层以外的宇宙空间中,以人造卫星、宇宙飞船、航天飞机、火箭等航天飞行器为平台的遥感。

航天遥感具有以下特点。

（1）可获取大范围数据资料。陆地卫星的卫星轨道高度达 910 千米左右,可及时获取大范围的信息。

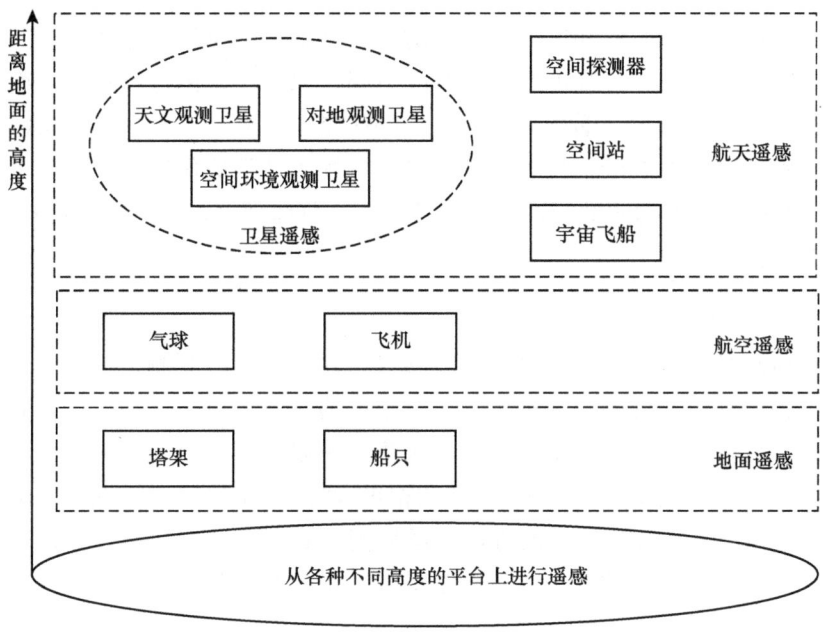

图 1-1 不同平台的遥感示意图

（2）获取信息的速度快、周期短。由于卫星围绕地球运转，从而能及时获取所经地区的各种自然现象的最新资料，以便更新原有资料或根据新旧资料变化进行动态监测，这是人工实地测量和航空摄影测量无法比拟的。

（3）获取信息受条件限制少。在地球上有很多地方，自然条件极为恶劣，人类难以到达，如沙漠、沼泽、高山峻岭等。采用不受地面条件限制的航天遥感可方便及时地获取各种宝贵资料。

（4）获取信息的手段多、信息量大。根据不同的任务，遥感技术可选用不同波段的遥感仪器来获取信息。利用不同波段对物体不同的穿透性，还可获取地物内部信息，如地面深层、水的下层、冰层下的水体、沙漠下面的地物特性等，微波波段还可以全天候工作。

2）航空遥感

航空遥感又称机载遥感，是指利用各种飞机、飞艇、气球等作为传感器运载工具在空中进行探测的遥感技术，是由航空摄影侦察发展而来的一种多功能综合性探测技术。

航空遥感具有技术成熟、成像比例尺大、地面分辨率高、适于大面积地形测绘和小面积详查以及不需要复杂的地面处理设备等优点。缺点是飞行高度、续航能力、姿态控制、全天候作业能力以及大范围的动态监测能力较差。飞机是航空遥感的主要搭载平台，飞行高度一般为几百米至几千米。航空遥感具有图像分辨率高、不受地面条件的限制、调查周期短、测量精度高以及资料回收方便等特点，可根据需要调整飞行时间和区域,特别适合局部地区的资源探测和环境监测。不足之处是航空平台的飞行高度和续航时间有限,只能小范围进行观测,而且受天气和飞行姿态影响较大。遥感方式除传统的航空摄影外,还有多波段摄影、彩色红外和红外摄影、多波段扫描和红外扫描、侧视雷达等成像遥感;也可进行激光测高、微波探测、地物波谱测试等非成像遥感。总体而言,航空遥感是非常先进、完善的遥感技术。

3)地面遥感

地面遥感是指在地面上通过各种遥感设备对目标进行观测、记录、分析和处理的技术。与其他平台的遥感技术相比,地面遥感具有以下优势:可以获取高分辨率的影像数据,可以进行实时监测和采集,可以进行针对性的观测和采样。常见的地面遥感设备包括手持相机、固定式相机、激光测距仪、GPS(global positioning system,全球定位系统)接收器等,广泛应用于农业、环境、地质、地球物理等领域,可以提供大量的数据和信息,常搭载于塔架和船只上,现已支持科学研究和应用实践。

2. 按电磁辐射能源分类

根据电磁辐射能源不同可分为主动遥感和被动遥感。

主动遥感,又称有源遥感,有时也称遥测,指从遥感平台上的人工辐射源向目标物发射一定形式的电磁波,再由传感器接收和记录其反射波的遥感系统,其主要优点是不依赖太阳辐射,可以昼夜工作,而且可以根据探测目标的不同,主动选择电磁波的波长和发射方式。主动遥感一般使用的电磁波是微波波段和激光,多用脉冲信号,也有的用连续波束。普通雷达、侧视雷达、合成孔径雷达(synthetic aperture radar,SAR)、红外雷达、激光雷达等都属于主动遥感系统。

被动遥感,又称无源遥感系统,即本身不带有辐射源的遥感系统,该系统在遥感探测时,探测仪器获取和记录目标物体自身发射或是反射来自自然辐射源(如太阳)的电磁波信息。例如,航空摄影系统、红外扫描系统等。

3. 按工作波段分类

根据工作波段不同可分为紫外、可见光、红外、微波、多光谱遥感。

(1)紫外遥感:对波长[0.01,0.4)微米的紫外光的主要遥感方法是紫外摄影。

(2)可见光遥感:应用比较广泛的一种遥感方式。对波长为[0.40,0.76)微米的可见光的遥感一般采用感光胶片或光电探测器作为感测元件。可见光遥感具有较高的地面分辨率,但只能在晴朗的白昼使用。

(3)红外遥感:又分为近红外遥感、中红外遥感和远红外遥感。近红外遥感波长[0.76,1.5)微米,可用感光胶片直接感测;中红外遥感波长[1.5,5.5)微米;

远红外遥感，波长[5.5，1000)微米。中、远红外遥感通常用于遥感物体的辐射，具有昼夜工作的能力。光学机械扫描仪是常用的红外遥感器。

（4）微波遥感：对波长大于 1 毫米的电磁波（即微波）的遥感。微波遥感具有昼夜工作能力，但空间分辨率低。雷达是典型的主动微波系统，常采用合成孔径雷达作为微波遥感器。

（5）多光谱遥感：利用几个不同的谱段同时对同一地物（或地区）进行遥感监测，从而获得与各谱段相对应的各种信息。将不同谱段的遥感信息加以组合，可以获取更多物体的信息，有利于对物体的判释和识别。常用的多谱段遥感器有多光谱相机和多光谱扫描仪。图 1-2 为搭载于无人机上的多光谱遥感相机。

图 1-2　多光谱遥感相机

1.1.4　遥感技术的特点

1. 感测范围大

遥感从飞机或人造卫星上居高临下获取的图像，比地面的观察视域范围大得多。遥感技术包含遥感信息从接收到处理的多个技术环节，涉及电磁学、信息技术和图像识别技术等多学科内容，具有综合性。遥感技术侧重于大范围、大尺度地获取自然资源和生态环境信息，具有宏观性。

2. 信息量大

遥感是现代科技的产物，它不仅能获得地物可见光波段的信息，而且可以获得紫外、红外、微波等波段的信息；不但能通过摄影方式获得信息，还可以用扫描方式获得信息。遥感所获得的信息量远远超过了用传统方法所获得的信息量，加深了人们对事物和现象的认识。

3. 获取信息速度快

不同类型的遥感卫星能够在短期内周期性地获取大气、海洋和陆地的动态变化信息，并且能够根据不同时段资料信息的变化进行动态监测，为环境监测以及研究地物发展演化规律提供基础。

4. 获取信息限制小

在地球上自然条件极为恶劣、人类难以观测的地方，如沙漠、沼泽、冰川等，航天遥感、卫星遥感等可以不受地面条件限制，方便及时地获取所需遥感信息。

1.2 农业遥感技术的应用

作为遥感科学的重要分支，农业遥感伴随着遥感技术的发展而发展。农业遥感利用装载在航天、航空及地面等不同遥感平台上的传感器，获取农业对象目标的电磁波波谱信号，利用计算机、地理学、农学等多学科的理论和技术方法，揭示农业地物、生态环境和生产过程的数量、属性及其时空变化特征。

1972年，美国成功发射第一颗陆地资源卫星，这对农业遥感发展意义重大，为农业遥感应用提供了持续稳定的遥感数据源。1974年，美国开始采用卫星遥感技术建立大范围的农作物面积监测和估产系统，随后开展的 AgRISTARS 计划成为美国农业遥感监测（monitoring agriculture with remote sensing，MARS）的业务系统，不但服务于美国国内农业的实际生产，同时也开展了全球粮食生产信息监测。1988年，欧盟利用遥感技术建立了农业遥感监测系统，监测欧盟成员国农业生产情况，核查补贴发放。农业遥感监测系统的监测范围后来扩展到全球主要农业区，监测信息服务于欧盟的农业对外援助与国际合作。20世纪90年代开始，很多国家或国际组织纷纷建立农业遥感监测业务系统，服务农业生产管理、防灾减灾、粮食安全以及国际合作。2011年，20国集团（G20）成员发起全球农业监测计划，整合多个国家与国际组织的区域以及全球农业遥感监测系统，通过数据与信息共享，实现对全球农业的遥感监测。这一阶段的主要发展特点是利用遥感技术监测农业生产信息，监测范围从单个国家、局部区域不断扩展到全球范围。

近年来，随着各类高空间、高光谱和高时间分辨率民用卫星的出现，定量遥感技术得到进一步发展，农业遥感与地理信息系统（geographic information system，GIS）、全球导航技术及物联网（internet of things，IOT）等技术不断融合，遥感在农业领域的应用广度和深度不断扩展，在作物估产、农田养分监测、作物品质监测、农业灾害监测、土地资源监测、精准农业等方面发挥着重要作用。农业遥感应用的学科领域也从传统的资源、环境向植保、农学等方向扩展,农业遥感正逐步成为农业科学的基础关键技术。

1.2.1 作物估产

1. 作物面积监测

作物面积是作物估产的基本要素,其空间分布图在农业生产管理和农业政策制定等方面具有重要作用。快速准确地掌握我国主要农作物种植面积及其空间分布对于辅助政府有关部门制定科学合理的粮食政策和确保国家粮食安全具有重要意义,同时也是世界粮食安全的重要保障。

世界上最早开展作物面积遥感监测与制图的国家是美国。美国从 1974 年冬小麦面积遥感监测开始,到 2009 年首次实现了全国 20 多种作物的遥感空间分布制图,并于 2010 年 1 月通过互联网向全球发布,在以后逐年更新,这些遥感影像的空间分辨率为 30 米。美国的作物空间分布制图不仅服务了该国的农业生产,还产生了丰富的科学数据产品,广泛应用于气候变化、生态学、土地管理、环境风险评估、生物能源、植物保护、水资源管理、高效施肥、农业保险等领域的科学研究。中国同样是以冬小麦面积遥感监测为突破口,在 1983 年利用 MSS(multi spectral scanner,多谱段扫描仪)影像和航片,采用目视解译的方法,首次获取了京津冀地区冬小麦面积的空间分布。到 20 世纪 90 年代末期,中国农业部遥感应用中心和中国科学院等单位先后开展了全国范围的作物面积遥感监测业务试运行,目前已实现每年对中国和世界粮食主产国多种大宗作物面积的遥感监测。

大范围作物面积遥感监测一般选择抽样或全覆盖两种方式进行。在业务运行的早期,受到遥感数据价格高、有效数据少等因素影响,大范围尺度的农业遥感监测系统多采用抽样调查方法,即采用分层抽样等方法建立作物面积空间抽样框,利用遥感影像获取抽样单元内的作物面积,再外推整个监测区域的作物面积。这种方式的监测精度受抽样框设计、样本选择和外推模型等因素影响较大,只能得到抽样区内单一作物的分布信息以及整个监测区域目标作物的面积统计信息,无法形成覆盖全国或主要产区的、综合展示多种作物空间分布的农作物空间分布基准图。随着中高空间分辨率遥感数据源的逐渐增多,各国在监测作物面积时,逐渐开始向中分辨率影像全覆盖监测方式转变。从 2008 年开始,中国农业部遥感应用中心利用 5~30 米空间分辨率的卫星影像获得了全国水稻、冬小麦和玉米等大宗农作物的空间分布。这种方法可以获取作物的空间分布,但受遥感影像覆盖范围和重访周期等因素影响,须同时使用多种传感器的数据,不同传感器数据提取的作物分布结果之间存在一定的差异,影响了调查精度。此外,在作物面积遥感识别与信息提取方法上,传统的分类方法适用于中小尺度的作物面积监测,当进行大范围监测时，作物的种植结构和物候期等发生变化，这些方法的参数需要人工调整，自动化程度低，导致工作量增大。2022年，高分十一号卫星的成功发射为我国农业遥感提供了更多的有效数据。经过实践与探索，卫星数据在我国农业遥感业务工作中得到了广泛应用，已成为农业遥感的主要数据源之一。

作物种植面积遥感监测主要是利用植被独特的光谱反射特性和空间特征，将作物种植区和非种植区分开，再结合作物的物候期区分作物的种类。一般是通过选取作物遥感监测的最佳时期，应用多时相、多分辨率、不同成像方式的遥感数据源提取不同作物的光谱植被指数、叶面积指数（leaf area index，LAI）和生物量等信息，从而识别作物类型和种植结构。

常用的作物分类方法可以分为人工目视解译和计算机自动分类两大类。其中，人工目视解译法是采用人机交互判读的方式，以遥感影像为底图，人工勾画出不同类型作物种植区的边界，进行专题分类。这种方法能够充分、全面地利用各种遥感影像特征，在影像判读过程中易引入自然和人文科学规律，有效发挥判读人员的主观能动性，操作简单、实用，能够较好地满足大型业务判读应用的精度要求，所以中国和世界各国在早期的业务运行中一般采用该方法提取作物面积。但该方法的不足在于工作量大、对判读人员的专业知识要求高、不同判读人员的解译结果差异大。为解决上述问题，研究人员发展了多种计算机自动分类方法，常用的方法可以归纳为统计法、决策树和神经网络法等。业务运行系统中基于概率统计技术并结合人工目视修正的方法仍是主要业务方案，常用的有最大似然分类器和SVM（support vector machine，支持向量机）分类器等。但这些方法适合于中小尺度的作物面积监测，在大范围监测时，作物的种植结构和物候期等发生变化，这些方法的参数需要人工调整，自动化程度低，导致工作量增大。在世界和中国高分数据保障率日益提高的大背景下，以专家知识库构建为基础，发展基于地块或对象单元的自适应智能分类方法，提高作物识别精度与信息提取自动化程度，是作物面积监测与空间制图的主要发展方向。特别是在农业"一张底图、分页服务"的目标引导下（陈仲新等，2016），开展高精度作物空间分布制图与动态更新方法研究，实现全口径作物面积监测与制图，将为中国农业种植结构调整、保护和合理利用农业自然环境和农业自然资源，以及粮食安全和农产品贸易提供科学准确的信息。

2. 作物长势监测

作物长势即作物的生长状况和趋势，这直接影响到作物最后的产量和品质。作物长势监测在为农业生产提供宏观管理依据的同时，也是农作物产量估测的重要资料。

作物遥感估产系统主要集成了作物种植面积调查、长势监测和最后产量估测整个业务流程。目前世界上作物遥感监测运行系统主要在美国、欧盟和中国。自20世纪70年代以来,美国等发达国家率先开展了主要粮食作物遥感监测。联合国粮食及农业组织(Food and Agriculture Organization of the United Nations,FAO)建立了全球粮食情报预警体系,进行全球作物面积监测和产量预报。中国经过近年的发展,各相关部门建立了若干业务化运行系统,如中国科学院空天信息创新研究院全球农情遥感速报系统,中国气象局农业气象观测自动化系统和农业部遥感估产运行系统等。在这些已有成果基础上,中国科学院空天信息创新研究院开展"全球农作物遥感估产研究",建成了全球尺度的估产数据库,并逐步将中国农情遥感速报系统的监测范围逐步推向全球尺度,发展了全球估产数据处理技术、全球农作物长势综合监测技术和全球作物产量估算技术。在其他地区,如日本、印度、泰国、印度尼西亚、越南等国家也进行了水稻遥感估产,取得了不同程度的收益。

1.2.2 农田养分监测与变量施肥决策

1. 作物氮素遥感

作物氮素(N)营养的监测与诊断是作物栽培调控和生产管理的核心内容,是农业技术指导部门和生产者制定管理决策的主要依据,为精准农业的现代化管理提供必需的基础信息。因此,基于氮素营养状况的作物生长监测和诊断一直是农学领域的核心研究内容之一。目前作物氮素遥感反演主要关注植株/叶片氮浓度和含氮量两类指标,常采用的方法是基于高光谱敏感波段反射率或光谱植被指数的经验统计关系法。学者通常基于不同叶位的叶绿素含量来判断植株受氮素的胁迫程度。

冠层氮素垂直分布的非均一性自20世纪80年代以来引起国内外学者的大量关注,目前从植物生理学角度对其形成机理、影响因素及对光合性能的影响等已进行了广泛深入的讨论,但在遥感作物氮素垂直分布方面尚考虑不足。不过已有研究者认识到遥感作物冠层不同层次的氮素含量对于指导实际生产的重要性,并对其探测方法进行了多种尝试。一类是基于垂向观测的冠层反射光谱探测方法。另一类是基于多角度观测的冠层反射光谱探测方法。耦合冠层氮分布数学模型与成像或非成像高光谱信息,为实现作物冠层氮素垂直分布的遥感估算提供了可能,今后亟待开展相关研究。

2. 土壤养分遥感

耕地是农业生产的基地,农田土壤养分是影响粮食产量的重要指标。与传统的野外调查与实验分析方法相比,遥感技术中的高光谱技术可获取窄波段且光谱连续的土壤光谱，多光谱传感器具有较高的空间分辨率，雷达和激光雷达则具有较高的穿透性，在分析农田土壤养分的空间分布格局上具有较大的优势。土壤养分遥感监测是以土壤反射率光谱的形状和吸收特征为依据的，研究表明，土壤理化参数与土壤光谱特征均有明显联系，土壤光谱特征是对土壤特性的一种反映。根据数据来源的不同，农田土壤养分遥感估算的研究可分为基于实验室/地面实测光谱数据的方法和基于空基/星载遥感影像数据的方法两类。在由区域土壤采样获取土壤光谱或成像高光谱数据与实测土壤属性数据的前提下，以土壤光谱数据为基础，研究分析土壤的光谱响应特征，采用各种技术手段提取反映各类土壤养分含量的光谱特征信息，如光谱变换、波段深度分析、主成分分析（principal component analysis，PCA）、小波变换、多变量回归法等，构建基于点数据的土壤属性估算模型，分析各种方法在土壤养分遥感监测应用中的可行性。在土壤养分空间分布大范围监测上，主要依据遥感数据源传感器的波段响应函数，模拟其相应的宽波段数据，分析研究利用多光谱遥感数据大尺度监测土壤有机质含量的可行性，构建基于多光谱的土壤属性估算模型。目前，大部分关于土壤养分的遥感反演是以裸土或稀疏植被覆盖下的土壤为研究对象，以去除植被对土壤参数反演的影响。农田土壤养分是耕地质量综合评价中的重要影响因子，也是田间管理变量施肥决策过程中不可缺少的内容，遥感技术在很大程度上解决了人工调查方法费时、费力、高成本的问题，能够实现土壤养分信息的快速更新。

3. 作物变量施肥技术

施肥技术是现代农业的重要组成部分，可分为基于地力水平的区域施肥、基于品种特性的作物施肥、基于肥料特性的科学施肥、基于水肥一体化的灌溉施肥、基于精准管理的变量施肥、基于规模化生产的机械施肥。变量施肥技术，就是将农田土壤进行网格划分，以往年作物产量、土壤养分比例、病虫草害及环境气候等因素的叠加分析为依据，生成处方决策，以高产、优质、环保为目的，因地制宜地为农作物全面平衡施肥。传统的土壤养分监测技术需要消耗较长的时间进行田间样本采样实验，不仅费用高，且费时费力，不能满足变量施肥技术对时效性的要求。遥感技术的出现为大规模的田间土壤样本采样实验提供了新的捷径。目前，遥感技术主要是通过测量植被指数而形成遥感数据，科研工作者从遥感数据中提取土壤养分信息，减少了大量的田间采样实验，省时省力，工作效率高。遥感技术以其方便快捷、效率高的优点在土壤养分测量技术中得到了广泛的应用。

在农作物变量施肥技术方面，常常依赖遥感反演出的氮/叶绿素浓度、氮/叶绿素累计量、叶面积指数、生物量、密度等参数中的某一种判定作物的氮素营养状况，根据农田土壤有机质、全氮、有效磷、速效钾等监测结果判定土壤养分状况，进而进行施肥决策与管理。在地面平台，基于田间作业机械、观测塔及人工携带的传感器来获取作物光学信息,如通过 SPAD、GreenSeeker、Yara N-Sensor 等光谱仪,可以很好地无损监测植株含氮状况,进而指导合理施氮和氮素调控,避免盲目施肥,以达到提高氮肥利用效率的目标。

1.2.3 作物品质监测

作物品质指作物满足人们特定需求的适合性,以小麦品质为例:硬度大、蛋白质含量高的强筋小麦适用于制作面包,硬度中等蛋白质含量中等偏上的小麦适宜制作面条、饺子、馒头,而蛋白质含量低的软质小麦适用于制作饼干、糕点等。随着社会餐饮业、旅游业的发展和人民生活水平的提高,对优质专用农作物的需求和销售呈现不断增长的势头。发展经济效益高的优质水稻、优质专用小麦和优质啤酒大麦,实现优质高效的产业化生产,已经成为中国作物生产发展的亮点,也是提高种植效益,增加农民收入的有效途径。除了利用常规或生物技术培育优质高产品种的手段之外,更需要通过监测作物生长过程而进行调优栽培,以及改革作物收割分类、分级贮存等体制,提高作物品质监控水平,以保证粮食的质量及稳定性。

基于光谱学原理的无损测试手段和遥感监测技术,可以实时、大范围、无破坏性地探测地表状况,实现由"点状信息"向"面状信息"的转换,为农业生产管理决策及时提供信息支持。近年来,随着无损测试技术的提高及航空航天技术的发展;传感器的光谱分辨率和空间解析能力迅速提高;植物体内叶绿素、碳氮比(C/N)、水分等组分的特征光谱亦日趋明晰,使得利用遥感信息反演作物体内的生化组分含量,监测品质形成过程的环境影响因子,进而监测籽粒品质成为可能。遥感技术的发展为作物生长及产品的无损监测提供了新的途径和方法。

利用遥感技术开展大面积作物品质指标(如籽粒蛋白质、淀粉含量等)的遥感监测预报,对指导分级收割、按质论价收购,以及制定优质作物进出口政策,具有迫切的现实需求。由于不同作物具有不同的品质指标,即使是同一种作物,由于用途不同,使用的品质评价指标也有差异,因而相对于产量遥感估测,作物品质监测具有一定特定性和复杂性。当前的品质遥感预报监测也多是以农学、生理生态的方法和原理为基础,应用遥感数据来反演与品质指标相关的理化参数,直接或间接地实现作物品质的预报监测。基于遥感技术的作物品质监测预报,国外研究开展得较早,中国近些年也在逐步开展。从研究对象来看,主要集中在小麦与水稻两大作物上,尤以籽粒蛋白质品质监测预报居多。

从技术路线上,遥感监测预报农作物品质的途径一般采用三种模式。

(1)直接模式。对于茶叶、烟叶、牧草、饲用玉米等作物,其叶片或茎秆是经济产量的重要组成部分,叶片或茎秆内部的生化组分如氮素(可以换算成粗蛋白质）等是评价品质的重要指标，可以直接建立某个时相下遥感数据与叶片或茎秆生化组分间的相关关系，进而评估其品质状况。例如，通过敏感波段的反射率可以反演植被冠层的氮素水平。

（2）间接模式。水稻、小麦、普通或高油玉米等作物，其籽粒是收获对象，叶片或茎秆的生化组分虽不能直接作为评价品质的指标，但可以首先建立遥感数据与叶片或茎秆生化组分间的相关关系，以叶片或茎秆生化组分与籽粒品质指标间的非遥感模型为链接，间接预测品质状况。甜菜则更为典型，其地下肉质根的含糖量是决定品质的关键因子，而根与地上部分器官间养分运转关系密切，通过建立遥感数据与叶片生化组分间的相关关系，并连接叶片生化组分与肉质根生化组分间的非遥感模型，可间接预测其品质状况。目前，大多数报道的研究途径属于这种模式。

（3）综合模式。大多数情况下，决定作物品质的因素是复杂的。一方面是影响作物品质的生化组分的多样性；另一方面是决定品质形成的遗传与环境作用的复杂性。仅就稻麦品质形成规律而言，大米的商品品质主要受稻谷籽粒中粗蛋白和直链淀粉等生化组分含量的影响；面粉的商品品质则与小麦籽粒粗蛋白和面筋等生化组分的数量、质量关系密切。除了品种遗传因素外，栽培过程中环境气象条件、氮素肥料和水分供给以及病害发生与否均影响到品质的形成。因此需要建立多因素、多时相的综合模型，以充分利用非遥感参数的支撑，提高监测精度。

作物品质预测预报技术主要采用以下几个途径：一是基于氮素运转的籽粒蛋白质含量遥感监测预报技术，即基于植株氮素运转规律，利用遥感监测开花期或灌浆期叶片全氮含量，通过模型链接可以预测预报收获期的籽粒蛋白质含量，适合于以监测氮素含量为品质关键因子的作物；二是基于土壤、品种、气象多因素综合模型的品质遥感监测预报技术，将影响作物品质的主要因子排序，根据上述因子对籽粒品质形成的贡献率大小赋予不同的权重，并根据"星—地"或"机—地"同步观测结果对遥感参量建模和赋值，对于非遥感参量通常根据先验知识赋值，该途径适应范围广，但对于机理性要求高，目前尚不成熟；三是基于障碍因子阈值法的遥感品质预报，即通过监测品质形成过程中极端高温或低温、旱涝、病虫害、倒伏等品质障碍因子的发生情况，从而筛除"非优"区域，以达到辅助监测品质的目的，这是品质遥感监测初期阶段比较适合的途径。

1.2.4 农业灾害监测

我国从 20 世纪 70 年代开始进行农业干旱遥感监测研究，洪涝、低温冷冻、病害灾害的遥感应用研究得到深化。采用遥感技术对作物生长参数进行反演，比较灾害发生或受到灾害胁迫条件下，与农作物正常生长情况下的偏离程度，是农作物灾害遥感监测的普遍性原理，也是常规农业灾害遥感监测技术流程制定的基础。当前，伴随着遥感技术高时间、高空间、高光谱、多平台的发展趋势，对农业灾害遥感监测机理的认识更加深刻，在传统的以光谱反射率为核心的状态监测方法深入研究的基础上，面向全球、区域尺度农情信息获取的需求，农业干旱遥感、农业洪涝遥感、农作物低温冷害遥感、农作物病虫害遥感研究都有不同程度的发展。

1. 农业干旱遥感监测

干旱所造成的农业损失相当于各种气象灾害总和的60%。农业干旱是气象、土壤和作物等多种因素相互作用的结果。首先是降水较历史同期持续减少产生气象干旱，其次是农田土壤中根层水分减少造成土壤干旱，最后才导致作物供水受限，发生水分胁迫形成植被干旱。农作物对环境具有调节和适应能力，气象干旱、土壤干旱的发生并不必然导致农业干旱的发生。随着农田缺水强度和持续时间的增长，土壤和作物的不同组分在结构形态、生理生化上会发生不同程度的变化和响应。其中，部分关键表征参数可被遥感传感器有效探测，如土壤水分、植被水分、作物综合长势（叶面积指数、叶绿素浓度、覆盖度等）、冠层温度、蒸散发、热惯量等。遥感技术在农业干旱监测中的应用主要体现在土壤和植被干旱上。

传统的农业干旱监测更多侧重于气象干旱的监测，主要考虑降水和温度等气象因子，构建反映干旱程度的干旱指数，如帕尔默干旱指数（Palmer drought severity index，PDSI）和标准降水指数（standardized precipitation index，SPI）等；划分干旱的区域及等级；评价干旱程度。基于遥感的土壤和植被干旱监测，不同传感器探测能力有所差异，监测方法也各不相同。国内外已利用可见光-近红外、热红外和微波等遥感数据，从能量平衡、水分平衡等方面发展了涵盖土壤水分、植被水分等的农业干旱监测模型和方法。土壤干旱遥感监测以农田蒸散、地表温度、土壤水分的遥感监测为基础，开展土壤干旱状况的综合评价。

植被干旱遥感监测方法有两大类。一类是基于水分含量的植被干旱监测，其中可见光—近红外遥感数据的应用最为普遍；另一类是遥感干旱指数法，因其具有快速、简单的优势，目前在实际的旱情监测系统中应用最为广泛，较典型的如距平植被指数（anomaly vegetation index，AVI）、温度条件指数（temperature condition index，TCI）、垂直干旱指数（perpendicular drought index，PDI）以及作物水分胁迫指数（crop water stress index，CWSI）等，同时利用了不同波段的遥感数据。近年来，新发展的用于干旱监测的综合干旱指数则更加重视遥感与气象因子的耦合。

尽管如此，由于农业干旱成因复杂，不同作物在不同时期对水分的需求不同，对水分胁迫的敏感程度亦不相同，农业干旱的及时、准确监测依旧存在很大困难。部分关键特征参数的遥感反演精度仍无法满足农业干旱监测的需求；此外，遥感获取的信息尚需深入融合农业、水文、气象等模型，才能全面监测农业干旱的发生过程,服务于农业干旱的早期预警、及时调控、风险评估以及损失评估等。

2. 农业洪涝遥感监测

洪涝是指因大雨、暴雨或持续降水使低洼地区出现淹没、渍水的现象。洪涝主要危害农作物生长,造成作物减产甚至绝收,破坏农业生产以及其他产业的正常发展,其影响是综合的,还会危及人的生命财产安全,影响国家的长治久安等。2021年,我国全年洪涝和地质灾害造成直接经济损失2477亿元。

如何解决复杂气象条件下遥感数据的获取及水体识别是该领域必须面对的问题。NOAA/AVHRR、EOS/MODIS、风云三号A星（FY-3A）等卫星数据源的重访周期小于等于0.5天,HJ-1A/B卫星是重访周期高于2天的数据源,以及合成孔径雷达、ASAR（advanced synthetic aperture radar,先进合成孔径雷达）等具有全天候监测能力的雷达遥感数据,成为农业洪涝灾害遥感监测的主要数据源。

3. 农作物低温冷害遥感监测

低温冷害是指在作物生长期内因温度较低、热量不足而影响作物生长发育和产量的灾害。它是我国的主要农业气象灾害之一,在我国各地均可发生,危害的作物主要有水稻、玉米、高粱、谷子、豆类、果树等。低温冷害是北方冬小麦和水稻的重大灾害之一,主要发生在越冬休眠期和早春萌动期。作物低温冷害遥感监测的技术方法一般可分为两种:地面温度监测和植被指数差异分析。其中,地面温度监测是利用遥感技术监测地面温度,尤其是最低气温,通常要求监测温度的精度小于1℃。这是因为作物是否发生冻害与温度的高低直接相关,1℃的气温差别带来的危害结果往往截然不同。

4. 农作物病虫害遥感监测

病虫害是影响农业生产的重要因素,给农业生产造成巨大损失。据FAO估计,世界粮食产量常年因病害损失10%以上,因虫害损失10%。在我国,病虫害对农业的收益有较严重的影响,"十三五"期间,病虫害造成粮食实际产量损失占全年粮食总产的2.16%至2.59%[①]。遥感大范围监测技术可以对农业病虫害做到早期发现,早期防治,及时响应,及时处理。遥感技术不仅能对农业病虫害的发生、发展进行实时监测,而且能对病虫害给农作物生长的影响做出有效的分析和评估。

病虫害遥感监测的原理是作物病虫害会导致作物叶片细胞结构色素、水分氮素含量及外部形状等发生变化,从而引起作物反射光谱的变化;对作物冠层来说,病虫害会引起作物叶面积指数生物量覆盖度等的变化,故病虫害作物的反射光谱与正常作物可见光到热红外波段的反射光谱有明显差异。近年来基于叶片或冠层

---

① 资料来源:2022年6月17日,中国农业科学院《中国农业产业发展报告2022》。

光谱分析进行植物病虫害诊断和监测的研究不断增多。国内外学者通过实验观测和光谱分析筛选出小麦条锈病、白粉病、赤霉病、全蚀病、蚜虫、水稻稻瘟病、稻纵卷叶螟、水稻干尖线虫病、水稻胡麻斑病、番茄晚疫病、芹菜菌核病等病害类型的光谱敏感波段以及适合于病害探测的光谱特征。由于病害的光谱信息相对其他类型胁迫强度较弱，多种数理统计方法和数据挖掘方法被用于病情严重度反演和病害光谱诊断模型的构建，如主成分分析、神经网络、连续小波分析（continuous wavelet analysis，CWA）、光谱调谐匹配滤波技术（mixture tuned matched filtering，MTMF）等。在确立某种类型病虫害的光谱响应特征后，基于航拍及卫星影像数据将这种关系扩展至地块、区域等较大的空间尺度。得益于高光谱遥感丰富的谱段信息和对各种精细光谱分析的支持，目前国内外学者利用高分辨率的航拍高光谱影像进行病害监测能够取得较高的精度，目前已对小麦条锈病、番茄晚疫病、柑橘黄龙病等多种病害进行研究，监测制图精度可高至90%以上。然而，受限于现阶段高光谱图像获取需要高昂的仪器成本，研究人员已试图采用多光谱的航拍和高分辨率卫星影像进行病害制图。

1.2.5 土地资源监测

农业土地资源是衣食之源，是人类农业生产、生活和经营开发的基础。在1995年启动的国际土地利用/土地覆被变化计划和2005年启动的全球土地计划（Global Land Project）两大科学研究计划的推动下，利用遥感技术对自然及社会经济因素共同作用下的农业土地资源展开调查与监测，以明确其类型、数量、分布、质量状况，以及时空变化过程和规律，这一研究课题已受到广泛关注。农业土地资源遥感主要包括资源调查和变化监测。资源调查主要利用遥感分类技术方法来获取以空间和质量属性为主的状态信息，变化监测主要利用遥感变化监测技术来获取农业土地资源的时空变化信息。经过近年的快速发展，遥感在不同时空尺度下的农业土地资源调查和监测中发挥了重要作用，无论在理论和技术方法方面，还是在实践应用方面都取得了长足的进展。

早期的农业土地资源遥感多以耕地时空格局及其动态变化为主，重点监测耕地数量和空间变化态势，及与其他土地利用方式的相互转换特征、规律和过程。技术方法从最初的目视解译法发展到基于统计学的分类法（如监督分类方法、多时相分类方法、多源数据结合分类法等），以及其他遥感分类法（如神经网络法、模糊数学分类法、随机森林分类法、混合像元分解法等）。此外，面向对象的分类方法，如考虑像元空间邻域特征的上下文分析方法和考虑纹理特征的分类法也成为辅助于光谱特征分类的重要方法。

近年来，随着土地系统概念的不断深入，农业土地资源遥感研究除关注耕地格局变化外，也开始重点关注耕地利用强度和集约度等格局及其变化。耕地的时间和空间利用强度多以耕地复种指数来衡量，耕地复种指数即单位面积耕地一年几熟或几年几熟。耕地复种指数遥感主要是根据对植被的生长与衰落等季节活动的准确描述来实现耕地复种指数的有效监测。不同学者提出了不同的耕地复种指数遥感监测方法，如基于傅里叶变换和决策树方法的耕地复种指数提取；基于交叉拟合度检验法的耕地复种指数提取。峰值法因其简单易行成为目前耕地复种指数遥感监测中应用最为广泛的方法，其假设耕地复种指数与植被指数变化曲线的峰值较吻合，即一年一熟区的植被指数在年内形成明显的单峰曲线，一年两熟区耕地的植被指数形成双峰曲线。如何获取峰值的频数和分布成为关键，常用的方法包括直接比较法和二次差分法。然而，仅单纯计算峰值数目可能造成复种指数监测的误差，因为植被指数曲线会由于影像质量异常而出现噪声波峰。因此，温度数据、物候观测信息或连作和套作特征信息等作为约束条件常常用于对探测的峰值进行判定取舍。

农业土地利用集约度刻画了单位土地面积下农业生产资料（资金、劳动和技术等）投入的高低。目前，遥感技术已经用于水浇地、设施农业和地膜覆盖农田等农业土地利用集约化制图和监测中。传统的非监督分类是水浇地遥感提取中应用最多的方法。

基于遥感的设施农业提取方法包括两种：基于光谱特征的像元级分类和面向对象的遥感影像分类。传统的像元级分类方法受"同物异谱、同谱异物"影响严重，往往会出现较多错分、漏分，提取精度不高。我国设施农业主要是塑料大棚、日光温室及连栋温室，其空间尺度相对较小，具有规则的几何外形和边界，影像形状特征与结构特征清晰可辨，因此，基于高分辨率遥感影像，采用面向对象的分类方法成为设施农业制图的主要方法。面向对象分类方法在高分辨率遥感影像处理中具有显著优势。该方法通过综合考虑地物的光谱特征、形状、纹理及空间结构等信息，首先对影像进行分割，生成若干内部均质、边界清晰且互不重叠的对象（即同质区域），从而有效减少传统基于像元分类方法中常见的椒盐噪声现象；同时由于对象内部相对均一，因此在一定程度上减少了"同物异谱、同谱异物"以及混合像元难以提取的现象，所得到的设施农业分类精度远高于像元级的分类结果。尽管面向对象的分类方法对于提取设施农业有明显的优势，但它的特征提取部分要综合考虑地物的光谱、纹理和形状等信息，信息量比基于像元的方法大得多，面对这些高维度信息，遥感领域亟须推广一种普适性的高维数据分类算法。

地膜覆盖是 20 世纪中叶发展起来的一种以人工方法改善农作物生长环境的栽培技术，在中国使用面积广、强度大、增长速度快，地膜覆盖农田遥感监测日益成为农业土地资源遥感的热点方向。除常用的 30 米空间分辨率 Landsat TM 数据在山东和新疆研究区的地膜覆盖制图中得到了应用外，多数研究是利用米级空间分辨率的高分遥感数据进行地膜覆盖农田信息的提取。然而，目前的地膜覆盖农田研究多在小区域内进行，区域尺度的制图方法和策略仍需要深入研究；此外，已有研究多集中在温室大棚或小拱棚为主的地膜监测，而对于我国使用面积最大的塑料地膜（占农用塑料薄膜总使用量的 57.3%[①]）的遥感监测研究仍较薄弱。

1.2.6 精准农业

精准农业技术是按照田间每一操作单元的环境条件和作物产量的时空差异性，在合适的地点、合适的时间，施用适量的水、肥、药、种子等，从而对施肥、播种、灌溉、杀虫、除草、收获等环境进行精准控制，以期用较小的投入获取较高的收益，并将环境污染降到最低程度的农业耕作技术。精准农业在粮食生产链的监测方面发挥着重要作用，是保障农业生产质量和数量的一种有效方法。

遥感可为精准农业提供以下两类农田与作物的空间分布信息：一类是基础信息，这种信息在作物生育期内基本没有变化或变化较少，主要包括农田基础设施、地块分布等。另一类是时空动态变化信息，包括作物产量、作物养分状况、病虫害的发生发展状况，以及作物物候等。

1. 农田现状精准化制图

基于遥感的农田现状精准化制图主要针对农田基础设施、地块分布制图，该图作为农田基础信息底图，为精准作业计划提供服务。农田基础设施主要包括农田道路、水利设施等，使用遥感技术可以在较大范围内实现农业基础设施的快速调查与精准制图。传统的遥感农田田块与基础设施信息提取主要有以下三种方法：人机交互模式下的人工解译提取技术，基于像元尺度的影像自动分类技术以及自动识别跟踪方法。另外，精准农业的变量管理技术需要将农田分割为相对均一的管理单元来实现精耕细作。目前农田管理分区经常采用地面传感器和遥感采集信息相结合的方法来表征农田中产量肥力因子和限制因子的差异性，然后采用各种聚类方法进行分区研究。

2. 农田精准化灌溉

精准灌溉指在 3S（GPS、RS、GIS）及其相关技术或自动监测控制技术条件下的精准灌溉工程技术（如喷灌、微灌和渗灌等），根据不同作物不同生育期间的土壤墒情和作物需水量实施的实时精量灌溉。

农田小尺度的土壤含水量分布状况是实现精准灌溉的前提。目前，基于中低分辨率的光学遥感和被动微波遥感的土壤含水量监测方法只适用于全球或区域大

---

① 资料来源：《中国农村统计年鉴—2019》。

尺度观测，并不适用于农田或田块小尺度下的土壤水分监测。然而随着高空间分辨率卫星数据的不断发展，田块小尺度下的农田蒸散量估算和土壤含水量遥感监测成为可能，并能指导精准灌溉实践。随着新兴的根区局部灌溉技术的发展，根据根区（0～50厘米）土壤墒情定时、定量实施灌溉成为当前节水灌溉的新思路，因而充分了解田间土壤在垂直方向上尤其是根层方向上的含水率分布状况，是实现精准灌溉的关键。目前，利用遥感数据反演土壤含水率存在深度较浅的问题，0～20厘米的土壤含水率与遥感资料相关性较好，反演精度较高；而30厘米土层深度往下，遥感反演土壤水分精度越来越差，因而利用表层土壤水分反演深层土壤水分具有重要的使用价值。

1.3 农业遥感技术的发展与展望

1.3.1 天地网一体化的农业遥感数据的获取

遥感数据的获取是农业遥感研究与应用的基础。自2000年"资源一号"卫星发射以来，中国自主的陆地资源卫星遥感数据从无到有，数据的种类不断增多，数据质量也不断提高，有力地支撑了农业遥感的研究与应用。然而，目前卫星遥感数据对农业遥感研究与应用的满足度还不高，卫星和传感器的参数设计尚未充分体现农业的需求。在关键作物的生长期和关键农事管理节点，需要微波遥感提供全天候的农业数据获取能力；农业定量遥感、作物品种与品质监测、病虫害遥感监测等方面则需要高光谱遥感数据的支持；此外，荧光遥感、偏振遥感等新型遥感技术在作物生理与生长状态监测方面也将发挥重要作用。为满足农业遥感的需求，未来卫星与遥感器设计还应考虑多种遥感器的协同与立体观测。同时，我国航空遥感技术也得到了快速发展，特别是无人机遥感呈现爆发式增长，为农业遥感提供了新的数据获取手段。鉴于农业自身的特点，未来基于无人机的航空遥感技术将是农业遥感数据获取的重要组成部分，应予以重点发展。传感器技术和互联网技术的飞速发展催生了物联网技术的诞生与广泛应用，基于地面固定平台、车载移动平台以及人机智能终端的新型物联网也将成为农业遥感数据获取的重要补充。未来，中国农业遥感的研究与应用将在天空地海网一体化的遥感数据获取体系的支持下不断深入开展。

当前，世界进入了智能化、绿色化、网络化、全球化相互交织的时期。把握时代的脉搏，抓住历史性机遇，发展现代农业信息技术，是智慧农业科技创新发展的重要内容，具有战略性意义。"农业信息的获取已进入'天空地海网'动态立体时代。"中国科学院院士周成虎说。亿级互联的地面传感网获取了海量的农情数据；高低轨、光学与微波组合的综合对地观测系统组成了全球覆盖的农情观测天网。在这个一切都可以数据化的世界,在这个一切数据都可以业务化的时代,农业信息化、农业大数据已成为现代农业科技的核心组成部分。

农业遥感传统上服务于作物产量估算、作物生长状态监测、作物种植面积监测与估算、灾害监测及损失评估、粮食供需平衡与安全预警等。随着物联网、云计算、大数据、深度学习等技术的不断进步,国际上已开始将农业遥感技术应用于生态农业、订单农业、绿色农业等新型农业领域;我国也将农业遥感的服务范围扩展到承包地确权登记、耕地质量监测与保育,以及农业补贴支撑等方面。"高空间分辨率影像为农田地块的精确测量提供了可能。"周成虎说。借助于现代航天航空技术,可以精确划定地块边界、精确监测播种面积,了解每一地块的内部细节。

这样的精准农业航空技术,被华南农业大学教授兰玉彬视作实现智慧农业的重要组成部分,是智慧农业的直接体现。兰玉彬认为,智慧农业与现代生物技术、农艺技术等高新技术的融合,对我国赶超发达国家、建设世界水平农业具有重要意义。因此,生态无人农场应运而生。

生态无人农场整合了农艺和农机装备、绿色植保技术、无人机、人工智能、大数据、3S、物联网等技术;采用天空地一体化技术手段获取农情信息,实现农业信息的精准感知;使用天空地一体化智能农机装备等协同作业,提高农业生产率;进而实现绿色生态农业生产的精准化种植、智能决策、可视化管理和智能化操控。

生态无人农场通过一系列技术实现循环农业模式,这包括基于精准施药的农药减量技术、基于水肥一体化精准管理的减肥节水技术、生态沃土技术、生物防治技术、秸秆综合再利用技术、畜禽粪便有机化处理与施用技术,以及农场闭环优化管理技术等。

生态无人农场融合了生物防控、绿色植保、无人机、农业机器人、人工智能、物联网、大数据、云计算等众多高新技术。兰玉彬表示:"以后的农民将不再是体力劳动者,而是新农民。一个人管理整个农场的目标将会成为现实。生态无人农场是农业产业变革的第一步。该领域的全球化竞争刚刚开始。"

在成都市新都区泰兴镇的四川省农业科学院新都现代农业科技创新示范园内,数百名专家聚集在一块刚刚收割完小麦并平整好的土地上,他们目不转睛地盯着屏幕,观看着现场直播。随着农情无人机的起飞,电脑屏幕上实时显示出它的飞行轨迹。当无人机的飞行轨迹逐渐覆盖整个目标地块后,科研人员开始根据无人机传回的数据解析地块信息,从而了解果园的面积、地形、果树数量、位置、树冠大小、长势,以及杂草分布等生产信息。然而,仅从天上看到的信息还不够精确。为了获取每棵果树上果实的数量、成熟度、大小以及是否存在病虫害等更加精细的信息,科研人员派出了"果园侦察兵"——智能巡田机器人。这款机器人能够代替人类走进果园,感受作物的细微变化,为农业生产提供更加全面和准确的数据支持。

通过智能设备收集的数据很快传递到"智慧农业大脑"——农业大数据挖掘与服务平台中。这个"大脑"包括天空地一体化农情信息处理一体机、智慧农业大数据挖掘与可视化系统、云边端一体化田间服务一体机,具有数据管理与可视化云边端协同计算的深度人工智能(artificial intelligence,AI)算力。它经过智能分析判断,向果园智能作业装备发出正确的操作指令。例如,水肥一体化灌溉系统接收到处方图后,会对水肥精准控制,按需智能化灌溉,省钱省时省力。一台红色的无人喷药机器人根据处方图走起来了,在有病虫害发生的地方,它停下喷药,既可以提升农药利用效率,又能避免作业人员农药中毒情况的发生。无人除草机器人马力强大,就算是一棵小灌木挡在它面前,它也能毫不犹豫地碾压过去,迅速将其粉碎。在它身后,什么杂草也没留下。

中国农业科学院农业资源与农业区划研究所研究员史云说,中国农业科学院智慧农业创新团队的这套农业云操作系统,包括天空地农情信息时空数据库系统、物联网观测系统、农业大数据多维可视化系统、农情智能诊断与监测系统、智能装备对接与管理系统、智慧农业云平台等,能助力农业生产"知天而作"。

1.3.2 大数据技术的应用

农业遥感中无论是作物种类、土地利用类型等的分类识别,还是作物生长状态的定量遥感,都是非常复杂的认知系统。由于遥感数据本身波段间的相关性,遥感器设计波段的有限性,以及地物的光谱复杂性,从数学上讲遥感信息提取的遥感反演都是病态反演,需要先验知识的支持。大数据技术的发展为包括农业遥感信息提取与信息反演的应用提供了技术途径,也将推动农业遥感理论与应用的发展。

随着遥感技术的飞速发展,特别是传感器分辨率的显著提升以及新型传感器的广泛应用,遥感影像的数据量呈现出急剧增长的态势。这种增长不仅体现在空间维度和时间维度的扩展上,还体现在不断增加的光谱维度上。因此,海量数据的存储、快速生成、信息提取以及融合应用等方面的问题,给遥感数据分析带来了前所未有的挑战。利用大数据分析处理技术研究农业监测系统中的多源多类数据的智能融合与分析、定量化反演以及网络化集成与共享关键技术,实现全局数据发现与跨学科的数据集成和互操作,为农业遥感信息的深入分析提供了支撑。

采用单一遥感数据、遥感技术、遥感装置,必然导致监测结果不准确、不全面、不综合,难免引起决策失误。随着对地观测技术的不断发展,一颗卫星装备多种传感器成为趋势,既有适合于小区域的高精度和高分辨率、窄成像带的传感器，又有适合全面、宏观、综合、快速监测的中低空间分辨率和光谱分辨率、宽成像带的传感器，不同传感器获取的可见光、红外及微波的影像数据与日俱增，这些数据在空间、时间、光谱、方向和极化等方面对地表某一区域构成多源数据。未来农情遥感监测趋向于多传感器集合、多遥感影像数据源、多时相数据的综合应用，利用大数据思维进一步抽取农情遥感数据的多元数据特征，采用特征融合、概念融合、语义融合等方法进行数据分析处理，为农业生产、经营、管理与决策提供高精度、高效率的可行方案。

1）多源遥感数据智能处理与控制

高空间分辨率、高光谱分辨率的新型遥感传感器波段多、速率高、周期短、数据量大，需要考虑大数据处理与分析技术。充分利用高速网络环境和高性能集群计算环境等高性能数据处理基础设施，服务农业遥感大数据处理与应用，提高农业遥感体系的数据分析能力，更好、更快、更全面地实施大数据农业遥感信息挖掘，提高农业遥感空间信息分析的质量和效率。一方面，在MapReduce、HDFS（Hadoop distributed file system，Hadoop分布式文件系统）等开源数据并行处理平台和并行文件系统的基础上进行二次开发，研究适用于海量遥感数据处理的高性能、大规模并行处理算法模型，提高海量遥感数据的处理能力和处理效率。另一方面，通过稀疏表征、流形学习等方法简化数据量与数据维度，使大数据变小后再进行后续研究，进一步通过机器学习、非线性随机的数据缩减技术，挖掘大数据中蕴含的信息。

2）农情遥感信息空间可视化表达

人类视觉感知系统具有高速、大容量、并行等特点，是感知获取外界信息的有效方式。可视化技术将杂乱无章的大规模原始数据进行智能分析，通过融合空间特征、时间属性等进行图形、图像、地图、视频等可视化操作，以更加直观、更易理解、更为形象的形式表达出来，找出其中潜在的价值规律。农情遥感信息空间可视化表达、智能化应用是一个必然趋势。利用三维仿真地图、虚拟现实（virtual reality，VR）技术，研究多维数据模型和数据结构以及图形、图像的实时动态处理等关键技术，构建农情数据三维空间数据库，实现农情遥感信息空间可视化表达。

1.3.3 拓宽农业遥感的应用范围和应用领域

在过去资源卫星应用的20余年，农业遥感在精准农业、农业保险监测与评估、农业工程监测、农业政策效果评估等方面开展研究与应用，并取得初步成效，如应用遥感技术进行作物表型研究，促进作物遗传育种的工作。遥感技术作为一门新技术，在农业的多个领域具有广泛的应用前景，通过与农学领域的其他学科交叉融合，不仅可以从方法学上推动其他学科发展，同时这种跨学科应用也将丰富农业遥感的理论与技术方法体系。

随着农业遥感技术的发展和应用的推广，越来越多的企业开始将其应用于农业生产和管理中，从而实现了从公用向商用的转变。农业遥感技术在商业领域的应用主要体现在以下几个方面。①农业保险：农业遥感技术可以通过遥感图像监测农作物的生长状态和生长情况，为农业保险公司提供决策依据，减少农业保险公司的赔偿风险，提高保险业务的效率和准确性。②农产品溯源：农业遥感技术可以对农田的种植面积、作物生长状态、施肥和灌溉情况等进行监测和记录，通过对这些信息进行整合和分析，可以为农产品的质量溯源提供有力的支持。③农业物联网：农业遥感技术可以与其他农业物联网技术相结合，如传感器技术、自动控制技术等，实现对农业生产全过程的实时监测和精细化管理。④农业生产指导：农业遥感技术可以通过监测作物生长情况、土壤水分、气象等信息，为农民提供精准的农业生产指导，帮助他们合理制订种植计划，提高农作物的产量和质量。综上所述，农业遥感技术从公用向商用的发展为农业生产管理提供了更多的技术手段和解决方案，为推动农业现代化、提高农业生产效益和保障农业安全提供了有力的支持。农业遥感技术向商业化转型中，A公司和B公司走在国内前列。

A公司成立于2000年，是中国领先的卫星技术研究与开发企业之一，致力于卫星研发、应用和服务。公司总部位于北京，在上海、南京、成都等地设有分支机构。A公司主要从事卫星研制、卫星运营、卫星应用及数据服务等业务。A公司目前已发射了多颗遥感卫星，覆盖全球，其遥感卫星数据可应用于农业、环境保护、城市规划、海洋监测、交通运输等领域。

A公司使用遥感卫星拍摄了广西壮族自治区南宁市江南区苏圩镇的甘蔗卫星影像，结合甘蔗光谱与纹理特征进行监督分类，统计得到该镇甘蔗种植面积为1643.59亩[①]，监测召回率优于90%，相对传统人工勘测省时省力且精度较高。A公司还开发了森林火灾遥感监测产品。火灾是对森林资源破坏最大的自然灾害，森林火灾防控与预警是森林资源保护的重要业务。卫星遥感技术具有宽覆盖、高重访的优势，可利用卫星遥感短波红外、热红外波段的光谱特征，快速识别森林火点，并提取森林火灾的位置、面积等信息，为森林火灾防控与预警业务提供支持。2019年山西省长治市沁源县发生森林火灾，A公司就对火灾林区的遥感影像进行信息提取。

B公司成立于2015年，是一家致力于提供农业信息化和数字化解决方案的高科技企业。公司总部位于中国北京，并在全球范围内设有多个研发和服务中心。

[①] 1亩≈666.7平方米。

B 公司的主要业务包括农业遥感、精准农业、农业物联网、大数据分析、农业科技推广等。其中，公司在农业遥感领域拥有多项专利与核心技术，是国内领先的农业遥感技术和服务提供商之一。B 公司通过不断的技术创新和服务升级，为客户提供高效、智能、可持续的农业生产解决方案，助力中国和全球农业的发展。B 公司开发了水利遥感类监测产品，能对水资源分布面积及密度进行监测。通过遥感技术可以定期监测水资源的空间分布、面积、密度等，可为水资源调研提供便利。该产品根据水体的光谱特征，对遥感影像进行信息增强，采用阈值分割、监督分类等方法实现对水体分布范围的精确提取。

此外 B 公司还提供作物苗情监测服务，苗情是农情之首，是墒情、病情、虫情、灾情监测的综合反映，是农业精确化、标准化生产的基础，是科学管理的重要依据。大宗作物苗情监测针对不同场景分辨率需求，可以用高分哨兵数据进行监测。作物苗情监测是利用遥感影像数据对作物的实时生长状况、环境动态和分布状况进行宏观的估测，为作物生产管理提供及时准确的数据信息。归一化植被指数（normalized difference vegetation index，NDVI）被广泛应用于农作物长势遥感监测，根据绿色植被的光谱特性，在可见光波段内，蓝光和红光两个谱带为叶绿素吸收峰，在近红外波段，绿色植被反射率急剧上升，因此归一化植被指数能够反映植被的健康状态，基于归一化植被指数可以对作物苗情进行宏观监测。

1.4 典型案例

1.4.1 山东 A 银行利用遥感技术破解粮农融资难题

1. 农业的融资困境

农村金融是乡村振兴的重要杠杆，在农村经济发展中占据了重要地位。当前，农村金融的发展面临着现实挑战，仍存在诸多亟待解决的痛点、难点问题。

一是农村资产评估难。随着各项农村改革的推进与农业现代化的发展，我国农户收入持续增长，农村居民的贷款需求逐渐向高层次、多元化发展，这对农村信贷服务提出了更高的要求。然而，由于缺乏智能、高效的农业资产评估方法，银行较难对农业资产做出精准的价值评估，使得农民难以将农业资产作为传统抵押物来获取银行贷款。除此之外，在贷款业务办理过程中，银行往往采用人工勘查方法核查农户资产档案信息，这不仅增加了农民的融资成本，也不利于银行对农户贷款额度与还款周期进行评估，导致农村金融贷款难度大、服务满足率低。

二是涉农贷款风险高。经过多年发展，我国农村金融体系已经形成包括政策性金融、商业性金融、合作金融在内的金融体系，但农业生产季节性强、自然天气因素不可控、抗风险能力低，导致农户经营收入不稳定，涉农贷款风险高。同时，由于缺少便捷的贷后跟踪监测手段，银行对贷款发放后农户生产经营情况、资金使用去向等信息掌握不准确，难以构建出合理的风险评估模型来有效应对涉农贷款的高风险问题。

三是农情观测难度大。农情信息在农业生产中发挥着重要作用，只有掌握精准的农情信息，才能对农产品的种植过程进行及时调整，降低农业生产的风险，提高产量。传统的农情观测依赖于人工现场调查，农业生产具有面积大、种类多、地形复杂等特点，人工巡查难以及时、全面、精准地收集农作物苗情、病虫害、灾情等农情信息，遇到低温、干旱等重大灾害时往往预判迟缓，造成田间管理难度较大。

四是农业数据核实难。我国银行内部农业相关数据积累较少，加上各地农村政策存在差异，银行、保险、政府的数据未能整合，存在较多信息不对称的情况，农户信息核实难度大，为银行贷款审批、政府补贴发放等带来问题。

为了解决以上痛点，卫星遥感与金融服务深度融合的场景应运而生，可为解决农村金融中存在的问题提供可行的技术路径，有效提升农村金融智能管理水平，助力农村数字化转型。卫星遥感具有观测覆盖面积大、重访周期短、精度高等特点，对于大面积露天生产的调查、评价、监测具有显著优势。如今，卫星遥感数据种类不断增加，数据获取更加便捷、成本持续降低，为破解农村金融中的信息不对称和风险评估难题提供了新思路。与此同时，人工智能技术的快速发展以及算力、算法的重大技术突破，使卫星遥感数据的可用性显著增强，为卫星遥感技术在金融领域的广泛使用奠定了良好的基础。

2. 遥感技术在农业金融中得到应用

国家"十四五"规划对新发展阶段优先发展农业农村、全面推进乡村振兴做出总体部署，为做好当前和今后一个时期"三农"工作指明了方向。同时，《中共中央 国务院关于全面推进乡村振兴加快农业农村现代化的意见》提出"实施数字乡村建设发展工程""加快建设农业农村遥感卫星等天基设施""发展智慧农业，建立农业农村大数据体系，推动新一代信息技术与农业生产经营深度融合"。

随着卫星遥感被国家列入战略性新兴产业[①]，我国遥感数据资源的供给能力迅速增强。依托多类型、高质量、稳定可靠、规模化的空间信息综合服务能力，卫星遥感技术在自然资源、农业、生态环境等领域的应用蓬勃发展，更好地支撑各行业的综合应用。近年来，随着金融支持"三农"力度的不断加大，在金融涉农信贷领域，银行利用卫星遥感技术进一步完善农业农村信用资产数据与风险监测机制，提升涉农金融服务质效，通过赋能农业产业现代化，为乡村振兴战略提供了有力的支撑保障。

---

① 资料来源：《国务院关于印发"十三五"国家战略性新兴产业发展规划的通知》，https://www.gov.cn/zhengce/zhengceku/2016-12/19/content_5150090.htm。

作为一种较为成熟的空间信息技术，遥感技术为破解农业信息收集成本高的问题提供了一条捷径。该技术通过搭载在卫星或无人机上的遥感器，对目标物体反射或辐射出的电磁波、可见光、红外线等光谱特征进行收集与分析，并形成可视化的遥感图像，从而实现对物体的监测。

在农业领域，银行通过观测卫星动态，获取不同光谱波段下农作物卫星遥感影像等信息，为农户和涉农企业贷前评估及贷后管理提供数据支撑。银行利用卫星遥感数据，不仅能够准确识别农户土地位置、面积，准确测算贷款需求，还能通过卫星光谱影像，跟踪了解粮食作物生长情况、土壤墒情和病虫害等信息，提高贷后管理水平。现在多家银行通过卫星遥感为涉农贷款提供决策信息，并在此方面进行了许多创新性的实践。卫星遥感在农业信贷方面的应用，在一定程度上解决了农户贷款难、贷款贵的问题，充足的资金有利于农业的稳定发展；同时银行与农户之间信息的不对称也逐渐缩小，银行涉农贷款的风险得到有效控制，业务范围不断拓宽。

3. A 银行的实践

A 银行积极开展卫星遥感技术研究及平台能力建设，打造卫星遥感影像智能分析系统。汇聚遥感影像、气象信息、土地流转过程等多源数据，结合人工智能技术，在金融行业进行了一系列的创新实践。A 银行通过对海量卫星遥感数据建立不同场景的人工智能算法模型，使用多个维度的数据分析农户的具体情况，实现了从智能识别到处理分析的全流程服务，切实提高了农村生产经营数字化、管理服务智能化水平，依托金融科技全面助力乡村振兴。

1）掌握资产质量，助力农村授信

A 银行将卫星遥感技术应用于农村信贷场景中，依托卫星遥感技术有效获取农户种植作物信息，融合图像识别、目标检测等人工智能算法对遥感影像进行智能解译分析，结合农学作物知识构建农业模型、气象模型等专业化农业应用模型，对农业资产进行全天时、全天候监测，从而精确地识别农户资产种类、经营信息并评估其价值，汇总成农户的资产档案，大幅提升资产查勘评估的工作效率。一是在营销阶段，根据农户资产档案挖掘优质客户，提升银行农村金融业务营销精准度；二是在客户准入阶段，有助于解决农户由于长时间信用档案不完善、缺乏有效抵押物带来的贷款难问题；三是在贷前审核阶段，将资产档案作为依据评估农户资产价值，从而对农户的还款能力进行科学评估，确定授信额度，为农户和涉农企业贷前评估提供数据支撑。

A 银行借助卫星遥感实现土地确权验证、作物种类识别、产量预测等功能，在山东率先投入试点，通过卫星遥感技术获取小麦、玉米等作物的经营信息，评估历史农作物产量和价值。以农户的地块作为农户信贷评级的标的，以此建立信贷体系，给农户提供相应的信贷额度，丰富农户的资产信息，为农户贷款准入与评估提供数据支持，同时也可以监测未贷款种植区的作物生长情况，选择规模性种植且长势优良的地块，将其权属农户作为银行营销推广的优质客户。

2）构建评估模型，量化风险水平

与传统的实地调查手段相比，卫星遥感技术可以更加快速、真实地反映地表环境，获取更多、更全面的数据，利用卫星遥感和人工智能技术实现对农业资产全生命周期的数据采集、分析，进行灾害监测和灾害影响的定量评估，对农户资产及农业生产进行深入的分析和挖掘，从而有效量化风险水平。贷前阶段，可借助卫星遥感技术准确定位每一块耕地的详细信息，实现实际地块信息与所有人属性信息的绑定，及时发现地照所载土地位置与实际地照不符、所贷地块重叠、所贷地块不存在、一地多贷等情况，为贷款发放及后期风险控制提供技术支撑；贷后阶段，建立有效的跟踪监测体系，通过卫星遥感技术及时获取贷款发放后农户生产经营数据，构建农业生产风险评估模型，利用卫星遥感数据结合人工智能算法估算农业资产的风险等级，及时发现农作物病虫害、灾害和极端天气导致的减产等潜在风险，提升银行农村信贷的风控能力。

3）智能分析管理，精准农事指导

通过卫星遥感进行数据采集处理，我们可以及时获取农业数据信息。经过智能分析，这些数据可以形成农事作业策略方案，最终实现农业管理的自动化、智能化和精确化。通过获取农作物全生长周期遥感影像，可了解农作物生长情况，进行实时监测。一是基于历史气象数据、卫星遥感数据、气温数据、降水数据、历史产量数据等构建农作物生长模型，对农户进行农事指导，发布苗情监测通报，帮助农户了解作物长势情况，指导农户合理灌溉、施肥和用药，达到节本增效的目的；二是为农户提供风险预警服务，一方面结合气象与遥感信息对台风、暴雨、冰雹等气象灾害进行监测，另一方面可及时发现病虫害等灾情，对地块种植作物风险进行综合评估，及时预警潜在风险，指导农户及时应对。

4）共享数据信息，深化银政合作

在乡村振兴战略全面推进的背景下，数字乡村建设是解决"三农"问题的必要举措。银行应充分发挥在农业卫星遥感领域的数据积累优势与技术能力，拓展与政府间的信息共享渠道，为政府提供农业数据及卫星遥感数据等多元化数据服务，加强农业数据库的建设，完善农业数据共享机制。以新金融理念为引导，统筹金融科技的资源优势，解决农业资源整合难的痛点问题，借助银行强大的数据采集能力和分析能力，为政府部门提供农业信息服务和决策支持。与此同时，政府主导搭建金融信用信息共享平台，支持以新技术、新模式赋能金融，整合农业经营主体的数据，授权金融机构登录平台核查农户信息，利用政务数据有效解决银农双方信息不对称这一长期存在的难题，依托政务平台有效激活政务数据的"金融属性"，助力金融更好地支持乡村振兴。以政府补贴发放为例，一方面，银行可基于多光谱卫星数据对监测区域的地块和种植结构进行提取，完成地块位置信息、作物信息、时点信息和业务属性信息的绑定，同时有针对性地提取长势指数监测农田变化情况，为相关种植补贴发放的评估提供可靠依据；另一方面，银行可通过政府机构的开放农业数据，利用政府部门所登记的土地流转、农业保险等数据进行交叉验证，验证农户圈出的地块是否真实准确，为给农户发放贷款提供依据，提升金融资本配置效率。

5）农民通过卫星遥感获得贷款

A银行利用卫星遥感管理涉农贷款取得了突出成效，相关业务被多家主流媒体报道，为农业遥感在农业融资方面做出了有益探索。2021年9月30日，A银行落地山东省首个"卫星遥感数据+农业托管+普惠金融"乡村振兴创新金融业务。在秋收秋耕秋种的关键时节，A银行B分行第一时间派出青年骨干成立"三秋"服务队，奔走于田间地头，了解农民在"三秋"生产各方面的信贷资金需求，确保农作物颗粒归仓。在走访中，该分行工作人员了解到该县剑桥农作物种植专业合作社负责人王社长的烦恼。每年到这个时候，王社长最愁的就是资金。1亩地的租金至少需要800元，一季作物农资农服款需要500元，1000亩地就要100多万元，虽说这两年有了一些积蓄，但还是有几十万元的资金缺口。针对王社长的烦恼，A银行B分行和中化现代农业有限公司的工作人员拿着"卫星遥感数据+农业托管+普惠金融"的乡村振兴金融服务方案找到了他，介绍完该金融合作模式后，王社长当即同意加入。为抢抓农时，该分行客户经理主动上门，从采集信息、整理资料、上报授信到贷款发放用时不到一周，以快速高效的服务保障了款项的及时到账。

资金到账后，王社长拿起手机高兴地向合作社其他成员介绍着他的"新农具"，"你们看，卫星图像上画线的这个框就是我们流转的1000多亩土地，这个颜色就是提示该收玉米了。有了这个卫星数据，A银行给我批了75万元贷款，今年种小麦的地租和农资款就不愁了。"

A银行利用卫星遥感数据，能够准确识别农户土地位置、面积以及作物种类，准确测算贷款需求，确定贷款额度；还能通过卫星光谱影像，跟踪了解粮食作物生长情况、土壤墒情和病虫害等信息，提高贷后管理水平。例如，粮食作物长势良好、病虫害得到有效控制往往预示着好的收成，银行可相应提高贷款额度以满足农户扩大生产规模的需要；病虫害严重，或受干旱洪涝等自然灾害影响，导致粮食歉收，银行可以考虑延长还款期限（信用期），以帮助农民渡过难关。银行可通过卫星遥感对农田设施（如温室大棚等）进行监测，了解相关贷款是否按照规定用途使用；通过遥感影像可监测农作物品质，以此估计收成以及判断农户生产管理水平，并据此调整信用评级与信贷额度。

对农户贷款进行管理必须了解农户的生产经营状况，在不使用卫星遥感的情况下，主要通过信贷员入户调查了解信息，费时费力，成本较高；现在通过卫星遥感，银行可以随时获取农户生产的最新状况以及时调整贷款方案。

农民合作社、家庭农场主等新型农业经营主体与中化现代农业有限公司签订农村土地经营权转包（出租）合同后，即可享受小麦、玉米"耕种防收售"全程托管服务，银行贷款用于支付地租、农资、农服等"套餐"费用。中化现代农业有限公司可通过卫星遥感了解托管土地的土壤营养状况，以此进行变量施肥；通过遥感影像还可获取作物病虫害情况，以实施针对性的防控措施，达到农药使用减量增效的目的。粮食收获后，可销售给中化现代农业有限公司，归还银行贷款，实现资金闭环。农户获得资金支持与托管服务后，省事省心；银行获得相应利息，农业公司可赚取管理费并收购农产品，各取所需，各方主体形成一个良性循环。

"卫星遥感数据+农业托管+普惠金融"的乡村振兴服务模式为农村地区带来了新的机遇。这种模式不仅有助于实现土地规模化经营，还能通过托管服务提高粮食生产效益。同时，普惠金融的引入也有效解决了农民的贷款难题。看到王社长尝到了农业数字化的甜头，当地又有新的种粮大户加入到这种服务模式中来。

1.4.2 齐齐哈尔市依安县空天地网一体化监测促黑土地保护

黑土地是世界上最肥沃的土壤，在我国主要分布在黑龙江省、吉林省、辽宁省和内蒙古自治区。它以纯黑色为显著特征，只能形成于夏季温暖湿润、冬季严寒干燥的寒温带，因此又名寒地黑土；又由于其形成需要经过淋溶作用，又名淋溶黑土。我国东北黑土区总面积约 103 万平方千米，其中典型黑土区面积约 17 万平方千米。这里是我国主要的商品粮基地，每年生产约 225 亿～250 亿千克的商品粮。以弯月状分布于黑龙江省的黑土地是中国最肥沃的土地。总面积为一千万公顷，目前已开垦出耕地七百多万公顷，是中国最大的商品粮生产基地。因黑土层厚度为 30～100 厘米，最大厚度可达两米，人们总用"一两土二两油"来形容它的肥沃与珍贵。

中国东北黑土区在近百年的大面积开发垦殖过程中，亦发生了水土流失。这些水土流失问题不仅导致了黑土资源的流失，还引发了环境生态问题，甚至是社会问题，如农牧民的土地资源和收入受到威胁。据调查，黑土区平均每年流失 0.3～1.0 厘米厚的黑土表层，土壤有机质每年以 1/1000 的速度递减，由于多年严重水土流失，黑土区原本较厚的黑土层现在只剩下 20～30 厘米，有的地方甚至已露出黄土母质，基本丧失了生产能力。据测算，黑土地现有的部分耕地再经过40~50年的流失，黑土层将全部流失。

每生成1厘米黑土需要200年到400年时间，黑土的流失与黄土不同，黄土只是把土层流薄了，但还能长庄稼；而黑土一旦完全流失，将寸草不生。

正因为黑土地如此宝贵，国家出台了各项政策，采用各种技术来控制黑土流失，保护黑土。东北地区各级政府也高度重视黑土的利用和保护问题。黑龙江省依安县使用卫星遥感促进黑土保护，是遥感运用于农业资源监测的典型应用。

依安县，隶属黑龙江省齐齐哈尔市，地处东经124°50′~125°42′，北纬47°16′~48°2′，位于大兴安岭南麓、松嫩平原北缘，属低丘波状平原。依安县总面积3678平方千米。依安县辖15个乡镇，149个行政村，是国家重要的商品粮基地县之一。根据第七次全国人口普查数据，截至2020年11月1日零时，依安县常住人口为353 872人。依安县有丰富的历史文化积淀，是特色经济县份，主要特色产品有糖、鹅、乳、豆、菜、薯、瓷等，被誉为"中国紫花油豆角之乡""丹顶鹤项下明珠""美丽的绿色食品名城"。世界上仅有的三条黑土带之一在依安境内穿过。2013年，依安县农作物总播种面积402.35万亩，均为黑土、黑钙土。黑土表层厚30厘米以上，有机质含量5%，呈酸性，有良好的团粒结构，占全县土壤面积的18.3%；黑钙土以草甸黑钙土和碳酸黑钙土为主。土壤有机质含量高，适宜玉米、大豆、水稻等各种作物生长。

为科学保护利用黑土资源，构建黑龙江黑土粮仓，结合依安数字乡村试点地区，黑龙江省依安县与中国科学院共同加强黑土地保护，建立全域智控平台，在依安县打造10万亩核心示范区，该示范区将积极构建品质创优、增碳修复和精准施策三大技术体系，集成保护性耕作、种养循环、土壤健康、智慧管控等多项核心技术，为黑土保护植入了数字能量，我们可以通过五张图来了解依安县如何通过遥感对农业生产进行空天地网一体化监测。

1. 黑土保护一张图

黑土地保护图主要内容包括基于地图的有机黑土基地转化、黑土地保护建设、黑土地保护试点、黑土地保护利用、有机农业科技园区、秸秆全量还田基地等，实现黑土地保护利用的图形化管理（迟德祥，2021）。

在2021年4月初，依安县联合中国科学院地理科学与资源研究所无人机遥感团队进行了遥感测绘，利用多光谱多旋翼无人机和自主研发的ZY200轻型复合翼无人机完成了依安县太东乡10万亩黑土地有机转化示范区的1∶500正射影像航拍，以近地全光谱成像相机为核心的黑土地数据遥测系统、高光谱+多光谱+红外一体模块化组合、多平台多型无人机任务规划与区域组网管控等关键技术，实现黑土地有机质，水分，盐碱化，沙漠化，作物氮、磷、钾等肥力，作物病害/虫害等的精确测定。为黑土示范区提供了厘米级的遥感本底数据。整合数据资源。系统由"天-空-地-网"一体化监测体系、黑土信息数据库、黑土保护知识库、人机互动决策平台组成,为我县创制"分区施策、依村定策、一地一策"黑土粮仓全域定制系统解决方案。

2. 指挥系统一张图

基于地图的指挥调度信息获取管理系统、协同工作系统和指挥调度一张图系统等,实现农业生产过程中各类业务(待处理、处理中和已完结等业务)的调度、反馈和评价。

依安县已建有农业物联网网站,将整合农口现有多单位平台,统一调度与研发,2023年至2024年间整合设计的依安县数字农机监管服务平台,充分发挥中国科学院计算技术研究所的作用,安装自动导航装置40套、北斗监管系统和传感器374台(套),并试验"鸿鹄T30"农业机械装备2台(套)。

农机管理系统是农机全程作业质量监测和指导管理的重点,包括手机端软件和电脑端软件。管理者能够通过手机、电脑实时监控农机作业过程,统计作业面积,核实作业质量,查看农机作业过程中是否存在重复作业、作业范围遗漏、作业质量不达标等情况,真正实现作业质量的有效管理与全程可追溯。系统实现对农机的"耕、种、管、收"作业环节的全程监管,通过作业监测设备采集农机作业过程中的速度、轨迹、面积、质量、油耗等各项数据,实现农机作业时的实时监控和跟踪,可实时显示作业类型、位置、速度、作业状态、机具参数和作业参数,并能随机抓拍农机作业图像实现远程监控,能够对车辆历史轨迹作业数据进行查询,实现对农机作业状态、过程、质量的准确监测。系统通过智能农机采集土壤的各项数据,并记录农机作业、作物生长,以及种子、农药、化肥等相关投入信息,建立每一块黑土地的动态数据库,在传统农机调度经验和数据积累的基础上,建立"黑土地保护性耕作模型",通过对黑土地数据演变以及作业产量之间的关联分析,形成农资、人力与智能装备的统一资源管理与调度策略,为管理者提供基于黑土地的机械化保护性耕作体系作业指挥方案。

3. 规模种植一张图

基于地图的立卡种植户管理系统、基于地图的单品连片种植区管理系统、规模种植一张图研判分析系统等,实现立卡户种植区和2000亩以上单品连片种植区地图绘制、分颜色显示和数据的统计分析。

开展精准数据采集。利用遥感信息,开展遥感监测,对有机作物种植区实施效果跟踪监测,提高项目建设的质量。实现远程智能控制,推进水肥一体化地块建设,开展远程智能控制,科学管理用水调度。开展机器人除草示范,并实行远程指挥和调度。开展模型精准应用,建立气象灾害预测预警及灾害评估模型,为农民提供及时精准的气象灾害预警服务,降低农民的种植风险,为产量预估、价格预测提供数据支持。实现质量管理溯源,从种植、加工、流通和消费等环节入手,开展农产品质量溯源管理,完善从"农田"到"餐桌"全程监管链条。使生产者、流通者、消费者和监管者都可以查询到质量追溯记录,实现来源可溯、流向可追、质量可控、责任可查。

4. 数据共享平台一张图

各业务部门经过数据交换平台清洗、校验和整合的数据,形成了高度一致且符合社会管理标准的数据资源。建立跨业务、跨数据库的统一数据访问接口,满足各部门的业务应用需求,统一数据服务资源目录和用户验证服务,从而保障各业务部门访问基础数据库对应的权限数据资源。统一管理基础数据库日常维护工具和异地容灾备份恢复工具,保证基础数据库能够提供稳定、高效的数据服务。打破壁垒,整合和利用好农机监管服务平台、农经三资管理平台、农产品追溯平台、农技服务平台、农药兽药监管平台、农业物联网平台及市场入户信息平台等资源,统一共享数字资源,达到可复制可推广的效果。

5. 农作物长势监测一张图

基于地图的监测点数据管理系统、农作物长势一张图研判分析系统等,实现玉米、水稻、大豆和马铃薯等种植区作物长势分类地图绘制、分颜色显示和分类数据的统计分析。

依安县在太东乡黑土地有机转化示范区进行了物联网设备的投入,包括ZC600农用全自动生态定位观测站2套,ZC50农用全自动定位观测站12套,视频监控站8套。这些设备都是中国科学院低功耗物联网感知设备,包含植被监测(双目植被相机)、气象监测、空气质量监测、土壤监测等物联感知模块。利用先进的物联网技术,实现风速、风向、气温、湿度、气压、光照、雨量、土壤温度、土壤水分、空气质量($PM_{2.5}$、PM_{10})、植被可见光、植被近红外图像数据的实时采集和无线传输,并借助人工智能、大数据、云计算技术,在云平台中实现作物盖度、高度、物候、病虫害等的自动识别,为数字赋能黑土地生态地理环境保护与可持续发展、有机种植、农业品牌宣传、精准农作以及农业保险等提供数据支持。

参 考 文 献

陈金,赵斌,衣淑娟,等. 2017. 我国变量施肥技术研究现状与发展对策. 农机化研究, 39(10): 1-6.

陈仲新, 任建强, 唐华俊, 等. 2016. 农业遥感研究应用进展与展望. 遥感学报, 20(5): 748-767.

迟德祥. 2021. 数字赋能黑土地保护: 依安县数字化保护黑土地的实践探索. 奋斗, 16: 34-35.

迟德祥, 徐丽华. 2022. 数字农业的实践应用与价值思考: 对依安县加快推进农业信息化和数字乡村建设的调研. 奋斗, (23): 57-60.

简志雄. 2022. 卫星遥感赋能乡村振兴新发展. 中国金融电脑, (3): 28-31.

李晨. 2019-10-22. 科技兴农 数据赋能. 中国科学报, (5).

李世熙. 2006. 基于WEBGIS的长输管道施工管理信息系统的研究和建设. 长春: 东北师范大学.

李秀玲. 2010. 浅谈遥感技术在3S技术中的应用. 中国地名, (11): 72-73.

陆宇航. 2021-11-08. 天上的卫星也能帮助贷款. 金融时报, (3).

史舟, 梁宗正, 杨媛媛, 等. 2015. 农业遥感研究现状与展望. 农业机械学报, 46(2): 247-260.

孙红敏. 2015. 数字农业技术基础. 2版. 北京: 高等教育出版社.

唐华俊. 2018. 农业遥感研究进展与展望. 农学学报, 8(1): 167-171.

汪懋华, 赵春江, 李民赞, 等. 2012. 数字农业. 北京: 电子工业出版社.

王纪华, 李存军, 刘良云, 等. 2008. 作物品质遥感监测预报研究进展. 中国农业科学, (9): 2633-2640.

王乃斌. 1996. 中国小麦遥感动态监测与估产. 北京: 中国科学技术出版社.

王文生, 郭雷风. 2020. 大数据技术农业应用. 数据与计算发展前沿, 2(2): 101-110.

吴文斌, 余强毅, 杨鹏, 等. 2019. 农业土地资源遥感研究动态评述. 中国农业信息, 31(3): 1-12.

佚名. 1997. 知识资料窗. 中国航天, (12): 41.

殷飞, 金世佳. 2015. 遥感在农业旱情监测中的应用现状与展望. 干旱环境监测, 29(2): 87-92.

于志忠. 2014-08-04. 拯救变薄的黑土地. 中国国土资源报, (3).

张胜平. 2020. 土壤环境监测技术现状. 中国科技信息, (6): 53, 55.

张运红, 杜君, 孙克刚, 等. 2015. 小麦高产高效施肥技术研究进展. 磷肥与复肥, 30 (11): 44-48.

赵春江. 2014. 农业遥感研究与应用进展. 农业机械学报, 45(12): 277-293.

赵化兵. 2012. 基于光谱技术的梨树叶片氮含量的快速诊断研究. 南京: 南京农业大学.

第 2 章　农业环境及作物信息获取技术

农业环境信息是指与农业生产密切相关的环境因素和条件的数据及信息。作物信息是指与农作物有关的各种数据和信息。综合农业环境及作物信息，农业生产者可以更好地了解农田的环境特征、作物生长状况和产量潜力，有针对性地制定农作物管理措施，合理调控水、肥、药的使用，减少资源浪费和环境风险，提高农业生产的效益和可持续性。本章分别从环境及作物信息获取技术、应用场景、发展前景和典型案例四个方面来介绍农业环境及作物信息获取技术。

2.1　种植环境及作物信息获取技术概况

农作物生长依赖于多种环境因素，如温湿度、光照等气象条件，以及空气、水和土壤等。因此，准确采集和实时监测这些多样化的农业环境信息至关重要。作物信息包括作物的表型特征和根系发育情况，以及生长过程中的营养状况和病虫害信息等。作物所处的环境条件会对其营养摄取和生长发育等生理状况产生影响，而作物的生理状况又直接影响农作物的产量和品质，因此，监测农业环境和作物信息对于农业生产至关重要。

2.1.1　环境信息获取技术

1. 气象信息获取技术

气象条件在农业生产中具有重要意义。主要的气象信息要素包括气温、空气湿度、光照、降水和风。作物的生长和发育需要一定的热量，而温度是衡量这种热量的指标。温度的规律性或节奏性变化以及极端温度的出现对作物产生巨大影响，过高或过低的温度都可能导致作物生长受阻甚至死亡。温度通过影响作物的光合作用、呼吸作用、蒸腾作用、有机物合成和分解、物质输运等生理过程，进而影响种子的发芽、根系的活动、营养器官和生殖器官的形成，最终决定作物的生长发育、产量和品质的形成。

空气湿度是另一个对作物生长具有重要意义的气象要素。空气湿度的大小直接影响土壤水分的蒸发和作物的蒸腾作用。空气干燥加快了作物的蒸腾过程，往往引起作物的萎蔫。土壤蒸发和作物蒸腾作用过强，土壤水分消耗过多，若此时水分得不到及时补充，将导致土壤干旱。在相对湿度过高时，作物的机械组织发育不良，生长不壮，容易引起倒伏。同时在这种湿度条件下，有些病虫害易发生，不同的作物要求的湿度也不一样，水稻需要的湿度较大，而小麦能在湿度较小的情况下正常生长。同一种作物在不同的生长阶段对湿度的需求也会有所不同，一般作物生长前期要求湿度较高，而成熟后期要求湿度较低。

光照强度是指单位面积上所接受的光通量，在一定程度上反映了植物所能选择吸收的可见光强弱。光照强度对作物生长及形态建成有重要的作用，因为光是作物进行光合作用的能量来源，光合作用合成的有机物质是作物生长的物质基础。

降水量对于农作物的生长也是非常重要的，因为降水量大会导致水涝，降水量少则会造成干旱，都会导致作物减产。所以，农业生产者需要监测降水量以及时把控农作物的生长情况，保证农作物的产量，把损失降到最低。

风速适度对改善农田环境条件起着重要作用。近地层热量交换、农田蒸散和空气中的二氧化碳、氧气等输送过程都随着风速的增大而加快或加强。风可传播植物花粉、种子，帮助植物授粉和繁殖。我国盛行季风，对作物生长有利。但风对农业生产也会产生消极作用，它能传播病原体，蔓延植物病害。高空风为黏虫、稻飞虱、稻纵卷叶螟、飞蝗等害虫的长距离迁飞提供了气象条件。大风会造成叶片机械擦伤、作物倒伏、树木断折、落花落果而影响产量，还会造成土壤风蚀、沙丘移动，从而毁坏农田。

气象信息的获取主要分为高空卫星、低空遥感、地面站点三个空间维度。近几年，我国风云系列气象卫星组网布局日臻完善。截至2024年，中国已累计发射了21颗风云系列气象卫星，其中包括10颗地球静止轨道气象卫星，11颗极地轨道气象卫星。风云系列气象卫星在观测范围、探测能力上均有提高；在数据的处理、传输、存储和共享服务能力上也有所发展。这些卫星在气象、环保、农业、防灾减灾、医学、交通、航空等领域拥有广阔的应用空间，确保了我国在气象卫星领域的全球领先地位。基于无人机的低空遥感主要用于气象灾害、森林救灾、抢险等领域，一般是以无人机为平台搭载CCD（charge coupled device，电荷耦合器件）数码相机进行连拍和速摄。通过数据传输模块或存储介质将图像反馈给地面，克服了卫星遥感信息回馈周期长、受轨道和天气影响严重、分辨率和准确率难以保障的缺点。遥感技术的基础是光谱分析，如果天气情况不稳定就难以获得准确的遥感信息，故我国构建了庞大的地面观测体系，其观测方式由人工观测逐渐改变为装备自动观测，从第一颗风云卫星发射以来，经过30余年的积累我国现已经建成了较大规模的"自动站—区域站"两级地面气象综合观测网络。

2. 空气信息获取技术

空气是多种气体的混合体，由氮气（约占78%）、氧气（约占21%）、二氧化碳（约占 0.03%~0.04%）和极少量的氢气，以及一些惰性气体和不固定的成分如氨气、二氧化硫、水蒸气、烟尘等构成。空气成分中对植物生长影响最大的是氧气、二氧化碳、水蒸气和氮气。

氧为一切需氧生物生长所必需，大气含氧量相当稳定（约 21%），所以植物的地上部分通常不会缺氧，但土壤在过分板结或含水过多时，常因空气中的氧不能向根系扩散，而使根部生长不良，甚至坏死。大气中的二氧化碳含量很低，常成为光合作用的限制因子。空气的流通以及人为提高空气中二氧化碳浓度，常能促进植物生长。大气中的水蒸气含量变动很大，水蒸气含量（即相对湿度）会通过影响蒸腾作用而改变植株的水分状况，从而影响植物生长。氮素主要促进叶片生长，是制造叶绿素的主要成分，能使枝叶浓绿，生长旺盛。缺乏氮素时植物生长停止，叶片黄化脱落；但施用过量时，容易徒长，妨碍花芽形成和开花。幼苗及观叶植物需较多的氮。

正因为空气对作物生长影响巨大，精准地获取空气信息意义重大。近年来随着空气信息监测技术的不断进步，目前我们主要使用空气质量监测站和空气监测仪来获取空气质量信息。空气质量监测站又称空气站，它的功能是对空气中的污染物质进行定点、连续或定时的采样、测量和分析。为了有效监测空气质量，通常在一个环保重点城市会设立多个空气站，配备多参数自动监测仪器进行连续自动监测，并将监测结果实时存储和分析以提供相关数据支持。这些监测站是空气质量控制和评估的基础平台，它们能够 24 小时连续在线监测空气中的常规污染因子和气象参数，并将分析数据提供给环保部门作为参考依据来辅助决策过程。虽然监测站只能测量本地区的平均空气质量，但便携式空气质量监测设备在多点城市流动环境监测、突发事件处理后的空气质量应急监测以及重点污染企业的不定期抽查等方面具有更加方便快捷的优势。

空气质量监测仪是基于定电位电解传感器原理监测污染气体、光散射原理监测粉尘，并结合国际上成熟的电子技术和网络通信技术研发出来的最新科技产品。它可以同时监测气体和可吸入颗粒物浓度，并在同一显示屏上显示。此外，该仪器还配备 USB、RS-485 等型号的数据转存接口，方便将储存的数据转存到计算机上。仪器体积小巧，便于移动式监测。此外，配套的上位机软件系统还能根据历史记录数据和分析结果预测、预报辖区环境污染状况及发展趋势，为有效控制辖区内环境状况提供科学依据。

3. 水环境信息获取技术

植物细胞中含量最多的物质就是水，它是植物体不可或缺的组成成分。只有水分充足，植物的茎秆、枝叶才能挺立、伸展在空中，从而更好地进行光合作用；花朵也需要足够的水分才能绽放，以完成传粉。水不仅是绿色植物进行光合作用的必需原料，还参与细胞中的各种化学反应。此外，植物还需要大量的水分进行蒸腾作用，以降低植物体温度、防止叶片被灼伤，并促进根部对水分的吸收以及水分和无机盐在体内的运输。当然，无机盐必须溶解在水中才能完成这一运输过程。由此可见，水分对植物的生存至关重要，水环境直接影响着作物的生长状况。

水环境监测技术不断更新，特别是 3S 技术和物联网技术发展迅速。3S 技术是一种现代化的信息技术，在水环境监测中发挥着重要作用，能够监测水体污染程度并对湿地环境进行观测。同时，3S 技术的有效应用还能够显著提升水环境监测的工作效率，并高度融合了信息化与现代化的研究成果。然而，该技术在实际应用过程中仍存在一定的局限性，其作用并未得到最大化发挥。因此，在未来需要加大研究力度，拓宽其发展空间。将 3S 技术科学合理地应用于水环境监测领域，能够有机结合信息化技术与水环境监测技术，并推动水环境监测技术的不断发展。

物联网技术作为一种现代化技术，能够满足水环境监测的应用需求。该技术通过无线射频识别与追踪、通信网络等的协调，来满足应用领域的差异化需求。在水利领域内，智慧水管理系列项目是物联网技术应用的一个典型案例。在美国纽约，以物联网技术为支持，智慧河流项目得以开展。通过分布式传感器网络的科学化应用，物联网技术能够实施立体化监测，保证参数多元化，全面把握河流断面水量、水质以及气象等具体情况。在水环境监测过程中，能够实时监测河流状态，准确获取相关的物理、化学和生物信息，对河流全要素进行在线分析。以海量化数据为对象，开展多维关联分析，这便于对河流生态系统进行整体把握，明确其跨时空演变情况，并把握人类活动对于河流生态系统的具体影响，从而发挥物联网技术的应用价值，为水生态系统的良性运行提供支持。爱尔兰和澳大利亚也分别针对湖泊设计了水环境监测系统。该系统能将无线通信技术以及嵌入式系统技术加以有机结合与合理应用，准确监测磷酸盐浓度，并在线采集分析水位、水温等相关信息。通过物联网技术的合理化应用，实现在线采集监测数据，并保证数据传输的实时化。这能够全面提升水环境监测的时效性，结合所获取数据来分析水环境现状，并基于存在问题来制订解决方案。

4. 土壤信息获取技术

土壤是指地球陆地表面具有一定肥力而且能够生长植物的疏松层，其本质特征是肥力，即土壤能够及时、不断地满足植物对水、肥、气、热和其他环境条件的要求，为植物生长提供所必需的生活条件，同时还对植物起支持和固定作用。土壤信息主要通过土壤监测仪器获取。土壤信息获取技术主要有生物技术、3S 技术以及信息技术。

（1）生物技术：利用生物技术对土壤内的微生物和土壤上种植的作物细胞进行标记监测，然后把监测到的大量数据信息传输给电脑。电脑通过这些信息进行大数据分析,据此得出土壤质量的各项数据,并给出合理的治理方案。因此,在土壤环境监测上,生物技术的使用是很有必要的。生物技术的运用离不开计算机技术,其中大量的计算和数据分析还需要依靠计算机来完成。目前我国在土壤监测上所使用的生物技术主要有生物大分子标记技术、芯片植入技术、基因改变技术等。这些技术在我国已经得到了实际应用,并在环境监测方面取得了不错的成果。

(2) 3S 技术:要想对我国土壤进行整体的治理,需要全面了解我国的土壤情况。通过土壤环境监测技术,我们可以把每个地方的土壤情况进行汇总。然后,根据各个地区土壤污染的具体情况,制订相应的治理方案。土壤是生态环境的重要一环,因此整体提高土壤质量对于改善生态环境很有帮助。获取全国各个地区的土壤污染情况,我们可以借助 3S 技术。通过对 3S 技术的运用,我们可以对全国的土壤进行定点采集,将采集的信息进行汇总,再对土壤情况进行综合分析,从而得出合理的治理方案。3S 技术能够对我国的所有土壤进行实时监测,将监测信息进行分析后,我们可以实时了解我国各地区和整体的土壤情况。这样可以达到预防土壤污染和实现全国整体土壤治理的目的,对我国土壤监测和治理贡献巨大。

(3) 信息技术:土壤信息获取技术得到的大量数据最后都需要运用计算机技术进行分析,得到可视化的结果。信息技术是工程技术和计算机技术发展的产物,目前,应用最广泛的信息技术是无线电传感技术。无线电传感技术相对来说成本较低,可获取的数据量大,并能够实现数据的实时传输。要想实现全国范围的土壤监测,必须先实现各地区的土壤监测,然后汇总这些数据。在土壤中埋入大量的异质传感器,监测土壤湿度、酸碱度和相关成分的含量,这些数据会被实时传输到计算机中进行分析。信息技术能够建立一个综合的土壤监测系统,实现监测结果的实时分析。

2.1.2 作物信息获取技术

1. 表型信息获取技术

作物表型是指特定的基因型在给定的环境中由于基因和环境相互作用而表现出的一系列结构及生理特征。田间作物表型信息获取是当前作物遗传育种研究中的瓶颈,表型信息获取效率是制约育种研究的关键因素之一。植物表型参数的分析与育种息息相关。传统的表型数据获取主要通过手工测量和照相后的软件分析进行。手工测量可以获取植物直径、叶长、叶片数目等指标,照相后的软件分析或通过叶面积仪可以获取植物的叶长、叶宽、叶面积、叶倾角等指标。这些测量方法耗时、烦琐且准确性较低,这些缺点大大限制了大规模遗传育种筛选的效率。此外,国内采用的这些传统方法都只能获得植物表型的部分指标,优良株型的选择等也只能依靠科研人员的经验选择，导致选择标准存在很大差异。考虑到大量的植物表型组学数据，表型信息的联用对功能基因组学的研究具有重大意义，因此必须依托准确科学的高通量植物表型平台来完成工作。

随着自动化技术、机器视觉技术和机器人技术在表型领域的应用，高通量、精准高效的植物表型测定技术已得到日新月异的发展。高通量植物表型平台是一种未来化的精准农业技术，它是遗传学、传感器以及机器人的结合体。它可被用于研发新的作物品种，提高作物抗旱及抗病虫害的能力。高通量植物表型平台技术可以采用多个传感器测量植物的重要物理数据，如结构、株高、颜色、体积、枯萎程度、鲜重、花/果实的数目等。这些都属于表型特征，也是植物遗传代码的物理表达。科学家可以将这些数据与特定植物的已知遗传数据对比，将基因型—表型进行关联分析，从而实现高级遗传育种的目标。

2. 根系信息获取技术

植物根系吸收水分、无机盐、有机质等养分，这些养分为植物体的生长和代谢提供必需的物质基础，让植物各器官和组织可以正常生长，进行合成转化，并固定形体不倒伏，使植物地上部分不会因为风吹雨淋而倒地死亡。正因作物根系具有以上重要功能，故监测作物根系发育情况意义重大。

随着技术的进步，我们对根系的研究方法也随之改善，从破坏性挖掘、切割，到微侵入观察再到无创监测。以往经典的根系研究方法主要有挖掘法、单块法、钻孔法、剖面墙法等侵入性和破坏性方法。相比之下非破坏性或者微创研究方法有玻璃墙法、内窥管法（微根管）、容器法等。而较新的无创方法主要是传感器法。传感器法可以用于根系表型的无创监测且不干扰根的生长、不影响土体结构、不改变土壤环境，并能在整个生育期内连续进行。这类方法目前虽尚在研究中，但在实验室条件下已得到成功应用。传感器进行 4D 根成像（四维根成像）需要借助根系周围环境或内部放置的探测器通过核磁共振、X 射线断层扫描等方法获取信息。单次扫描得到的图像还需要进行过滤、分析、校正、拟合、三维重构以获取最终结果。需要注意的是，水分限制或复杂的土壤成分条件可能干扰测定结果，同时射线的穿透深度也影响监测效果。

3. 营养信息获取技术

氮素是影响作物生长与产量的主要因素之一，是植物生长的必需养分，它是每个活细胞的重要组成部分。氮素对植物生长发育的影响十分明显：当氮素充足时，植物可合成更多的蛋白质，促进细胞的分裂和增长，促进植物叶面积快速增长，从而提供更多的叶面积用于光合作用。磷钾也是植物生长发育不可或缺的元素，它们参与植物体内的多种生理生化过程。对于作物营养信息的无损监测研究，主要采用的方法包括机器视觉技术、光谱分析技术以及多光谱与高光谱成像技术。

随着计算机软硬件技术、图像处理技术的迅速发展，多光谱与高光谱成像技术在农业上的应用有了较大的进展。其中在作物和土壤的分离以及作物信息含量相关性上较彩色图像有明显的优势。

4. 病虫害信息获取技术

农作物病虫害是主要农业灾害之一，它具有种类多、影响大、时常暴发成灾的特点，其发生范围和严重程度对我国的国民经济，尤其是农业生产常造成较大损失。我国常见的农作物病虫害种类有：稻飞虱、白粉病、玉米螟、棉铃虫、小麦锈病、棉蚜、稻纹枯病、稻瘟病、麦蚜、麦红蜘蛛、蝗虫、麦类赤霉病等，这些重大病虫害会影响我国的农业生产。

早期发现并确定作物病虫害的发生，可以提高施药防治决策的针对性和准确性。从而做到对症下药、按需施药，并有效降低均一施药带来的环境污染和药品浪费。传统的作物病虫害信息获取方法通常是借助显微工具或者肉眼直接判别病虫害的种类和程度，存在主观性强、工作量大、覆盖范围窄、效率低、成本高等缺点，不能满足精准农业对作物病虫害信息快速获取的需要。当作物受到病虫害侵染后，外观形态和生理效应均会发生一定的变化。与健康作物相比，某些光谱特征波段值会发生不同程度的变异，使得采用图像处理技术、光谱分析技术，以及多光谱和高光谱成像技术等进行作物病虫害快速检测成为可能。采用图像处理技术对作物病害进行识别，除了可以给出被检测对象的病害种类外，还能够获得病害所处的位置和姿态信息，以引导机器人工作。要全面检测并分析受害作物叶片和冠层的特征信息，仅仅依靠灰度图像或 RGB（red green blue，红绿蓝）图像进行模式检测是不够的，需要采用多光谱成像，甚至高光谱成像技术。

高光谱成像技术在作物病虫害监测方面的应用主要集中在高空遥感领域。传统的作物病虫害监测方法工作量大，监测范围小，时效性差，监测成本高。由于虫害存在活动性强和易被遮蔽等特点，因此要准确监测每只害虫既不可能，也没必要。目前主要的虫害信息快速获取方法包括声音特性监测、雷达观测、光谱分析以及图像识别等。由于虫害的声音信号非常弱，容易被环境噪声、传感器噪声等淹没，不同虫害声音信号间也容易相互覆盖，因此声音特性监测主要被应用于仓储食品虫害的监测。雷达观测法主要应用于迁徙虫害的监测，包括扫描雷达、机载雷达、谐波雷达、跟踪雷达、毫米波雷达等多种机型。但昆虫雷达通常只适用于特定世代迁出期的短期观测，并不适用于田间虫害的在线监测。采用图像处理技术有助于提高虫害识别效率，减小劳动强度，但由于田间环境的复杂性、多变性，在田间进行虫害的监测要比粮仓中困难许多。虫害图像监测发展遇到的问题主要为图像采集环境的复杂性以及虫害具有掩蔽性和迁移性，因此图像监测技术在虫害识别上需要进一步提高实时性和精度。

2.2 农业环境及作物信息获取的应用场景

2.2.1 农业气象站

1. 农业气象站的概念及组成

农业气象站是一种能自动观测与储存气象观测数据的设备,其主要功能是实时监测风、温度、湿度、气压、草温等气象要素以及土壤含水量的数据变化。当今,自动农业气象站有多种类型,但结构基本相同,主要由传感器、采集器、系统电源、通信接口及外围设备等组成。

农业气象站的安装部件可以根据现场环境和植被的高度差异进行灵活调整,以确保不影响农作物的生长。系统采用无线通信方式传输数据,既可以单独使用,也可以多站组网使用。在多站组网的情况下,数据会通过中心站软件进行统一收集、处理和分析。

农业气象站一般由五个部分组成:气象传感器、气象站支架、采集器和传输模块、太阳能电板和蓄电池、后台电脑端。

(1) 气象传感器:其主要作用是监测气象要素信息,包括风速、风向、$PM_{2.5}$、光照、二氧化碳、气压、雨量、空气温度、空气湿度、雨雪等多种要素。这些要素可按需求选择进行监测。

(2) 气象站支架:主要用于放置传感器、采集器和传输模块以及太阳能电板。

(3) 采集器和传输模块:主要负责气象要素数据的采集和传输。采集器将收集到的气象要素数据通过无线方式传送至后台电脑端。

(4) 太阳能电板和蓄电池:它们的主要作用是提供电力支撑,确保气象站能够 24 小时不间断地工作。

(5) 后台电脑端:主要用于数据的展现和存储。它可以实时监测数据、查询历史数据、实现超限远程报警,并能将数据以 Excel、PDF(portable document format,可移植文档格式)文件形式导出等功能。此外,它还提供可视化图形输出和数据分析功能。

2. 农业气象站的应用

随着现代农业的发展,互联网+农业也在不断地深入发展,不仅加快了农业发展的步伐,也推进了现代农业的建设,应用物联网和互联网技术为农业发展提供了大数据支持,从而进一步实现了农业生产的智能化。尤其在现代农业发展中,气象环境监测对于农业种植有着重大影响,因此做好气象监测工作非常重要,农业气象站在农业生产当中有以下特点。

(1) 建立农业灾害预警系统,减少农业灾害损失:对环境数据进行实时监测,当达到设定的预警值时,发出告警信息,提醒管理员采取相应措施,减少农业灾害损失。

(2)实现精准农业管理模式:监测气候因子、土壤理化性质因子,结合作物生理生态特点,精准把握肥料施用时机,施用量;避免环境污染;减少无效灌溉量,节约农业用水。

(3)实现农业自动化管理:实现智能自动化灌溉、远程化管理模式,减少管理人员数量与劳动强度,解决农业劳动力持续短缺问题,降低农业成本。

(4)扩展方便、操作简单:安装简易方便,维护升级方便,易于布点,软件平台操作便捷。

农业气象站可以通过对风向、风速、空气温度、相对湿度、大气压力、降水量、太阳辐射、光量子、土壤温度、土壤湿度、水分等要素的监测,研究这些农业自然资源和农业自然灾害的时空分布规律,为农业的区域规划、作物的合理布局、人工调节小气候和农作物的栽培管理等提供服务。

近几年随着种植业的发展,越来越多的农田中都出现了农业气象站的身影,农业气象站不仅要进行气象(包括土壤水分)观测,还要同时按照农业气象观测规范对农业生物进行观测,分析对农业生物有利和不利的气象条件,为当地农业生产服务;同时须向上级业务和服务部门报送观测资料和报表。以水稻种植为例,安装农业气象站以后,通过站点实时记录种植气象要素数据,当暴雨来临时,通过气象站可以监测到降雨量信息,如果监测到降雨量过多,不适宜水稻生长,那么可以安排工作人员采取应对措施,避免过量雨水对水稻造成伤害。通过这些气象要素的监测,采取一定措施后,可以提升农作物的产量。

3. 农业气象站的未来趋势

随着社会的不断发展,我国各个地区新型自动气象站建设越来越广泛,在农业气象观测中应用也较多。新型自动气象站观测工作在地面气象观测中具有十分重要的地位。依托新型自动气象观测站,能够将温度、气压、降水、湿度、风速、风向等气象要素借助于光磁转换的方式转换成电信号,再经过转换处理成数字信号,利用存储器记录相关数据,并且通过通信电路实现数据传输。新型自动气象站弥补了传统气象站无法实时观测气候的弊端,它利用计算机信息技术以及互联网技术构建了非常全面、高效的气象监测体系。现阶段,国内的自动气象观测站普遍采用了 GPRS(general packet radio service,通用分组无线服务)无线传输技术。农户可凭借互联网、手机短信等媒介接收相应的气象预报信息,也可登录天气预报平台查询气象信息,以满足农业气象服务的要求,从而更高效、更高质量地应对气候变化,科学安排农业生产活动。然而,相较其他发达国家,我国气象自动观测站部署仍旧存在建站数量少、网格管理薄弱、数据传输效率不高等问题,无法对雾凇、结冰、雨夹雪等气象现象进行精细化、自动化观测；尤其是对地理环境恶劣、气候变化复杂多变的丘陵、山区，更应高度重视新型自动气象站的应用，要不断提升农业气象观测水平，为农业的健康、持续发展提供有力支持。

新型农业气象站具有以下作用。

（1）有助于制定农业气象预报：利用新型自动气象站所采集到的气象要素数据信息以及农业生产各个阶段的情况，可以定期制做出专题农业气象预报，为涉农部门和广大农户提供非常重要的农业气象信息服务，为农事活动提供决策依据。观测资料分析气候变化趋势，探析天气对农作物生长发育、农事活动的影响以及给农业产业发展提供科学的指导。在各类农作物播种、生长发育关键阶段以及收获、晾晒阶段等进行连续气候监测及天气预报，为农业生产提供有效的气象服务信息，如播种期、生育期、土壤墒情、病虫害灾情和作物产量等。气象观测资料还可以强化农作物气象灾害的预报预警、灾害防范技巧和灾害调查评估，这对农业气象防灾减灾、救灾、灾后恢复以及补救等业务的开展具有重要的参考意义。

（2）为作物生长安全、健康生产提供服务保障：农作物的健康生长发育在很大程度上受到气候条件适宜度的影响，而新型自动气象站气象观测工作的开展，有利于提升农业气象预报的时效性和准确性。通过自动气象站获取及时、准确的数据资料来科学分析气候变化，可以助力农业生产。农民可以第一时间掌握天气状况，为农作物生长发育以及种植提供良好的条件，科学指导农业健康生产，这充分反映了新型自动气象站在农业发展中的积极作用。

（3）有助于防灾减灾：新型自动气象站的应用使得天气预报信息更加准确，特别是在农业生产的关键时期，可以为农户提供大风、暴雨、霜冻、冰雹、干旱、寒潮等灾害性天气的预警信息。同时，借助于电视、微博、广播、微信、LED屏、手机短信等各类手段，及时将新型自动气象站监测到的气象预报信息对外发布，确保天气预报可以在最短时间内传输至农户手中。在灾害性天气到来之前，及时采取针对性的措施进行防御，尽可能地降低气象灾害对农业经济造成的损失。此外，新型自动气象站的观测资料还有助于人工增雨防雹作业的开展。一旦农业生产中遭遇干旱灾害，那么借助于新型自动气象站的观测资料抢抓有利时机来实施人工增雨抗旱作业，可最大限度地缓解农作物的旱情。

2.2.2 固定式农业集成传感器

1. 温湿度、光照度、二氧化碳"四合一"传感器

传统的传感器功能单一，往往只能监测一到两项农业环境指标（如温度传感器只能监测空气温度信息），这给全面收集环境信息带来了不便。单项功能传感器的大量购置费用较高且维护不便，各项信息的整合也较为困难，为了克服传感

器功能单一带来的问题,"多合一"传感器得到广泛应用。图 2-1 为温湿度、光照度、二氧化碳"四合一"传感器。

图 2-1 温湿度、光照度、二氧化碳"四合一"传感器

在农业生产中使用较多的有温湿度、光照度、二氧化碳"四合一"传感器。该传感器集成了多种传感器的功能,能同时监测作物生长环境中的温度、湿度、光照度和二氧化碳浓度等多项物理参数,并通过各种仪器仪表显示这些参数,还能通过手机 APP(application,应用)实现数据可视化。随着物联网技术的发展,温湿度、光照度、二氧化碳"四合一"传感器成为物联网系统的感知层,可将获取到的环境参数作为自动控制的依据,实现自动控制,确保农作物拥有一个良好、适宜的生长环境。技术人员在办公室就能监测并控制农作物的生长环境,同时也可利用无线网络测量获取作物生长的最佳条件,为精准调控提供科学依据,从而实现增产、提质、调节生长周期和提高经济效益的目的。

2. 植物健康传感器

病虫害是影响作物健康、导致作物减产的重要因素。为了监测病虫害、提高作物产量,各种传感器在农业生产中广泛使用。然而,大多数传感技术无法对单株作物遭受的生物和非生物胁迫进行监测。植物健康传感器能够实时监控并预测植物的健康状况,从而及时调整并优化植物在逆境下的生长状况。

植物的不同器官都对植物的健康起着不同的作用。例如,根系从土壤中吸收水分和养分,茎将水分和营养从根传输到叶片。植物气体的交换通过叶片进行。因此,植物健康可以通过监测以上各种生物过程来实现。可穿戴的植物健康传感器是监测植物健康的理想方案。它们具有同时监测多种外界刺激并将信号相互关联以了解植物健康状况的能力。通过整合植物的生物信号，我们可以全面了解植物的健康状况，以便对其生长进行干预。

作为植物健康传感器的代表，可穿戴茎流传感器能对每一株植物进行精细观测，将植物的一举一动尽收"眼底"。它贴附在植物茎叶表面，监测茎流状况，从而可以实时掌握植物各个阶段的生长发育情况。植物的茎流类似于人类的"血液"，是植物在蒸腾作用、渗透势等内外部压力下，茎秆中产生的上升液流，承载了输送植物水分、养分、信号分子的任务。目前，市面上探测植物茎流的方式大多采用大型侵入式探测器，不仅操作复杂，在测量过程中还会对植物造成物理伤害。2021年3月，来自浙江大学的研究团队利用芯片级的微纳加工工艺，制造了一款可穿戴式茎流传感器。这款传感器轻薄如纸，厚度仅0.01毫米，重0.24克，贴在植物茎秆表面上，如同"文身"一样。

2.2.3 移动式农业集成传感器

1. 农用无人机传感器

农用无人机是用于农林植物保护作业的无人驾驶飞机，由飞行平台（固定翼、单旋翼、多旋翼）、GPS飞控、喷洒机构三部分组成，通过地面遥控或GPS飞控，来实现喷洒药剂、种子、粉剂等。农用无人机不仅作业效果优于人工作业，且在作业效率、安全性保障等方面也有较大优势。目前，农用无人机在农业生产中的应用主要体现在植保作业、林业监测、作物授粉及牧群定位等方面。

无人机在监测农业环境及作物信息中发挥着越来越重要的作用，而各种传感器载入无人机平台则是其能够实现获取农业信息并进行植保作业的关键。根据农情监测需求，可用于无人机机载对地观测的传感器主要包括数码相机、多光谱传感器、热像仪、高光谱传感器、激光雷达传感器等。其中，数码相机和多光谱传感器由于其成本低、类型多样的特点，成为目前人们开展基于无人机的农情遥感监测使用最多的设备。数码相机包括日本佳能（Canon）公司的佳能5D Mark II、日本尼康（Nikon）公司的D800E/D7000、丹麦飞思（PhaseOne）公司的P65/IQ180等型号的相机，主要区别在于成像感应器类型、像幅大小等。多光谱传感器主要包括法国Parrot公司的Sequoia、美国Tetracam公司的ADC Lite、德国Cubert公司的S128等型号的传感器。

不同传感器在光谱波段设置、成像方式、空间分辨率、价格等方面存在差异。热像仪可获得作物冠层温度信息，便于监测作物蒸腾及旱情；高光谱传感器能获取作物冠层更精细的光谱信息，有利于准确获取作物长势信息；激光雷达传感器则能获取丰富的点云信息，可有效获取高精度的作物水平和垂直冠层结构参数。以上三种设备由于价格较高、成像及影像后处理技术较复杂等因素，它们在农情监测方面的应用还不多见。常见的无人机机载热像仪有德国欧普士（Optris）公司的 PI400、美国菲力尔（FLIR）公司的 SC655 等；机载激光雷达传感器有美国 Velodyne 公司的 VLP-16/HDL-32E/HDL-6E 激光雷达扫描仪等。在机载高光谱成像仪方面，按成像方式可分为推扫成像和凝视成像。由于成像模式的限制和无人机飞行过程中容易抖动等影响，采用推扫成像的高光谱成像仪数据的几何校正是难点，需要配合高精度的定位测姿系统（position and orientation system，POS），经过复杂计算才能获得比较满意的影像；而凝视型高光谱成像仪采用画幅成像方式，可以在无 POS 的条件下完成图像的几何校正和拼接，但是由于不同波段成像有时间差，其获取数据处理的难点在于光谱信息的校正。

目前，对无人机凝视型高光谱成像仪的验证与应用研究较多，主要有德国 Cubert 公司的 S185，芬兰 Senop 公司的 RHC。总体而言，不同传感器具有各自的用途和特点，需要根据实际需求来选配。此外，耦合各类传感器，实现基于无人机的多载荷观测、多类型数据同步获取将是未来的重要发展方向之一。传感器是无人机得以推广应用的基础设备之一，只有使用适合无人机的遥感传感器才能获得高质量的遥感信息。从无人机的载重、续航时间及无人机遥感的普及应用方面考虑，开发通用性强、低成本、体积小和质量轻的传感器是无人机传感器发展的重要方向。另外，实现传感器波段可定制，以满足不同个体对光谱信息的个性化需求，将是未来市场发展的趋势之一。不同类型传感器的价格、技术特征及作用各异。开展基于无人机平台的多载荷协同观测和相关数据融合处理技术，对高效反演作物长势信息、协助农业精准管理具有重要意义，也是今后基于无人机对地观测的重要发展方向。

2. 农业机器人传感器

机器人在实现导航、定位和路径规划等功能时都依赖于传感系统。农业机器人的作业对象是动植物。生物的软弱易伤、形状复杂以及发育状况各异等特征，周边环境的变化、未知和开放等特性，都要求农业机器人能够顺应变化无常的自然环境，在复杂的环境中自主移动、自主作业，在视觉、知识推理和判断等方面相当的智能。传感器处于外界环境与农业机器人的接口位置，是农业机器人获取环境信息知识的窗口。

在很多农业机器人中，传感器都发挥着巨大的作用。例如，使用机械手的果蔬自动采摘机；水果采收、分选及食品加工等部门广泛采用的摄影图像处理等视觉监测装置；畜牧业中利用远距离遥控技术监测乳牛的乳头位置，并把挤奶器附着在乳头上挤奶的自动挤奶装置；还有把羊的形态图形化，使剪刀自动感知羊的皮肤并作业的剪羊毛机器人。图 2-2 为苹果采摘机器人。

图 2-2 苹果采摘机器人

农业机器人传感器的种类多种多样,每种传感器都有特定的功能和应用。以下是一些常见的农业机器人传感器的类型。

1)视觉传感器

农业机器人要用视觉系统对变量目标进行重新定位,用以获取实时和准确的数据,并将其传递给决策和底层控制系统。整个系统的前端是图像采集系统,主要作用是采集外界图像,并将采集的图像信号发送给信号处理系统。例如,在农业采摘机器人进行采摘作业时,利用图像采集系统获取目标果实图像,经图像处理系统进行图像分析判断,然后得到果实的空间坐标,最后驱动末端操作器趋向于目标果实。

2)触觉传感器

触觉是机器人获取环境信息的一种,仅次于视觉的重要知觉形式,是机器人实现与环境直接作用的必要媒介,是对其他感觉系统的重要补充。触觉的主要任务是获取对象和环境的信息,以及为完成作业任务而对机器人与对象、环境相互作用时的一系列物理特征量进行监测或感知。机器人触觉与视觉一样,基本上是模拟人的感觉,是接触、冲击和压迫等机械刺激感觉的综合。

机器人需要感知同外部环境物体直接接触而产生的接触觉、滑觉和压觉等。利用触觉传感器可以进一步感知作业对象的形状和软硬等物理性质。当视觉被遮挡时,触觉技术将会发挥巨大的作用,可以获取视觉无法获取的物体物理信息,如机械特性、热特性和振动特性等。将视觉技术和触觉技术结合起来,便可以帮助农业机器人得到更准确的信息,从而克服农业机器人仅通过色彩来辨别目标的缺陷,提高其作业的准确性。

3)位置传感器

位置传感器在农业机器人中有多种应用。它们用于确定农业机器人的位置和姿态,并提供重要的定位和导航信息。GPS 是最常用的位置传感器之一,可用于获取农业机器人的准确位置坐标。GPS 可以提供实时的地理位置数据，帮助农业机器人实现精确定位、路径规划和导航。IMU（inertial measurement unit，惯性测量单元）是一个集成了加速度计和陀螺仪的传感器装置，用于测量和监测农业机器人的加速度、角速度和姿态。它可以提供关于机器人运动和方向的数据，用于控制机器人的姿态和运动轨迹。编码器通常与机器人的驱动系统相关联，用于测量和监测驱动器或电机的转动角度和位置。在农业机器人中，编码器可以用于控制轮子或关节的运动，实现精确的导航和位置控制。激光雷达是一种高精度的三维感知设备，可以测量周围环境的距离和形状。在农业机器人中，激光雷达可以用于建立环境地图、障碍物监测和避障导航，确保机器人能够准确地感知周围环境并规划路径。这些位置传感器的应用使农业机器人能够获取准确的位置和姿态信息，实现自主导航、路径规划、障碍物规避和精确作业等功能。通过结合多种传感器的数据，农业机器人能够在复杂的农业环境中高效地执行任务，并提高农业生产的效率和质量。

4）避障传感器

实时避障能力的高低是反映移动机器人智能水平高低的关键因素之一，也是国内外智能机器人发展的一个热点。国内外学者对实时避障问题进行了大量的研究。在非结构的、未知的和不确定的环境中工作的农业机器人需要实时监测环境信息，因此实时避障是其工作的前提。

农业机器人常用的避障传感器有超声波传感器和红外传感器等。超声波碰到杂质或分界面会产生显著反射，形成反射回波，碰到活动物体能产生多普勒效应。超声波传感器便是依靠超声波发射器发射一定频率的声波信号，利用超声波接收器接收物体界面上反射和散射的声波信号，并对接收的信号进行分析处理，从而获得障碍物信息。红外传感器是一种比较有效的接近传感器，经常被国内外学者应用在多关节机器人避障系统中，用来构成大面积的机器人"敏感皮肤"，覆盖在机器人手臂表面，可以监测机器人手臂运行过程中的各种物体。传感器发出的光波长大约在几百纳米范围内，这属于短波长的电磁波。红外传感器具有不受电磁波的干扰、非噪声源和可实现非接触性测量等特点。另外，红外线（指中、远红外线）不受周围可见光的影响，故可在昼夜进行测量。

3. 智能农机传感器

智能化农机，就是在农机上装备中央处理器（central processing unit，CPU）和各种传感器，使之与无线通信系统（GPS 或北斗卫星导航系统）相连接的农业智能化作业系统。通过加装在农业机械上的微型电脑，对传感器传回的各种信号进行逻辑运算、加工、再传导、传递，使之在动态作业环境条件下发出适宜的指令，驱动农业机械即时调整工作状态，使工作更精准、效率更高，动作更正确，由此实现农业生产作业和管理调度的智能化。智能化农机,既是智慧农业的重要组成部分,又是智慧农业的装备支持、物质手段和实现通道。

1)在设施农业技术领域的应用

通过安装在大棚中的传感器对农业环境和作物重要生长信息进行采集(如环境温湿度、土壤 pH 值、光照强度和二氧化碳浓度等),经由处理控制器对作物生长的需求规律进行分析,从而提供精准的作业反馈信息,使大棚联动设备能及时做出控制决策,满足作物生长对环境各项指标的要求,达到农业增产增收的目的并提高农业生产效率。

2)在农机装备技术领域的应用

在控制中心,通过安装在农机装备中的导航系统和其他传感器模块,实现农机装备的定位导航功能,为跨区域作业保驾护航;同时具有自动测产和测亩功能,通过农机装备中的传感器自动测量收割机收割的区域面积和粮食的重量,并经过平台上传至指挥中心进行显示。这不仅节省了大量人力,降低了劳动强度,还提高了作业效率,极大地提升了农机作业智能化水平,使得传统方式难以统计的粮食产量和农机作业亩数等信息采集变得极为方便。

2.3 农业环境及作物信息获取的发展前景

2.3.1 新型传感器

随着多学科的交叉与新兴技术的集成应用,检测技术不断发展,新型传感器产品也层出不穷。从农业的发展趋势及农业生产各环节的需求可以预见,MEMS(micro electro mechanical systems,微机电系统)微传感器技术、光纤传感器技术、高光谱检测分析技术、仿生传感器技术、无线网络传感器技术等一批新兴传感技术及检测手段,将是农业领域中传感器技术的发展重点。

1. MEMS 微传感器技术

MEMS 微传感器是指应用 MEMS 微机械电子加工工艺研制的新型敏感元件和传感器,可在芯片中集成信号的放大、滤波、反馈线路和补偿线路,具有小型化、低功耗和单件成本低等特点。MEMS 微传感器主要包括微压力传感器、微加速度传感器、微角速度传感器、微型磁敏传感器、微型光敏传感器、微型热敏传感器和微型气敏传感器等。

目前,MEMS 微传感器产品已应用于汽车产业。在汽车电子控制系统中,MEMS 压力传感器可用于测量气囊贮气压力、燃油压力、发动机机油压力、进气管道压力、空气过滤系统的流体压力和轮胎压力等参数;MEMS 微加速度计主要用于汽车安全气囊系统、防滑系统、汽车导航系统和防盗系统等；MEMS 微陀螺仪用于测量汽车的旋转速度，它与低加速度计一起构成主动控制系统。随着高端农业装备智能化的推进，微传感器具有巨大的应用潜力和推广空间，国内已有工程技术人员将 MEMS 微加速度传感器应用于水田激光平地机，实现了平地铲水平倾角的动态监测。MEMS 气体传感器主要指气体浓度传感器，一般是基于敏感材料吸附原理，用来测试环境中 O_2、CO_2、CH_4 和 C_2H_4 的浓度，可广泛应用于现代农业环境监测。

2. 光纤传感器技术

光纤传感器是一种利用光纤作为传感元件的传感器。光纤传感器利用光纤的特殊性质，如光的传导、散射、反射和干涉等现象，实现对物理量、化学量或生物量等参数的测量和监测。光纤传感器可以分为物性型和结构型两类，物性型光纤传感器是利用光纤本身具有的（或通过光学镀膜技术在纤芯表面人为制造）某种对环境变化的敏感特性，基于光纤的光调制效应，将输入物理量变换为调制的光信号；而结构型光纤传感器则是以光纤作为传输媒介，通过光敏元件实现信号转换的一种传感器。光纤传感器具有抗电磁干扰能力强、灵敏度高、定位准确、耐高温、耐腐蚀和无源等特性，被广泛地应用在航空航天、石油化工、冶金电力等领域，也可以满足农业领域的应用需求。

在农业中，为保证适宜的育种及温室栽培环境，可采用光纤温度传感器和光纤湿度传感器实时获取环境中的温湿度情况，并采用光纤 CO_2 传感器有效监测温室中的 CO_2 浓度，以保证环境条件达到所需的最佳状态。为保证农业水利设施安全，可采用光纤光栅裂缝传感器等监测高架水渠或大型农业水利设施的健康情况，通过光纤流量传感器监测埋入地下的管道水流通畅状况。以光纤传感器为探头的光纤光度分析仪器在农产品品质无损监测中的应用也越来越广泛。

3. 高光谱检测分析技术

高光谱检测分析技术是以纳米级的超高光谱分辨率和几十或几百个波段同时对地表地物成像的技术。高光谱检测分析技术是从军事应用中转化而来的，并被逐步应用到工业、农业等领域中。高光谱检测分析技术融合了传统的成像技术和光谱技术的特点，获取的高光谱图像具有"图谱合一"的特点，即同时含有图像信息和光谱信息。图像信息可以用来检测被检物体的外观，而光谱信息则可以反映被检物体的内部特性及品质。

目前，在国内农业领域中，农产品品质与安全检测主要还是依靠化学方法进行，化学方法是一种费时费力的破坏性检测技术。随着成像和光谱技术的快速发展，高光谱成像技术在美国、加拿大、澳大利亚、新西兰、欧盟等发达国家和地区已经广泛应用于农产品品质与安全的快速无损检测中,在现代精准农业中可满足物种鉴别、土壤分类、植物胁迫生理、作物健康、果蔬品质检测的技术要求。高光谱检测分析技术将是食品和农产品品质与安全监测的科学有效工具之一。

4. 仿生传感器技术

仿生传感器是一种采用新的检测原理的新型传感器,它采用固定化的细胞、酶或者其他生物活性物质与换能器相配合组成传感器或传感器阵列。仿生传感器是生物医学和电子学、工程学相互渗透而发展起来的一种新型信息技术,具有性能好、寿命长的特点。作为一种模拟生物感官的新兴检测手段,仿生传感器技术在农业领域的应用已有较多报道。以仿生电子鼻为例,可在水果、饮料、酒类和肉类等产品的快速检测识别过程中,对不同物质的气味进行有效的分类识别。仿生电子鼻通常由若干气敏传感器组成传感器阵列,对挥发性气体进行复合检测和识别,阵列中每一个传感器对某些特定种类的气体成分敏感,使得传感器阵列对气体中不同的成分进行识别并给出总体评价。究其工作原理不难发现,这还不是真正意义上的仿生传感器,相信不久的将来,基于生物技术的模拟生物体嗅觉、味觉、听觉和触觉的仿生传感器必将问世,并在农产品和食品的检验检疫方面发挥更大作用。

5. 无线网络传感器技术

无线网络传感器是具有无线网络通信功能的传感器,通常由大量的低功耗传感器节点组成无线传感网来进行信号采集工作。无线网络传感器技术涉及传感器技术、嵌入式计算技术、网络通信技术和分布式信息处理技术等多个学科领域。网络节点间采用自组织的通信方式,数据由特定的汇聚节点接收,可以探测周围环境中声、光、热等多种信号。

由于功耗低、响应快、组网节点容量大且成本低,无线网络传感器已在农业信息采集和远程监控中得到了应用。在现代精细农业中,应用无线网络传感器来检测土壤墒情,实施节水灌溉,减少漫灌造成的水资源浪费。在温室等农业设施中,应用无线网络传感器可同时对多个温室空气温湿度、光照强度、pH 值和二氧化碳浓度以及土壤含水量和土壤中氮、磷、钾元素含量等影响作物生长的环境信息进行实时检测,保证作物的增产增收。

2.3.2 智慧大田

1. 智慧大田种植内涵

大田种植是指在大片田地中种植作物,具有露天种植、生产面积大等特征。

主要业务环节包括耕地、育种选择、播种、浇水施肥、病害防治和作物收割等。随着新兴智能技术和信息技术的快速发展,在大田种植中利用智能农机装备代替人工成为可能。智慧大田种植是以信息化和智能化为核心,通过物联网、无线传感、智能组网、云计算、大数据、区块链、人工智能和智能农机装备等现代智能技术和设备,与大田生产深度有机融合,实现农业生产过程中的信息感知、实时监测、精准决策、自动化控制、远程控制等全新的大田生产方式,是农业发展的智能化阶段。现代科技是第一生产力,通过与大田种植的各种生产力和生产方式相融合,大大提高了大田种植的生产效率,有效增强了从业者的决策和管理的智能化水平。农民可实时获取大田环境信息和作物生长信息,远程控制智能农机装备,根据智能推荐进行决策,实现大田种植生产的智能化、信息化和精确化。

智慧大田种植针对农业大田种植面积大、作物种类多、监测困难等特点,采用多种现代化信息技术对大田种植作业进行管理,其总体框架如下。

(1)环境监测信息采集与传输。使用传感器设备采集大田种植农作物的土壤湿度和温度、光照强度、空气湿度和温度、二氧化碳浓度等数据,再将这些数据传至数据中心,分析作物生长情况并采取措施;使用风速、风向等传感器设备收集气象信息,通过数据中心分析这些信息与正常值的差距,并及时采取防范措施。

(2)智能农机设备的使用。农业机械与北斗卫星导航系统的结合实现了农机智能化,无须人工操作机器,只需事先设置好机器运作路线,农机就会代替人工去完成耕种、收割、打药等环节。此外,农机在工作的同时会监测数据,将作物状态和土壤情况传至数据中心分析数据,对本次产量进行评估和对下一次种植进行智能规划。

(3)视频监控。大田种植区域面积大、监测点多,所以摄像头的数量多、分布广,摄像头要对大田种植区域实时监控,并将图像或视频传输至大数据中心,实时得到农作物生长信息,在监控中心或移动端能实时观看作物的生长情况。

(4)智能灌溉设备的使用。对大田作物进行灌溉是个庞大的任务,若仅靠人工灌溉,耗时耗力;智能灌溉设备的使用不仅大大节省了时间,而且实现了合理灌溉与节水灌溉。智能灌溉设备通过监测土壤养分和水分含量,将监测信息传输给数据中心,数据中心得出灌溉时间,传至智能灌溉设备。

(5)控制终端。控制终端为PC(personal computer,个人计算机)端、手机端等,通过控制终端不仅可以实时看到大田种植作物信息,还可通过控制终端远程指导农机操作和大田灌溉。

2. 关键技术

"感、移、云、大、智"是智慧大田技术体系的关键环节,因此本节重点围绕这五个环节开展了智慧大田关键技术的分析、遴选,最终确定了五项一级技术以及相应的 18 项二级技术。五项一级技术是环境与生物信息感知技术、信息移动互联与农业物联网技术、云计算与云服务技术、大数据分析与决策技术，以及智能农机装备与农业机器人技术。

1）环境与生物信息感知技术

环境与生物信息感知技术包含四项二级技术：土壤肥力信息感知技术、作物生长信息感知技术、作物表型信息感知技术和作物病虫害信息感知技术。土壤是农业的基础，现有的现场快速检测设备在检测灵敏度、精密度和准确度方面无法满足对土壤多参数原位快速检测的需求，而且核心部件主要依赖进口。因此，急需研发和推广具有自主知识产权的土壤多参数快速检测核心硬件和集成技术。大田作物生长发育实时检测技术可以检测和预测作物各方面的生长状况指标，对于作物的田间智慧管理、产量预测、品质检测和采收等具有切实的指导意义。作物表型组学的测量目标多为常见的粮食和经济作物，如小麦、玉米、高粱、大麦和豆类等，通过表型测量技术进行作物形态学参数和生理学参数的自动化高通量测量，为作物的智慧育种以及智慧管理提供了关键信息。作物病虫害是农业生产过程中影响粮食产量和质量的重要生物灾害，对病虫害进行早期预警和防控对减少农业化学药剂的使用量和残留量，促进生态环境和农产品安全，以及对于我国粮食贸易策略制定和社会经济发展均具有重要战略意义。

2）信息移动互联与农业物联网技术

信息移动互联与农业物联网技术包含三项二级技术：物联网技术、5G（5th-generation mobile communication technology，第五代移动通信技术）和智能手机农业应用。目前我国已经发展了多项大田种植类农业物联网应用模式，包括水稻、小麦、玉米、棉花、果树和菌类等作物种类，形成的应用模式包括智能灌溉、土壤墒情监测和病虫害防控等单领域物联网系统，也包括涵盖育苗、种植、采收、仓储等全过程的复合物联网系统。基于 5G 的新一代移动互联技术在大田种植中发挥着重要作用，利用 5G 大带宽、低时延特性，可实现农机的无人化作业，包括无人拖拉机、无人插秧机和无人收割机等。智能手机正在逐渐成为重要的现代农业装备，通过 APP 完成农田信息获取、农业机械操控以及农产品电子商务等智慧农业生产相关的功能。

3）云计算与云服务技术

云计算与云服务技术包含两项二级技术：大田作物与环境模拟模型技术和大田作物智慧种植云计算与云服务技术。作物生长模型是根据作物品种特性、气象条件、土壤条件以及作物管理措施，采用数学模型方法描述作物光合作用、呼吸作用、蒸腾作用，以及营养等机理过程，可以准确模拟作物在单点尺度上生长发育的时间演进以及产量的形成动态过程。大田作物与环境模拟模型技术为大田作物智慧种植云计算与云服务平台提供了有力工具。以作物识别为例,把作物生长模型及各项参数输入到云服务器中,通过云平台强大的分析运算功能可以识别区分不同作物或者作物的不同生长阶段,区分杂草和作物以优化除草剂实施方案等。

4) 大数据分析与决策技术

大数据分析与决策技术包括两项二级技术:数据挖掘与机器学习技术、大田作物智慧种植无人机遥感应用和灾害防控技术。农业大数据技术包括清洗、集成、融合和挖掘等,以发现隐藏其间的数据价值,为发展智慧农业提供指导和服务。机器学习是人工智能的核心研究领域之一,利用机器学习提供的技术进行数据挖掘来分析农业大数据,二者协同互补促进大田种植大数据分析与决策技术的发展。在农作物种植前采用无人机对土壤进行监测分析,对农业种植的前期规划具有至关重要的作用。作物生长的无人机监测可为农田的智慧管理提供可靠的基础数据。我国的无人机植保已成为快速发展的新兴领域,也是未来农业发展的主要方向之一。

5) 智能农机装备与农业机器人技术

智能农机装备与农业机器人技术包括七项二级技术:农业机械自动导航技术、电动农业机械、精准灌溉装备、谷物自动测产技术、农田作业机器人技术、水肥药一体化技术,以及无人农场技术。北斗卫星导航系统的建成与应用保证了我国农业机械自动导航技术的可靠性和健康发展。农机自动导航驾驶系统主要应用于播种、开沟、起垄、中耕、打药等对直线度及结合线精度要求较高的作业。电机和电池技术的发展尤其是低速大扭矩电机技术的成熟,为电动农业装备的发展提供了基础条件。灌溉、收获、水肥药一体化等精细作业技术和农业机器人是现代信息技术与现代农业深度融合的典范,推动农业生产向优质、高产、低污染、节水、节能、智能和现代化方向发展。

3. 存在的挑战

对于智慧大田的产业转型升级和高质量发展,我国还存在如下问题与挑战。

(1) 在信息获取技术方面,缺乏原位精准测量技术与农业专用传感器。大田种植业由于其作业环境受到气象环境和地域差异性影响非常大,而且作业由于农时限制较大等因素,对原位精准测量技术有迫切需求。然而,大多数科研成果仅适用于某些作物或者某些区域,缺乏普适性,导致智慧农业发展所依赖的获取信息源头出现偏差,影响到后期数据的分析和控制决策。

(2) 在信息传输技术方面,实时性、可靠性、通用性和稳定性还有待改进。农业生产环境的特点和低功耗传感器的技术需求对农业物联网数据传输的实时性、可靠性、通用性和稳定性提出了更高的要求。由于缺乏标准和规范,物联网在该领域的标准化应用受到限制。

（3）在信息处理与决策方面，模拟模型与实际生产差别较大。目前，在大田智慧种植中，农业知识模型、农业模式识别、农业知识表示、农业病虫害诊断机器学习等方面都取得了显著进展。但部分模型、算法还不足以全面反映客观现实，指导农业精细生产时还有局限。农业大数据技术目前面临的挑战是如何使大数据转化为便于农民接受和使用的智能数据，为精细农业和智慧农业的研究与实践提供知识支撑。

（4）在智能农业装备应用方面，还需要进一步解决好农机/农艺相结合的问题。农业的作业对象是土壤、动植物等有系统组织结构和生物活性的客体，智能农业装备只有与农业科学和生物生命科学技术相互交叉、渗透、融合，才能满足现代农业生产工艺的技术要求，农机与农艺的契合性仍需进一步挖掘。

2.3.3 农业信息获取技术向产业化转型

随着农业环境及作物信息获取技术的发展，农业信息化成为可能。农业信息化是指在农业领域全面地发展和应用现代信息技术，使之渗透到农业生产、市场、消费以及农村社会、经济、技术等各个具体环节的全过程。

随着农业信息化的发展，农业信息获取技术正在向产业化转型，即将先进的信息技术应用于获取农业信息，并推动其商业化和大规模应用。这样的转型可以提高农业生产效率、优化资源利用、改善农业管理和决策，从而推动农业产业的可持续发展。在农业信息获取技术向产业化转型的过程中，涌现出了一批新兴企业，T公司就是其中的典型代表。

T公司是一家服务于农业的国家高新技术企业，致力于成为全球领先的数字农业综合服务商，利用人工智能、物联网、大数据、互联网、区块链等信息技术，聚焦数字农业核心技术闭环，精炼智能装备、软件平台、大数据应用三大业务体系，提供集数据采集、分析决策、精准执行与科学管理于一体的数字农业一站式综合解决方案，为农业农村农政体系数字化转型、农业生产数字化应用及科研数字化创新提供重要的装备技术支撑与数据服务。

T公司通过信息技术与农业专业、软件和硬件协同的双轮驱动战略，创新升级技术，研发、迭代多款智能硬件装备，联动物联网平台，构建农业生产全要素的智慧数据采集、管理决策系统，打造农业大脑；搭建省市级乡村大脑，落地多个跨应用场景；开发数字乡村服务应用，建设农业产业大脑。截至2021年，数字农业综合解决方案服务地图覆盖上万个乡镇，涵盖千余个县（市、区）农业云平台、万余个服务经营主体。

T公司自主开发了一套农作物病虫害监测预警系统。该系统重点围绕监测预警、植物检疫、药政管理等主要业务科室进行业务线上化，进一步通过构建植保数据仓，打通省市县三级业务单位，构建一体化数据采集服务平台及综合决策分析平台。平台汇集了智能虫情测报、昆虫性诱和田间调查等业务数据，使用专业的对比分析和可视化数据专题分析，打通系统间数据壁垒，实现数据共享，智能提升农作物重大病虫害监测预警水平及其核心业务的信息化水平，为保障粮食安全、虫口夺粮提供重要的决策依据。

该系统具有以下亮点。

（1）监测预警：围绕关键作物配置智能虫情测报系统、气象监测系统等装备，聚点成网，实时监测各地关键病虫害发生情况，以五色图、折线图等多样式呈现地市、区县的病虫害实时发生动态。结合历年数据深入分析，提供数据服务、支撑科学决策。推动农作物病虫害监测预警体系建设，为农作物健康保驾护航。

（2）植物检疫：密切关注、追踪本省重点检疫性有害生物，如亚洲梨火疫病、柑橘黄龙病、红火蚁等，以五色图、数据列表、折线图等多种形式展示各市县疫情发生情况和防治情况，以及疫情发生等级和严重程度，通过多年数据比对分析，防止有害生物疫情扩散蔓延。

（3）药政管理：通过数字化方式展示各地市农药生产、使用和废弃包装回收情况和相关数据，以及推动肥药两制改革的相关政策与方案。

（4）一体化数据采集：整合农作物病虫害数字化监测预警系统、智能监测预警系统、昆虫性诱测报系统等八个信息化系统和数据资源，升级完善单点登录系统，打通系统间数据壁垒，实现数据共享。

该系统用到了以下智能硬件。①智能虫情测报灯：智能虫情测报灯可无公害诱捕杀虫，绿色环保，同时可提供无线网络接入云端，定时采集现场图像，自动上传到物联网监控平台，平台自动记录采集数据，形成虫害数据库。可用图表、列表形式展现给农业专家进行远程诊断。工作人员可随时远程了解田间虫情状况，制定防治措施。②智慧性诱测报系统：具有定向诱集、分类统计、自动计数、虫害预警的功能。③孢子自动捕捉系统：采用了高清显微成像技术、精度限位技术、自动智能化聚焦技术、物联网技术等高科技手段，全天候实时采集分析，节时省力。可远程拍摄孢子图片，全天候实时采集分析，节时省力。通过无线网络将图片上传至管理平台，实现农业病菌孢子浓度测试数字化，通过互联网及时了解病害的发生、发展情况以及病害的分布区域，及时预防农业病害的发生和蔓延。④风吸式杀虫灯：采用天敌友好型 LED 窄波光源诱虫技术，结合风吸负压捕杀装置，精准识别并清除目标害虫，降低化学农药依赖，推动绿色植保技术升级。

2.4 典型案例

涪陵是世界闻名的榨菜之乡，是全国休闲农业、乡村旅游示范区和涪陵青菜头中国特色农产品优势区。有众多区级以上农业龙头企业、农民合作社、家庭农场和各类涉农小微企业。2019 年已获批农产品"三品一标"认证 240 个，依托龙头企业建有榨菜、柑橘、涪陵黑猪、蚕桑、中药材、笋竹、茶叶等特色农业产业基地。涪陵榨菜自 1898 年诞生并推向市场、走向世界以来，已经历了百年沧桑。已构建集科研试验、种子选育、标准化种植、现代化加工、副产物开发、产品销售等于一体的全产业链。

1. 涪陵智慧农业发展中存在的问题

涪陵地处丘陵山区，分沿江丘陵低山区、坪上低山带坝区、后山区 3 个区域，土地、劳动力资源要素分布不同，存在农业农村发展不平衡、不充分问题。随着农产品生产成本上升和市场价格波动，提高农业比较效益、调动农民生产积极性难度加大。随着农业资源环境约束增强和全社会对农产品质量安全要求提高，确保农业产业绿色高效和可持续发展的难度加大。随着农村劳动力转移、劳动力严重短缺，促进农民收入较快增长、加快缩小城乡差距的难度加大。农民适应生产力发展和市场竞争力的能力不足；新型职业农民队伍建设亟待加强。在农业发展和实施乡村振兴战略中，在农业管理、农业生产、农业物流、农业市场等方面存在一些困难及问题。

1）农业管理方面

（1）数据采集困难：农业生产的相关要素的基础数据（土壤、空气、温度、湿度、光照、产量）无法实时采集，导致无法针对具体情况进行会商分析，对农业生产进行科学指导。

（2）会商培训困难：针对农业生产出现的问题，无法进行及时远程会商和专家诊断，农业科普、农技培训等无法以远程会议形式进行授课及指导。

（3）监管追溯困难：农资、农产品出现质量安全等问题，准确及时进行监管追溯困难，因监管追溯困难导致农产品质量安全问题时有发生。

2）农业生产方面

（1）传统农业特征明显：目前，区内农业还处于传统农业模式，利用先进科技手段进行农业生产的比例较低，导致产品质量不高，经济效益低下等问题。

（2）盲目使用农药化肥：农业生产过程中，农药、化肥使用存在盲目性。用高能耗来换取高产量的"石油农业"生产方式，造成土壤板结和破坏、水源污染、农残超标、减少了生物遗传的多样性等问题。

(3)农业抗风险和抵御灾害能力不强:采用传统的种植、养殖模式,在面对自然灾害、突发瘟疫等事件时,抗风险能力不足,无法进行科学的预防、对症下药进行治理,使农业生产处于"靠天吃饭"的状态。

(4)农民对农业生产的积极性不高:以市场经济为导向的农业生产、农业种植、养殖品种忽冷忽热,价格波动起伏,加上种植、养殖周期,自然灾害、劳动力缺乏等因素的影响,导致农民对农业生产的积极性不高。

3)农业物流方面

(1)渠道不畅:农业物流渠道不畅,物流发展较慢,物流成本过高,且效益低下。

(2)技术落后:鲜活农产品保鲜技术落后,导致在采摘、运输、储存及物流等环节损失严重。

(3)信息滞后:缺乏一个把政府、市场、客户和生产者联系起来的网络,市场需求信息、供需关系不能快速传递。

(4)多元无序:农业物流中集体、个体、私营及外企发展迅速,但农业物流主体规模小、网络不健全、市场覆盖面窄。

4)农业市场方面

(1)缺乏市场分析:缺乏对农业相关农产品市场供需数据分析,引导农民调整农业生产,导致农产品供需波澜起伏。

(2)竞争能力弱小:大部分农业生产主体分散、规模小,农产品生产经营成本高,农产品品牌意识模糊,导致在市场中竞争力不强。

(3)销售渠道单一:农产品的销售形式主要是农民—中间商—市场的销售模式,销售渠道单一导致农产品销售困难。

2. 涪陵智慧农业发展的主要路径

智慧农业是依托物联网、云计算以及 3S 技术等现代信息技术与农业生产相融合的产物。智慧农业按照全产业、全要素、全过程的理念,运用信息技术对土地、资金、劳动技术等各类生产要素进行配置和优化,对农业种、养、加、产、供、销全产业链进行数字化改造,实现精准感知、在线处理、智能决策、科学管理,最终驱动农业生产经营方式的转型升级。

1)推动农业信息化发展

通过各种传感器和无线传输设备的使用,农田信息能够实时自动传输到农业管理人员的眼前,实现农民和农田的有机互联,进一步通过标签技术的应用,建立现代农业物流仓储和运输,实现食品安全的有效监控,同时农田信息的获取和联网还能够实现自然灾害监测预警,方便区域管理,实现高度的信息共享和农业自动化。

2）提高农业监管水平

物联网技术在农业中的应用显著提高了传统农业的管理水平。在农业生产环节，利用农业智能传感器实现农业环境信息的实时采集，利用自组织智能物联网对采集数据进行远程实时报送，为农作物大田生产和温室精准调控提供科学依据，优化农作物生长环境。这样不仅可以获得作物生长的最佳条件，提高产量和品质，而且可以提高水资源、化肥等农业投入品的利用率和产出率。

3）保障农产品质量安全

在农产品和食品流通领域，集成应用电子标签、条形码、传感器网络、移动通信网络和计算机网络等农产品溯源系统，可实现农产品质量跟踪、溯源和可视的数字化管理，对农产品从田头到餐桌、从生产到销售全过程实行智能监控，可实现农产品的数字化物流，同时可大大提高农产品的质量。

4）实现精准农业管理模式

在线监测农业生产环境的气候因子、土壤理化性质因子，结合作物生理生态特点，精准把握农药和肥料施用时机和施用量、灌溉时机和灌溉量。这样可以减少农药施用量，控制农药残留；减少肥料施用量，避免环境污染；减少无效灌溉量，节约农业用水。

5）减少农业灾害损失

在线监测农业生产环境的气候因子，加强冻害、涝害、干旱及病虫害等灾害预警，及时采取应对措施，减少农业灾害损失。

6）提高农业综合效益

提升农业产业品牌价值和市场占有率，提高农业生产效率，节约人工，节约水电等能源，规范管理秩序。促进农村产业结构调整，满足人民日益增长的物质和文化生活需求，提高科技对农业的贡献率。保持水土，调节气候，改善环境，促进生态平衡，生态效益显著。

3. 涪陵智慧农业的主要建设内容

围绕涪陵榨菜主导产业，加快涪陵榨菜农业与物联网等新一代信息技术产业相互融合，围绕涪陵智慧榨菜农业综合服务平台建设，实现应用推广与技术支撑互动，建成支撑涪陵现代榨菜农业发展的农业物联网服务体系，全面、有序地推进榨菜生产、监管等领域的智慧应用，较大程度地提升榨菜农业精准化、自动化、智能化水平。

1）建设涪陵榨菜智慧农业平台

智慧农业的基础是数据。通过手工录入、传感器监测、手机、平板电脑、条形码/无线射频识别、拍照、摄像头、GPS 定位、卫星遥感解析、无人机航测、高光谱反演计算等方式，实现榨菜生产、监管等领域大数据采集和云计算，为政府监管、行业发展、企业管理和消费者搭建"涪陵榨菜智慧农业"平台——榨菜农业大数据应用云。该平台可以实现以下功能。①数据资源：主要包括榨菜经济数据，即动态数据、热点数据、免费数据、推荐数据、特色数据等。②价格监测：主要包括价格快讯、每周报价、市场走势、地区行情、区域比较等。③专题分析：主要通过三维展示榨菜农业专业合作社和企业的分布。④信用查询：主要提供企业精准定位、资信等级和风险管控，同时对企业资信等级上升和良好的情况进行公布。

2）建设监测监控系统

（1）视频监控系统。整合现有视频监控系统，在重要榨菜农业基础设施、产业资源区安装视频监控系统，实现重点区域全覆盖，提升监控的效率和操作的便捷性。对青菜头育苗、种植质量，以及榨菜生产、冷藏和运输质量进行实时监控。图 2-3 为蔬菜基地中使用的视频监控设备。

图 2-3　监控摄像头

（2）气象监测系统。在榨菜农业园区内安装小型气象站，实现对周边气象环境数据的实时监测，为植物生长提供全程环境数据支撑，包括风速、风向、气压、降水量、太阳总辐射、环境温度、环境湿度、地温（包括地表、浅层、深层的温度)、土壤湿度、CO_2 含量、氨气含量等主要指标。

(3) 水质监测系统。对榨菜农业园区生产、灌溉水源的主要水质指标 [包括水量、水温、溶解氧（dissolved oxygen）、pH 值、电导率、浊度等] 进行实时监测，防治水污染。

(4) 土壤墒情监测系统。在育苗温室、榨菜农业园安装土壤墒情监测系统，辅助农作人员适时、合理施肥与灌溉等。对土壤墒情进行实时监测，包括土壤温度、含水量、电导率、pH 值、EC（electrical conductivity，电导率）值等指标。

(5) 喷（滴、微）灌系统。对育苗温室、榨菜农业园现有的滴灌系统进行全面改造升级，实现手机 APP 控制。

(6) 环境监测系统。结合园区温室育苗大棚实际，在大棚内安装温、湿度监测系统。

(7) 无人机遥感系统。采用无人机高光谱技术实现空天地一体化，采集一批大范围数据。

3）建设应用展示系统

(1) 农产品数据溯源系统。定制开发基础榨菜农产品数据溯源系统。提供对榨菜产业生长过程数据进行录入的功能，并能够根据批次生成溯源二维码或查询码，提供扫码或输入查询码等方式，实现对基础榨菜产品溯源信息的查询。

(2) 专家远程诊断系统。定制开发专家远程诊断系统。通过互联网文字、图片、视频录像、手机短信、实时视频等方式将榨菜农业信息发送到专家远程诊断系统上，然后由农业专家根据农民遇到的问题及时提供解决方案。具有移动农情、专业问诊、科普园地、专家会商和信息发布功能，起到"千里眼"和"顺风耳"的作用。

(3) 灾情疫情防控系统。通过样本、环境、卫生、安防等的监测数据，预测灾情疫情。

(4) 室内外大屏展示系统。在榨菜农业园区、管委会安装大屏展示系统，通过软件平台实现园区的视频监控情况、气象监测数据等信息在大屏上实时展示，提升农业监测活动的直观性、便捷性和准确性。

(5) 预留技术接口。为市级智慧农业大平台和政府相关部门（工商、海关、检验检疫、公安、交通、林业、食药监等）预留技术接口，实现无缝连接。为政府实现特色产业基地产销一体化和电子商务对接奠定技术和数据基础。

(6) 特色产业可视化系统。定制开发特色产业可视化系统，建立三维可视化网站。采用无人机航测、高光谱遥感技术实现空天地一体化，采集大范围、高清晰、高性价比、时相一致的高分辨率遥感影像数据。结合三维 GIS 技术、计算机集成技术、三维仿真技术，建成特色产业等资源三维可视化系统。

参 考 文 献

陈鹏飞. 2018. 无人机在农业中的应用现状与展望. 浙江大学学报(农业与生命科学版), 44(4): 399-406.

辜丽川. 2021. 智慧农业应用场景. 合肥: 安徽科学技术出版社.

何勇, 聂鹏程, 刘飞. 2013. 农业物联网与传感仪器研究进展. 农业机械学报, 44(10): 216-226.

何勇, 赵春江, 吴迪, 等. 2010. 作物-环境信息的快速获取技术与传感仪器. 中国科学: 信息科学, 40(S1): 1-20.

侯春生, 段洪洋, 夏宁, 等. 2012. 农业产地环境信息智能获取技术与装备研究进展. 农机化研究, 34(7): 19-23, 35.

李皓. 2019. 气象信息获取技术与物联网智能服务平台开发. 咸阳: 西北农林科技大学.

李莉, 李民赞, 刘刚, 等. 2022. 中国大田作物智慧种植目标、关键技术与区域模式. 智慧农业（中英文）, 4(4): 26-34.

马雪丽, 王宏阳. 2019. 农业机器人中的传感器技术. 智库时代, 37: 291, 295.

庞方荣. 2014. 基于无线传感器网络的农田信息自动获取技术研究. 南京: 南京农业大学.

任彦. 2020-02-18. 荷兰农场用高新技术实现精准生产. 人民日报, (18).

单新颖. 2019. 分析水环境监测信息化新技术的应用. 科学技术创新, (32): 76-77.

石洪波. 2019. 重庆市涪陵区智慧农业发展路径及案例分析. 南方农业, 13(S1): 135-139.

孙克, 吴海华, 雷鹏. 2015. 传感器技术在农业领域中的应用. 农业工程, 5(2): 32-35.

吴茜, 张伟欣, 张玲玲, 等. 2021. 植物根系表型信息获取技术研究进展. 江苏农业科学, 49(5): 31-37.

姚元森, 廖桂平, 赵星, 等. 2013. 农作物生长环境信息感知技术研究进展. 作物研究, 27(1): 58-63.

于涛. 2019. 新时期地面气象观测对农业生产的意义及完善措施. 现代农业科技, (9): 178, 180.

赵伶俐, 陈帝伊, 马孝义. 2010. 农业机器人传感器系统应用研究进展. 农机化研究, 32(6): 1-4.

Lee G, Wei Q, Zhu Y. 2021. Emerging wearable sensors for plant health monitoring. Advanced Functional Materials, 31(52): 2106475.

第 3 章　养殖环境与动物信息监测技术

养殖环境信息，具体而言，是指那些能够全面反映畜禽生长环境状况的数据与资讯。相应地，动物信息则涵盖了与养殖动物个体息息相关的各类详细数据与情报。通过持续、系统地监测这两大信息类别，养殖业者能够实时、深入地了解养殖场的环境条件、动物的生长动态与健康状况，进而为灵活调整生产策略提供坚实的数据支撑。这些信息不仅对于确保养殖业的高效运营至关重要，更在推动环境可持续性发展方面发挥着不可或缺的作用。本章分别从养殖环境与动物信息监测技术概况、应用场景、发展前景和典型案例四个方面来介绍养殖环境与动物信息监测技术。

3.1　养殖环境与动物信息监测技术概况

3.1.1　环境信息监测技术

1. 温度和湿度感知

在畜禽养殖的过程中，适宜的环境温度是确保畜禽健康生长与发育的关键因素。一般而言，畜禽具有等热区，即在这一特定的温度范围内，畜禽的生产性能能够达到最佳状态，同时饲养过程中饲料的转化率也将达到顶峰。当环境温度稳定地处于畜禽的等热区范围内时，畜禽可以依靠自身的体温调节机制来保持正常体温，从而确保其生理功能的正常运转。然而，一旦环境温度超过了畜禽等热区的上限，畜禽便会遭受热应激的困扰；相反，若环境温度低于等热区的下限，畜禽将面临冷应激的挑战。无论是热应激还是冷应激，都会对畜禽的健康状况和生产性能产生极其不利的影响，这对于畜禽设施养殖而言无疑是需要竭力避免的。

畜禽养殖环境中的湿度是设施化养殖中至关重要的环境参数之一。根据研究，畜禽生长最适宜的相对湿度范围在 60%～70%。然而，在实际养殖操作中，为确保畜禽健康，相对湿度的控制范围通常设定在 50%～80%。过高的湿度会导致空气潮湿，进而促进细菌和寄生虫的滋生，这不仅会削弱畜禽的抵抗力，还极易诱发曲霉菌病、球虫病等各类畜禽疾病。例如，当仔猪或仔羊长时间躺在冰冷且潮湿的地面上时，它们极易出现下痢症状。相反，过低的湿度则会导致畜禽饮水量增加，可能引发机体脱水，进而诱发各种呼吸道疾病。同时，低湿度环境还会显著降低畜禽的采食量,对畜禽的健康造成损害,并严重影响其产蛋和产奶的能力。因此,维持畜禽舍内适宜的湿度环境至关重要,这不仅可以有效减少舍内的灰尘量,还能显著降低畜禽呼吸道疾病的发病率。

温度感知用于监测畜禽养殖环境的冷热程度。目前,用于感知畜禽养殖环境温度的传感器主要有半导体热敏电阻型和热电偶温度传感器。半导体热敏电阻是利用半导体材料的电阻率随温度变化而变化的性质制成的温度敏感元件。半导体热敏电阻型传感器属于能量控制型传感器。热敏电阻分为负温度系数热敏电阻(negative temperature coefficient thermistor,NTC)和正温度系数热敏电阻(positive temperature coefficient thermistor,PTC)两种。其中电阻率随着温度的升高而增加的为正温度系数热敏电阻,当超过某一温度后,其电阻会急剧增加。而电阻率随着温度的升高而减小的热敏电阻为负温度系数热敏电阻。热电偶温度传感器则是将温度的变化转换成电势变化的传感器,属于能量变换型传感器,可以在无须外加电源的情况下将被测温度转换为传感器的输出信号,其优点在于结构简单、动态性能好、测温范围宽以及输出信号便于传输和处理。热电偶测温的工作机理是建立在导体的热电效应上的。

湿度感知参数主要有绝对湿度、饱和水汽压、露点和相对湿度,这些参数均与气体中的水蒸气含量有关。畜禽养殖通常用相对湿度来表示环境湿度,相对湿度通过某一温度下水蒸气压强和水蒸气的饱和压强比值来表征。畜禽养殖环境湿度感知主要采用湿度传感器,湿度敏感材料在吸收水分后机械强度、电阻率、介电常数、密度等物理性质会发生明显变化,通过测量这些变化可以测量湿度。用于湿度传感器的吸湿材料可分为化学亲水性材料和物理亲水性材料两大类。目前,用于畜禽设施环境湿度感知的传感器主要有电容性相对湿度传感器和电阻性相对湿度传感器,其中电容性相对湿度传感器应用最为广泛。电容性相对湿度传感器以陶瓷或者玻璃作为基板,可以是平行型或者同轴电缆型,基板上镀有金属电极层,其上再沉积吸水性强的多孔隙无机金属氧化物或者有机高分子膜所形成的湿度敏感层,湿度敏感层外面是由金属铂或金制成的透气薄膜电极。湿敏介质充分与被测气体接触,与被测气体中的水蒸气达到动态平衡。由于惰性贵金属的保护作用,这类湿度传感器的适用环境很广,即使是直接浸没于液体中也不会受到损伤。

电容性相对湿度传感器的运作原理是建立在具有高孔隙度电介质的相对介电常数与所吸收水分之间的紧密关联之上。由于水的介电常数要比空气高很多个数量级,当与含水气体或者液体接触之后,高孔隙度电介质常数会由于水分子取代空隙中的空气而大幅增加。各种多孔材料的吸水性能都与温度有相当大的依赖关系,为了解决这一问题,电容性相对湿度传感器探头往往需要有温度传感器配合,使之处于恒温状态之下,电容性相对湿度传感器也是工业控制应用最广的一种湿度传感器。

2. 光照度感知

光线照射引起畜禽的视网膜兴奋，大脑皮层的视觉中枢接收到视神经传来的兴奋后，将其传给下丘脑，促使其分泌并释放激素。适当的光照度有利于畜禽健康和繁殖，过量光照或者不足光照则不利于畜禽生长。当光线过强时，畜禽会关闭气孔来防止内部组织被灼伤，这会造成畜禽体温过高，影响其正常的新陈代谢。当光线过弱时，会造成畜禽生长发育不良。另外，适当的紫外线照射有利于畜禽生长，可促进畜禽的性成熟。紫外线可以杀死细菌和病毒，还可以预防佝偻病，增强畜禽机体免疫力和抗病力。但紫外线照射过量会导致畜禽患上皮炎和角膜炎等疾病。

光照时间也影响畜禽的正常生长，长时间连续的光照会影响畜禽的休息睡眠时间，导致畜禽的活动量过大，不利于畜禽的生长繁殖。同时，过度的光照也会导致畜禽饮食量加大，使饲料转化利用率下降。此外，养殖环境中的光照时间和光照强度以及光照颜色等对蛋禽的生产性能影响尤其显著，主要影响蛋禽的新陈代谢、日增重、开产时间、性成熟、产蛋率和蛋品质等各项生产性能指标。不同蛋禽的生产性能所需的光照条件（包括时间、强度和颜色）各不相同。

用于监测畜禽养殖光照强度的感知器主要有光导型（光敏电阻）和光伏型（光电二极管）监测器。光敏电阻是将梳状光电导体固定于绝缘材料上，并且用金属或者塑料外壳对其进行密封隔离，然后通过两端与带有欧姆电阻的电极进行信号传输。并且在光敏电阻器件的入射窗口上配置透明保护窗，这个保护窗可以对特定光谱透明，从而减少外部干扰光谱的影响。光敏电阻具有工作电流大、灵敏度较高、光谱响应范围宽等优点，但存在响应时间长、频率特性差、强光线性差等缺点。

光敏二极管所能够探测到的最弱的光照强度，也就是它的灵敏度主要由以下两个因素决定，分别是光敏二极管的暗电流和电荷放大器的噪声。光敏二极管本身没有增益，当输入电流很弱时信号电流很小，因此需要低噪声高增益的放大器来做电流放大。放大器的放大倍数是限制光敏二极管灵敏度的另一个因素。此外，在其表面通过二氧化硅保护，可以提高其稳定性，防止光线反射，减小暗电流。光敏二极管具有灵敏度高、稳定性强、体积小、光电特性的线性度高等特点。

3. 有害气体感知

对于畜禽养殖场，高浓度的有害气体主要来自粪便和尿液的分解、饲料的发酵以及农药和饲料添加剂的使用等。因此，合理的粪便处理、通风设施的改善、科学的饲养管理和环境监测等措施都是降低有害气体对畜禽健康影响的重要手段。同时，应加强养殖生产中环境保护和减少气体排放的意识，采取可持续的农业发展方式，以保护畜禽的健康和提高养殖业的可持续性。目前主要利用二氧化碳传感器、硫化氢传感器和氨气传感器对畜禽养殖环境有害气体进行实时在线监测，以实现对畜禽养殖环境中有害气体的感知。二氧化碳传感器类型有电化学式、绝缘体传感器、电阻型、非电阻型半导体传感器和红外型传感器。其中在畜禽养殖环境监测领域应用较多的二氧化碳传感器是基于电化学监测技术和基于红外光谱监测技术两种。针对畜禽养殖环境中氨气的感知技术也有很多，其中基于电化学监测技术和利用金属半导体监测材料制成的氨气传感器已广泛应用于畜禽养殖环境监测领域。另外，基于光纤监测技术的氨气传感器和导电高聚物氨气传感器等，这两类氨气传感器由于成本较高，在畜禽养殖环境监测领域应用较少。用于畜禽养殖环境中硫化氢监测的传感器，目前市面上应用较多的是基于电化学监测原理、基于金属氧化物材料和基于光谱学技术监测的硫化氢气体传感器。金属氧化物气体传感器具有敏感性高、重复使用率高、稳定性高的优点，但其价格昂贵，多用于实验室和计量器中。目前在国内，电化学气体传感器因其具有测量精度高、速度快、使用简便、环境普适性好和价格低廉等特点，在畜禽养殖环境有害气体感知中应用较多。此外，可调谐二极管激光吸收光谱技术也逐渐被应用于监测畜禽养殖设施环境中的有害气体浓度，它的基本监测原理就是气体分子对光的选择吸收特性，即气体分子只能吸收那些能量正好等于它的某两个能级能量之差的光子。

3.1.2 动物信息监测技术

1. 个体识别

个体识别是获取被识别对象信息的基础，包括条形码识别、生物特征识别、图像识别、磁识别、无线射频识别等多种识别技术。使用条形码、无线射频识别技术的电子耳标或脚环是生产中畜禽个体识别应用最广泛的设备。基于图像分析的面部识别、花纹识别、鼻纹识别、虹膜识别以及植入式芯片等技术也逐步兴起。

1）无线射频识别技术

无线射频识别技术是一种非接触式的自动识别技术，通过射频信号自动识别目标对象并获取相关数据，识别工作不需要人工干预。该技术可识别高速运动物体并可同时识别多个标签，具有操作快捷方便、防磁、防水、耐高温、读取距离大、使用寿命长、存储数据容量大、存储信息可更改、数据可加密等优点。一个典型的无线射频识别系统由标签（即射频卡）、阅读器、天线和上位机组成。阅读器将要发送的信息经编码后加载在某一频率的载波信号上经天线向外发送。进入阅读器工作区域的电子标签接收此脉冲信号，卡内芯片中的有关电路对此信号进行调制、解码、解密，然后对命令请求、密码、权限等进行判断。根据标签内是否装有电池为其供电，无线射频识别系统可分为有源系统、半无源系统和无源系统。根据采用频率的不同，无线射频识别系统可以分为低频系统、中高频系统、超高频系统和微波系统。目前国内有低频、高频、超高频3个频段。低频系统的工作频率在100 000～500 000赫，其特点是标签成本低、读写距离较近（0～10厘米）、数据传输速度慢。中频系统的工作频率为10兆～15兆赫，其典型工作频率为13.56兆赫。其特点是标签成本适中、读写距离较远（0～100厘米）、数据传输速度快，因此比较适合传送大量数据。高频系统的工作频率分为两种：超高频（850兆～950兆赫）和微波频段（2.45吉赫及5.8吉赫），其特点是读写距离远、读写速度极快、抗干扰能力强，因此特别适合高速运动物体的识别。超高频频段无线射频识别产品由于方便采用无源设计、体积小、价格低、适应大规模生产，具有较好的应用前景。图3-1为使用了无线射频识别技术的牛耳标。

图3-1　使用了无线射频识别技术的牛耳标

2）面部识别技术

虽然电子耳标具有读取方便、不受脏污等恶劣环境影响、读取距离较远、准确率高的特点，但在实际应用中因为动物之间的互相撕咬等原因，电子耳标常出现掉标现象。此外，打耳标也会使动物产生一定的应激反应。

在人工智能技术如火如荼的发展态势下，猪脸、牛脸、羊脸的识别技术为畜禽个体识别开启了新思路。畜禽脸部识别技术是一种生物识别技术，构建人工智能算法来自动识别图片或视频素材中的动物特征，如动物的面部特征（两眼间的距离、嘴巴的位置、头骨的宽度）、外形特征（花纹、各部位之间的比例），从而实现对动物身份的识别。以猪脸识别为例，影子科技、阿里巴巴、京东农牧先后宣布进军智能养猪行业，猪脸识别技术成为其最为吸引社会关注的技术之一。2017年，京东举办"猪脸识别"大赛，建立了105头猪的猪脸数据库。2018年，阿里巴巴和影子科技分别发布了"AI养猪计划"和"猪脸识别2.0"系统。2019年，国家农业信息化工程技术研究中心的"猪脸识别"技术亮相全国新农民和新技术创新博览会，并随后发布了"猪脸识别"APP。

猪脸识别涉及图像识别、算法分析、信息抽取、深度学习等技术领域，融合猪只的轨迹跟踪、动态猪脸监测、多目标猪脸监测、动态猪脸识别等技术，母猪识别率可达95%以上，但仔猪及育肥猪的识别率相对较低。影子科技将猪脸识别应用在了猪场猪只身份识别、育种管理、猪场生产管理、猪群健康管理、智能体重测定、母猪精准饲喂、母猪膘情控制、食品安全追溯等众多应用场景。截至2018年3月，系统在线猪脸数据已达30万头。

2. 地理位置识别

对于牛羊等放养家畜，获取其地理位置是开展放牧饲养中需要解决的首要难题。应用现代科技建立健全放养动物监测体系，实时准确地获取自由放牧下动物的生存环境及活动信息，对于动物行为监测有极其重要的意义。准确、实时获取动物地理位置对于放牧畜禽的养殖管理非常关键。大多数研究者采用无线传感器网络对动物进行定位。无线传感器网络部署灵活、可靠性强、扩展方便、经济性好，但其在牧场等区域主要依靠干电池进行供电，补充较为困难。因此对无线传感器网络进行节能设计，减少信息传输能耗等方面的研究亟待开展。传感器监测技术数据获取方式自由，其信息采集与传输技术对外界的抗干扰能力强、携带方便，还可连续记录动物（特别是散养放牧的动物）行为生理信息，为动物行为特征分类模型的建立提供了有效的行为特征信息。对于监测到的动物行为生理特征信息，可通过构建模式库自动分析特征信息所蕴含的动物生理健康状况，对发现的异常个体进行报警。但是畜牧业生产环境复杂，因此设计传感器必须考虑其工作环境。在许多情况下，采用动物项圈将节点固定在动物颈部是目前最常用的方法，但对于特殊监测目标，则应灵活调整位置。同时为了避免动物在躺卧或者相互争斗时破坏传感器节点，需要提高传感器的抗压、抗震性能。

3. 行为监测

畜禽的行为是指畜禽的活动形式、发声和身体姿势，以及外表上可辨认的变化。分析畜禽行为能够了解其生理及心理状况，有利于建立行为模型，并监测其异常行为，以便采取相应措施，减少经济损失。动物采食、饮水、排泄三大行为可用于预测其异常状况，是畜牧人员最为关注的动物行为。其中，动物饮水、采食行为是判断其生长状态以及健康状况的重要依据。

反刍动物的采食量信息是其健康和生产所需营养物质的量化基础，因此准确获取其采食量信息对于反刍动物的养殖有重要意义。动物饮水行为同样反映其生长率以及健康状况。对动物日常行为进行识别可以以及时了解动物状态，从而进行精细养殖管理。但高效准确识别动物日常行为的前提是构建精准的大样本数据库。由于实际饲养中的畜禽种类、年龄的差异性和变化性，数据库的构建难度又进一步增加。为降低难度，可针对同种动物不同年龄阶段下的日常行为进行研究。

此外，动物发情行为监测是畜禽繁殖管理中非常重要的一环。在动物发情时进行授精可以大幅度提升其受孕几率，从而发挥动物的繁殖潜力，提高经济效益。图 3-2 为使用智能项圈监测奶牛发情行为。

图 3-2　智慧项圈监测奶牛发情行为

4. 健康监测

动物健康直接关系到经济效益、动物福利和食品安全。动物的健康状况通过各项生理指标体现出来。生理指标监测目前以传感器设备获取为主，动物生理传感器主要用于监测动物体机能（如消化、循环、呼吸、排泄、生殖、刺激反应性等）的变化发展以及对环境条件的反应等。动物体的各种机能是指它们的整体及其各组成系统、器官和细胞所表现的各种生理活动，畜禽养殖中常需要监测的生理指标包括体温、呼吸频率、脉搏、血压等。

1）体温

体温是畜禽健康状况评估和母畜发情监测的重要依据。传统监测采用直肠或翅下测温方式，通过兽用电子或水银温度计人工测量体温，费时费力。生产应用中，养殖人员更关注体温的变化，并将此用于疫病预警和生产指导。科学研究中也常用温度传感器、热成像系统监测耳蜗温度或体表特定部位温度作为动物的参考体温，并衍生出了穿戴式体温设备和植入式体温测量设备。国外一些学者设计了动物植入式温度测量设备，如将遥测发射器通过手术植入动物体内，并设置传感器接收畜禽体内温度测量信息。又如将可植入式温度传感器通过特定方式植入猪耳后皮,进行体温遥测。此外,还有部分学者通过特制探针测量畜禽的气管温度来监测体温。在畜禽体内温度测量的早期研究中,植入式设备的监测结果与真实体温具备很高的拟合度,但是会对畜禽机体造成一定程度的损害,其数据发送也会受到周围电磁数据的干扰。

穿戴式体温设备通常将温度传感器集成在封闭模块内,方便动物佩戴的同时实现温度测量与数据传输,如将温度传感器捆绑于猪耳蜗内进行体温测量,随后设备内的通信模块将数据进行远程自动发送。利用温度传感器测量动物体温的方法,精度高、结果可信,但设备功耗较大、续航时间短。由于畜禽佩戴设备后会引起活动不便或者感受不适,常发生剐蹭、啃咬的情况,极大地影响设备的使用寿命。

继穿戴和植入式设备之后,人们将目光转移到了非接触式体温测量方法。该方法通过红外热成像仪采集动物的红外图像,通过机器视觉方法定位,并获取动物体表某一特定部位的温度,如脑后部、耳根、眼睛、乳房、背部等,将关键部位的温度作为"热窗",通过拟合、回归、反演等方法进行运算,最终得到动物体温的有效测量数据。使用非接触式热红外体温测量系统估测体温是近些年新兴的方法,具有能替代传统接触式测量手段的趋势。但受制于环境因素影响较大的问题,该方法仍处于发展阶段,无法完全取代传统的温度传感器测量方法。

2)呼吸频率

呼吸频率自动监测技术大致可分为接触式自动监测和非接触式自动监测两大类,接触式自动监测方法利用可穿戴设备中的压轴、气敏或热敏元件,通过测定胸腹部运动、呼吸声、呼吸气流、呼出的二氧化碳等来监测呼吸频率。非接触式自动监测方法主要通过机器视觉或光学测距技术监测侧腹起伏状态来计算呼吸频率。

(1)接触式自动监测。与人类的呼吸频率监测设备相比,由于使用场景、成本和动物的不配合性与破坏性等条件限制,用于动物尤其是大型动物的呼吸频率自动监测设备种类比较有限。接触式自动监测设备主要包括监测胸腹伸缩运动的马甲、胸带和监测呼吸气流变化的装置等。

可穿戴的马甲或胸带出现最早,且应用相对较多的家畜呼吸频率自动监测设备,通过监测吸气、呼气时胸廓形状所引起的压力变化或胸围周长变化测定呼吸频率。目前,胸带或马甲主要应用在科研中,研究评价环境热应激程度以及降温技术的效果。接触式自动监测方法虽然对动物行为有一定干扰,但可以进行连续在线监测,且动物适应后可减少佩戴设备对动物的影响。这类方法的难点在于穿戴设备的结构设计和传感器信号的算法解析。同时,传感器的使用寿命、抗破坏性等还需进一步提高。

(2) 非接触式自动监测。非接触式自动监测方法主要根据呼吸时胸腹部的运动变化,通过测距或者图像分析的方法来监测呼吸频率,更大程度上依赖软件算法对信号进行提取、分析。相比较而言,现行条件下非接触式自动监测方法只能在特定场景下进行自动测量(如挤奶时,难以进行在线连续监测),该方法优点在于单个设备可以监测多头奶牛的呼吸频率且不需要让动物本身装配任何元件。利用图像分析监测呼吸频率的方式是目前研究的热点,可以分为可见光图像分析和热红外图像分析两种。可见光图像分析依据呼吸时侧腹的周期性起伏变化,利用呼吸运动速度与腹部起伏规律的相关性,对运动目标的监测筛选出呼吸运动点,提取呼吸过程特征值,进而计算呼吸频率。例如,可见光图像分析方法可以通过图像分析脊腹线的曲率变化来监测呼吸频率。当动物正常站立时,其身体轮廓可以找到一个形心,动物因探究行为等引起的头、蹄部位稍稍挪动只会引起形心在某一水平面的轻微晃动。因此,可以基于形心确定动物的脊腹轮廓,并根据脊腹轮廓线与形心的距离计算脊腹线曲率,通过曲率波动监测呼吸频率波动从而监测呼吸频率,目前该方法主要应用在猪的呼吸频率自动监测研究方面。

3) 脉搏

脉搏传感器的基本功能是将各浅表动脉搏动压力等物理量转换成易于测量的电信号。脉搏传感器种类很多,按照工作原理可以分为压力传感器、光电式脉搏传感器、超声多普勒技术及传声器等。

(1) 压力传感器。脉搏传感器中,压力传感器用得最多,它将压力信号转换为电信号,此外还包括压电式传感器、压阻型传感器和压磁式传感器。压电式传感器的原理是利用压电材料的物理学效应(压电效应)将监测到的脉搏机械压力信号转换为电信号。压电式传感器可分为压电晶体式传感器、压电陶瓷式传感器、压电聚合物传感器和聚偏氟乙烯(polyvinylidene fluoride,PVDF)压电材料传感器等。压阻型传感器的原理是介质的压阻效应,即介质电阻率随机械压力变化而变化的性质。可分为固态压阻式传感器、液压传感器和气导式传感器三种。压磁式传感器也叫磁弹性传感器,是一种新型压力传感器,其作用原理是物理学中的磁弹性效应,即磁导率随机械压力变化而变化的性质,进而将磁导率变化转换成相应变化的电信号输出。

(2) 光电式脉搏传感器。光电式脉搏传感器的工作原理主要如下:血液的流动会导致血管内的血容量发生改变,而血容量的多少会影响血液对光线的吸收量,从而导致透过组织的光线强度也将随血流的变化而发生变化。光电传感器就是将接收透射后的光信号转换为电信号,从而来获取脉搏信息的。基于上述原理的脉搏传感器可分为光电容积式脉搏计、光闸式桡动脉脉搏传感器和红外光电传感器等。

(3) 超声多普勒技术。国内对脉搏波的研究在仪器上正朝超声显像方面发展，脉搏图也进入了由示波图到声像图研究的新阶段。动脉脉搏除了包含压力搏动的信息之外，还有管腔容积、脉管的三维运动和血流速度等多种信息，仅用压力脉搏图难以全部定量地反映脉象构成要素的指标。随着医学超声显像技术的发展，超声多普勒技术在脉象客观化的研究中已经日益受到重视，并取得了一定的进展。

(4) 传声器。脉搏的搏动可以认为是一种振动信号，这种振动继而会产生波动。由于其频率极低，所以其本质应是一种次声波。传声器就是利用物理声学原理，通过探测器监测由脉搏引起的振动（声信号）。振动提取采用间接耦合的方式（即非接触式），脉搏声波经空气腔耦合后传到传声器振膜（敏感膜）上从而被获取。

4) 血压

血压测量一般包括直接测量法（有创法）和间接测量法（无创法）两种。直接测量法是将一根导管经皮插入动物心脏或待测部位的血管内，导管内的液柱与体外的应变式传感器、可变电感式差动变压器或电容式传感器相连，从而测出导管另一端的压力。另外一种方法是将传感器放在导管的末端，直接测出端部所在点的血压值，这种方法的优点是测量准确，并且能进行连续性的测量，但它的缺点是对被测动物伤害较大。间接测量法是利用脉管内的压力与血液阻断开通时刻所出现的血液变化间的关系，从体表测出相应的压力值。这种方法的优点是不需要剖切、测量简便，所以得到了广泛的应用。这种方法的缺点在于精度较差，只限于对动脉压力的测量，只能测量舒张压、收缩压两个数据，而不能连续记录血压波形。

3.2 养殖环境与动物信息监测技术的应用场景

3.2.1 封闭式养殖

1. 封闭式养殖的概念

畜禽封闭式养殖是一种在密闭环境中进行的养殖方式，旨在控制畜禽的生长环境，提高养殖效益和动物福利，同时减少对周围环境的负面影响。这种养殖方式通常应用于家禽、猪和牛等畜禽。

畜禽封闭式养殖系统通常包括以下要素。

(1) 建筑物：畜禽被安置在密封的建筑物内，这可以是大型温室、棚户或完全密封的建筑物。建筑物的设计和结构可以确保充足的通风、温度控制和照明等。

（2）空气处理：为了确保畜禽健康，封闭式养殖系统通常配备空气处理设备，包括通风系统、空气过滤器和湿度控制系统等。这有助于降低空气中的氨气和粉尘等有害物质浓度，并提供新鲜的空气。

（3）水处理：封闭式养殖系统通常配备水处理设备，用于处理和循环使用饮用水和洗涤水。这有助于减少水的使用量，并控制水质，以确保畜禽的健康生长。

（4）饲料管理：封闭式养殖系统可以采用自动化的饲料供应系统，确保畜禽获得适量的饲料，并减少浪费。这可以提高饲料利用率，降低养殖成本。

（5）疾病控制：封闭式养殖系统的密闭环境有助于减少病原体的传播。此外，定期进行疫苗接种和定期检查也是预防疾病传播的重要措施。

虽然畜禽封闭式养殖存在上述优点，但畜禽封闭式养殖也存在一些挑战和问题。这包括高投资成本、能耗较大、对技术和管理的要求较高，以及一些人文关怀和动物福利问题等。因此，在实施畜禽封闭式养殖系统时，需要综合考虑各种因素，并采取适当的管理措施，以确保养殖的可持续性和动物福利。

随着畜牧业的发展，从散养到圈养，再到现在封闭式养殖，生产者对养殖环境的监测和控制要求越来越高，相对开放式养殖而言，封闭式养殖能够更好地实现对养殖环境的控制，所以在现代养殖业中得到广泛应用，并向集约化方向发展。家畜的养殖环境（温湿度、光照强度、空气质量等）及体征行为（体温、呼吸、血压）是连续变化的。为给养殖动物营造舒适的环境，满足动物的福利、动物的生理及生产需求，需要动态监测养殖区域（圈、栏）的环境参数，为畜禽的精准化饲喂和环境动态控制提供参数。为此，国内外有关单位在传统的环境控制基础上，将传感器技术与移动通信技术融合起来，获得了基于物联网技术的环境数据采集与控制方案。

畜禽养殖物联网主要针对畜禽养殖环境指标监测困难、手段落后等问题，利用物联网技术发展精细养殖，实现智能化变量饲养和畜舍环境调控。一是对畜禽个体监测，包括个体行为监测，用以获取畜禽行为信息，如饲料的摄取数量、运动量等；畜禽体征的监测，如获得畜禽体温分布、表皮外伤等信息。研究人员通过对获取的以上信息进行分析，从而对畜禽个体行为和健康状况进行监测，实现精准饲喂。二是对畜禽环境的在线监测，监测畜舍内温度、湿度、有害气体、噪声、光照、辐射、粉尘等信息。通过在畜舍内安装感知设备，对以上信息进行实时获取，实现闭环控制，从而将畜舍环境指标稳定在合适的范围内。

畜禽养殖物联网支持散户、大规模集约化养殖场等畜禽生产经营主体及养殖主体，针对养殖场的温湿度、有害气体、粉尘、光照、噪声等环境信息监测指标进行技术应用，重点应用畜舍温湿度传感器、恶臭气体传感器、粉尘传感器、光辐射传感器、噪声传感器，建立畜舍环境参数监测站，利用无线传感器网络布设畜舍环境监测系统。针对动物群体体温、活动量、体重、取食量，选择典型的规模化养殖场进行技术应用,重点通过部署群体动物体温监测系统、多模态体征行为感知设备及智能采食计量设施,构建基于无线传感器网络的畜禽行为监测平台,实现养殖环境参数与生物信息的实时融合分析。

2. 封闭式养殖中的动物检疫

在封闭式养殖中,动物检疫非常重要,它有助于确保畜禽健康和养殖的顺利进行。动物检疫是动物防疫的重要组成部分,也是动物源性食品安全的重要保障措施,是整个食品安全产业链上的重要环节之一,是政府管理部门对动物卫生进行监督的重要工具。通过动物检疫网格化的系统管理,使实时有效的真实数据及时上报,把动物及其产品检疫的过程有机地联系起来,实时、准确地记录从发生到结束的动物检疫行为全过程,实现动物及动物产品的溯源管理,对于重大动物疫病防控及保障畜牧产品卫生安全具有重大意义。

随着畜牧养殖模式和生态环境的智慧化,以及世界经济一体化的发展,与畜牧业发展相关的动物疫病流行态势也发生了较为显著的变化。从最初影响家畜健康、损害畜牧业健康发展,逐步扩大到畜产品质量安全、公共卫生安全、环境安全、国际贸易以及社会稳定等多方面,特别是重大动物疫病已对全球社会经济和公共卫生安全造成威胁。现阶段,互联网、云计算和大数据等关键技术已经被用于疫情的远程诊断,出现了多种远程智能诊疗系统,可实现远程诊疗、图片影像诊断、疾控信息发布、产品溯源等功能。然而,目前专业的动物疾病防治技术人才缺乏、畜牧兽医科研与生产无法及时对接等问题依然突出。

3. 封闭式养殖的实践——A 公司的养猪项目

A 公司的养猪项目采取封闭式养殖模式,实现了丰厚的经济收益,并起到了很好的示范作用。基于生态、科学、可持续的产业建设发展理念,A 公司利用资金、技术打造农业生产示范基地,创新农业产业发展模式,从生产端推动传统农业向现代化农业的转型发展。综合来看,科学合理的选址规划应该考虑到自然条件、基础设施、周边环境以及政策条件这几方面,自然条件方面主要包括地理位置、水源、土质等因素,基础设施涉及交通规划及电力系统等。

A 公司的养猪项目从猪舍建设、生态养殖、环境污染、健康防疫四个养殖层面进行了模式创新。

(1)猪舍建设:传统养猪业在猪舍建设方面存在诸多弊端,散户养殖缺乏猪舍优质搭建意识,多为露天简陋搭建,隔热保温条件差,根本无法满足生猪生长所需环境;工业化模式下虽然进行了统一的厂区搭建,但猪舍内部设计规划仍缺乏合理性,无法保障生猪健康成长。A 公司在养殖基地设计上极大尊重利用自然生态环境,落实高品质农产品生产核心理念,利用数字农业打造"规模化,集约化，低成本化"的养殖业发展新模式。总结来看，传统猪舍建设主要存在空间规模、区域规划及基础设施等方面的问题。

（2）生猪养殖：生猪养殖涉及猪种的选择、饲养管理以及良种培育等环节。其中，猪种的选择对于能否有效改良生产端猪肉产出质量、能否有效满足国内消费者对高质猪肉的需求、能否成功开辟未来消费市场以及彻底扭转我国生猪饲养现状都至关重要；饲养管理作为生猪养殖的重要环节，对经济效益起决定性作用；良种培育对改良生猪品质，促进养猪长远发展具有重要意义，传统养殖业缺乏育种核心群建设，难以保障生猪品质性能，使养猪业规划发展陷入困局。A 公司基于"科技化、生态化、人性化"的饲养理念，通过科学智能化的管理，大幅提升了生产效率，探索出一套"高效、安全、资源节约、环境友好、可复制推广"的数字养殖模式。综合以上各方面来看，养殖因素需要考虑选种、饲养、培育等多方面问题，其中，选种涉及引种、选种方式及良种扩大等方面，饲养涵盖空间利用、饲养管理方式等方面，培育主要针对数据分析及育种管理等进行探讨。

（3）环境污染：环保问题是养猪业的重中之重。近年来，国家针对养猪业陆续出台系列环保政策，划定自然生态保护区等禁养区域，对养猪产生的粪便、污水排放以及染疫猪肉的处理做出更加严格的规定。传统猪舍搭建简陋，基础设施落后，污染物处理技术薄弱，难以对猪的排泄物进行高效环保处理，无法有效解决养猪业臭气四溢的现象，并不具备安全生态的生猪饲养条件，造成环境污染问题，很难实现以"优质、环保、美味"为基础的猪肉生产。A 公司将科技融入农业发展全过程，通过打造高效环保处理系统，根治传统农业生态建设发展痛点，实现养殖业发展"零污染"的现代化农业建设目标，推动现代农业生态化进程。总结看来，传统养殖业关于环保的问题主要体现在排污设施、场址迁移及政策等方面。

（4）健康防疫：受自然条件、猪瘟等疫情影响，我国养猪业具有强烈的波动性和周期性，直接导致猪肉供给的时空非均衡性，这与具备时空无偏及刚性特征的猪肉需求产生了不可调和的矛盾，生猪饲养防疫建设成为关键。当前我国猪肉市场价格波动幅度大，与猪瘟的频繁暴发密切相关，传统养猪业面对疫情时防控与救护能力弱，或因缺少正规疫苗的接种，难以抵御疫病的侵袭，而大型养猪场由于仍然采用人工养殖，也无法进行及时有效的疫情监测。一旦暴发诸如非洲猪瘟等大规模疫情，往往处于被动状态，难以在短时间内进行及时有效管控，最终导致疫病大量传染，或出现疫情复发情况，损失惨重。A 公司利用互联网技术健全"预防为主，防治结合"的防疫体系，改变传统养殖业疫情暴发后的被动局面，提升农业养殖效益，有效缓解农业发展中的周期性波动问题，推动数字技术与农业产业的良好融合，达到相互促进发展的良好效果。具体看来，传统养殖业在疫情防控方面的弊端主要体现在猪场规划、防疫体系及疫情处理等方面。

3.2.2 开放式养殖

1. 开放式养殖的概念

虽然封闭式的集约化养殖正成为趋势，但开放式养殖因其独有的优点仍然得到广泛使用，特别是牛羊养殖。开放式养殖是一种利用饲草资源、节约精料、节省人力、成本低廉的饲养方式。在我国广大牧区、半农半牧区及拥有草山、草坡、滩涂条件的农区，都可采取这种形式饲养牛羊。牛羊可以吃到百样草，有利于满足其对各种营养物质的需要。养殖环境空气新鲜，光照充足，有利于牛群保健；丰富的日光浴，有利于维生素D的形成，维生素D可促进钙的消化、吸收和利用，从而有利于骨骼的钙化和牛体的生长发育。牛羊运动充足，有利于增强体质。既利用了营养丰富、廉价的天然饲草，又节省了劳动力，从而降低了成本，提高了经济效益。开放式养殖虽有以上优点，但它对环境的监测与控制更加困难。现今一些现代化牧场开发出了智能管理平台，可实现对整个牧场环境的整体把控。

智能管理平台具有以下六个监测系统。

（1）牲畜身体特征监测系统。牧场每头牲畜身上都会佩戴一个智能生物环，实时监测更新牲畜身体特征变化以及生命体征变化，保障牲畜安全和健康。若牲畜生命体征发生重大变化，系统会发出健康告警，及时定位并派出AI牧民查看情况。AI牧民将情况反馈给牧场管理控制中心，经大数据分析决定是由控制中心统一处理还是通过网络接口向处理该情况的部门反映等待处理。

（2）牲畜繁殖管理系统。通过智能生物环监测系统能够准确识别牲畜身体特征变化，系统将自动分析血缘关系，防止近亲繁殖。由配种中心处理待配种牲畜，监测牲畜是否受孕成功。产犊中心集中统一管理即将产犊的牲畜，并提交产犊数据到牧场管理控制中心。

（3）牧场虫害监测系统。当虫害监测仪器监测到有害虫时，仪器发出警报并上传到牧场管理控制中心，通过大数据分析该虫害的属性类别及预防治理办法。由农业部门进行数据分析后统一采集农药，在适当时机派出农药喷洒机在牧场范围内喷洒农药。

（4）植被生物量监测系统。当摄像头监测到牧场植被生物量发生变化时，系统会将相关数据传到牧场管理控制中心，经牧场管理控制中心大数据分析后决定是否进行智能干涉。如果植被量过少，虚拟围栏会将该区域保护起来，待植被生物量恢复后，再由系统恢复原状。如果植被生物量严重到不能自动恢复，就启动智能无人机播种功能，同时进行人工智能浇水，以恢复牧场植被生态系统。

（5）牧场原料监测管理系统。当植被生物量监测判定超出牲畜食用量时，则通知系统进行草料收割、运输、脱水、封存以及入库等。当天气预报系统判定不适宜牲畜外出觅食，或植被生物量监测系统监测到牧场生物量不足以维持牲畜食用时，则通知系统分配仓库中储存的食物。

（6）土壤监测系统。该系统主要用来监测牧场中草场的土壤质量，用户可以根据监测需要，灵活布置土壤水分传感器；也可将传感器布置在不同的深度，测量剖面土壤水分情况。系统还提供了额外的扩展能力，可根据监测需求增加对应的传感器，从而满足土壤监测系统的需要。

在开放式养殖中，畜牧生态环境监督具有重要性，它有助于保护自然环境、保障动物福利，并确保畜牧业的可持续性。随着国家对生态环境问题的重视和一系列环保法律法规的出台，畜牧养殖的污染物排放限值标准也变得越发严格。采用信息化技术对畜牧生态环境进行监管迫在眉睫，畜牧生态环境监管系统应运而生。

畜牧生态环境监管系统的主要职责是对畜牧养殖的各环节进行监管，减少畜牧养殖对生态环境的污染，保护生态环境。畜牧生态环境监管主要涉及污染物和粪便排放管理、粪便回收和再利用等关键环节。有的养殖企业利用棚舍内排灌物封闭式自动负压回收设施和无害化、资源化处理系统与技术，实现猪粪的实时回收和无害化处理，生产出高端生物碳有机肥和叶面肥，棚子里既干燥又干净，养殖场内无异味、无污染，使猪在清洁、最优的环境中健康成长，实现了养殖污染"零排放"，开辟了现代化养殖场生态养殖新途径。

2. 云端牧歌：当高原牦牛邂逅数字科技

当高原牦牛邂逅数字科技，青藏高原的晨光穿透薄雾，为贡麻沟草场披上金色纱衣。在海拔 4000 米的果洛草原深处，一场静默的牧业变革正在上演——得益于某科技企业打造的"云端牧场"系统，牧民们无须策马巡游，只需轻点屏幕，便能将千亩牧场尽收眼底。

作为三江源腹地的纯牧业县，甘德县曾面临传统放牧模式的桎梏：牦牛健康监测全凭经验，草场管理依赖人力，牲畜走失事件频发。2021 年，随着县域生态畜牧业联合社的成立，一场科技赋能的牧场升级计划拉开帷幕。某科技企业以 5G 网络为经纬，物联网设备为触角，构建起覆盖牧场全域的数字感知网络。

在柯曲镇的智慧牧场控制中心，巨型显示屏实时跳动着各项生态参数：327 头佩戴智能终端的牦牛正分散在海拔 3800 米至 4500 米的垂直牧场上，它们的活动轨迹被精准定位；草场湿度、土壤养分、植被覆盖率等数据以三维热力图的形式呈现；甚至每头牦牛的咀嚼频次、步数统计都转化为可视化的健康指数。这些改变源于科技企业部署的创新系统：每头牦牛佩戴的智能项圈集成多模态传感器，通过太阳能供电系统实现全天候工作。设备采集的原始数据经 5G 网络传输至边缘计算节点，在云端完成清洗、建模后，最终呈现在牧场数字孪生平台。

从经验判断到精准决策,"过去找牛全凭运气,现在定位误差不超过 10 米。"甘德县畜牧工作站技术员多杰扎西展示着手机端的牧场 APP。当某头牦牛的采食量连续三天低于群体均值的 20%时,系统会自动触发健康预警,同步推送至驻场兽医的终端设备。

这套智慧系统不仅革新了养殖模式,更重塑了牧场生态管理逻辑。通过部署在草场的智能监测桩,系统可实时分析植被生长态势,结合牦牛活动热力图,动态调整放牧区域。2023 年数据显示,该模式使草场利用率提升 35%,单位面积载畜量优化至生态阈值内。

电子围栏功能的引入,彻底改变了"寻牛难"的困境。当牦牛靠近虚拟边界时,项圈会发出蜂鸣警示;若牲畜执意外闯,系统将同时向管理员和定位设备发送警报。2024 年冬季,该功能成功拦截 3 起野生动物侵扰事件,牲畜丢失率同比下降 87%。

如今,贡麻沟智慧牧场已成为青藏高原现代牧业的示范样本。通过数据驱动的精细化管理,牦牛养殖周期缩短 15%,幼畜存活率提升至 92%,牧民人均年收入增长 2.1 万元。当晨曦再次照亮雪山下的草场,牧歌中已悄然融入数字时代的韵律。

3.2.3 智慧水产养殖

智慧水产养殖是指利用智能技术和现代化管理方法来提高水产养殖效率、监控水质、优化环境管理以及提升产品品质的养殖方式。它结合了物联网、大数据分析、传感器技术、自动化设备等技术手段,为水产养殖行业的发展和创新做出了巨大贡献。

以下是智慧水产养殖的特点和优势。

(1)智能监测与管理:通过使用传感器和监测设备,可以实时监测水质参数如温度、溶解氧、pH 值等,以及养殖池塘的水位、气象条件等。通过数据分析和智能算法,养殖户可以实现对水质和环境的精细监测和管理,及时调整饲料投喂和水质调控,提高养殖效果。

(2)自动化养殖设备:智慧水产养殖中广泛应用自动化设备,如自动投喂机、自动排污系统、自动通风设备等。这些设备可以根据预设的参数和条件,自动完成相应的操作,减少人工投入,提高生产效率和管理精度。

(3)数据分析与决策支持:通过对大量养殖数据的收集和分析,智慧水产养殖可以提供实时的养殖数据和关键指标,为养殖户提供决策支持。养殖户可以根据数据分析结果进行优化调整,以提高生产效率、节约成本并预防疾病的发生。

(4)健康监测与预警:智慧水产养殖通过监测水产动物的行为、生长状态、饮食情况等,可以实时监测动物的健康状况。当出现异常情况时,系统可以发出预警,帮助养殖户及时采取措施,预防和控制疾病的发生。

(5)可持续发展与环境保护:智慧水产养殖注重资源的合理利用和环境的保护。通过精准投喂、循环水利用和污水处理等措施,减少养殖对水资源的消耗和对水体的污染,达到可持续发展的目标。

在智慧水产养殖的各环节中,智能投饵起着至关重要的作用。智能投饵装备通过生产现场信息获取技术获取水产品生长环境及养殖设备状态的数字化信息,包括水温、潮流、溶氧量、水中饲料余量、水生动物行为和投饵机喷料状态等信息。结合信息技术与生物养殖技术,对投喂量、投喂速度、抛洒半径等实行智能决策,变量调控投喂量提高饵料利用率,综合分析智能化水下摄食监控、设备监测和控制饵料摄食情况。在投饵过程中,应用水下摄像技术结合计算机视频分析软件、自动气力提升系统以及内置深度和温度传感器,并通过无线视频发射器连接基地,可以全天候在线立体监测和控制水产品摄食饵料的过程,实现自动判断残余饵料量并自动控制投饵过程。利用红外传感器和水底声波传感器的饵料残余量探测技术,可以降低饵料投喂量。此外,利用水产品活动迹象的声波探测技术,可以分析水产品位置改变与水产品自身食欲的关系,实现智能投喂。

综上所述,智慧水产养殖通过应用智能技术和现代化管理手段,提高了养殖效率,保护了水质并优化了环境管理,从而为水产养殖行业带来了更好的发展和提升。

3.3 养殖环境与动物信息监测技术的发展前景

3.3.1 传感器的未来发展

传感器是一种监测装置,能感受到被测量的信息,并能将感受到的信息按一定规律变换成电信号或其他所需形式的信息输出,以满足信息的传输、处理、存储、显示、记录和控制等要求。传感器的特点包括微型化、数字化、智能化、多功能化、系统化、网络化。它是实现自动监测和自动控制的关键组成部分。传感器的存在和发展让物体有了触觉、味觉和嗅觉等,让物体慢慢变得活了起来。随着物联网技术的发展,各种新式传感器被用于畜禽养殖中,其中主要有环境集成传感器、穿戴式传感器和植入式传感器。

1. 环境集成传感器

环境集成传感器可实现养殖舍内环境(包括氨气、硫化氢、空气温度、空气湿度、光照强度、粉尘等)信号的自动监测、传输,可以实现养殖舍内环境(包括照度、温度、湿度等）的集中、远程、联动控制。用户可通过电脑或手机查看养殖场的环境信息数据，还可对通过传感器收集到的数据进行智能养殖管理。数据可接入物联网平台，实现对养殖舍各类信息的存储、分析和管理。环境集成传感器能够监测畜牧养殖环境状态的实时变化，包括温湿度传感器、气体浓度传感器、雨量传感器、光照传感器、风速风向传感器等部件，不仅能够精确地测量相关环境信息，还可以和上位机实现联网，满足用户对被测物数据的实时测试、长期记录和安全存储的需求。

2. 穿戴式传感器

用于畜牧养殖的穿戴式传感器主要有运动传感器和生命体征传感器。穿戴式传感器通常用于感知监测对象的体征信息变化，该技术作为穿戴式信息监测技术的核心技术之一，对穿戴式技术的发展具有十分重要的作用。

运动传感器主要用于监测被测对象的运动状态，可测量与运动相关的位移、速度、加速度等物理量。养殖场内动物的自由活动可能会引起动物个体、动物与动物之间、动物与环境的相互作用，从而对动物造成损伤、应激，甚至影响养殖场经济效益及可持续发展，因此有必要开发相应设备监测养殖场自由活动的动物。在动物计算机交互领域，人们越来越关注自动监测动物的行为和身体姿势，这能够使动物福利得到提升，并实现远程通信、福利评估、行为模式监测、交互和适应系统等。因此，使用传感器模块或传感器集成平台监测动物生理行为具有十分重要的意义。

生命体征传感器在畜禽养殖中的应用日益广泛，它们能够实时监测动物的生理状态，包括体温、心率、呼吸频率等重要参数。通过收集这些实时数据，养殖人员能够迅速了解畜禽的健康状况，及时应对可能出现的问题。生命体征传感器的应用不仅提高了畜禽养殖的效率和准确性，还有助于减少疾病的发生和传播，提升动物福利和产品质量。这些传感器为畜禽养殖业的现代化和智能化提供了有力支持，是推动行业可持续发展的重要技术手段之一。

3. 植入式传感器

为了获得更为精确的动物生理信息，植入式传感方法也开始进入动物生理监测的视野，该方法采用植入式的方式，将传感器微型装置导入动物体内，如植入动物体内的无线射频识别标签、植入牛眼内的眼压监测传感器、植入动物牙床内的温度和盐分传感器、植入奶牛瘤胃内的 pH 值传感器等。该监测方式监测精度高，不受监测对象大小限制，不易脱落，但价格比较昂贵，续航能力差，传输距离有限。

3.3.2　家畜全生命周期管理

家畜全生命周期管理是指在动物的出生到死亡的整个生命周期中，对家畜进行全面管理和监控的过程。它包括了动物的饲养、健康管理、繁殖、营养调控、疾病防控、环境控制、屠宰与加工等方面的管理活动。

家畜全生命周期管理的目标是确保家畜的健康、福利和生产性能，同时最大限度地提高养殖效益和产品质量，并注重可持续发展和环境保护。传统养殖模式存在污染严重、禽病预防控制不力、养殖流程智能化程度低等痛点，亟须提升养殖智能化程度。智慧养殖解决方案通过传感器等硬件实现对外部环境信息的收集，基于大数据、云计算、人工智能等完成数据的处理与分析，对养殖进行全生命周期的智能干预，提升养殖业精细化管理水平。

人工智能、大数据、云计算等技术快速迭代，进一步催生了养殖行业的新发展。智慧养殖技术架构可分为感知层、传输层、平台处理层和应用服务层。感知层利用传感器、无线射频识别、GPS 等硬件采集各类养殖相关信息，包括光、温度、湿度、声音、养分等，实现对养殖动物信息的识别和采集。传输层借助 4G（fourth generation，第四代移动通信技术）、5G、宽带专网等技术形成全连接养殖专网，将采集到的养殖生产信息无障碍、快速安全地传输至信息处理平台，实现信息的传输与互联。平台处理层则基于云计算、物联网、人工智能等技术，实现养殖信息的汇总、协同、共享、互通、分析、预测及决策等功能。应用服务层主要面向终端养殖企业，帮助养殖企业实现养殖各环节信息的实时获取和数据共享，保证养殖全过程精细管理，提高资源利用率及养殖生产效率。

家畜全生命周期管理不仅仅涵盖养殖企业，还包括整个产业链，该产业链由上游软硬件服务商、中游智慧养殖解决方案提供商、智慧养殖解决方案的需求主体三部分组成。上游为软硬件服务商。软件服务商提供人工智能、大数据、云计算、5G 等技术服务，硬件服务商提供传感器、通风设备等核心零部件，是保障智慧养殖发展的基础力量。中游为智慧养殖解决方案提供商，主要竞争者包括阿里云、京东农牧、睿畜科技、科大讯飞等。智慧养殖解决方案既包括数据平台服务等软件设施，也包括智能化养殖设备。例如，自动化喂养装置、监控摄像头、耳标等一系列设备，是智慧养殖发展的核心动力。下游为智慧养殖解决方案的需求主体，包括以饲养生猪、奶牛、肉牛、羊、肉鸡、蛋鸡等畜禽为主的养殖企业。我国养殖行业规模不断扩大，但仍以小规模散养为主，大规模智能化养殖场相对较少，如 2020 年生猪行业中排名前五的企业市场占有率仅为 9.6%，2021 年白羽肉鸡行业仅有四家规模化养殖企业，市场占有率为 29.69%，除此之外皆为中小养殖企业，亟须探索智慧养殖的新路径来提升市场竞争力，智慧养殖的市场增长潜力较大。

3.3.3 智慧畜牧育种

智慧畜牧育种是指利用智能技术和数据分析方法，以提高畜牧动物繁殖效果、优化遗传改良、加速品种改良和提升养殖效益的育种方式。它结合了物联网、大数据分析、人工智能和基因组学等技术手段，为畜牧业带来了创新和进步。

种畜的遗传评估技术和跨场间联合育种技术的实施是改善良种品质的有效途径，而准确的性能测定和测定数据的收集处理是育种技术成功的关键。这就需要以先进的信息传送、数据库管理和计算机处理技术为前提，以保证结果的准确性和及时性。养殖场内智能繁育相关的系统大体包括种畜遗传信息管理与选择、遗传参数估计和综合管理三大类，如西北农林科技大学肉牛遗传改良与生物技术团队等研发了基于B/S（browser/server，浏览器/服务器）架构的肉牛选育评估系统，根据输入数据和内嵌模型计算育种值。

传统的遗传评估技术仅建立在各个种畜场选育基础群的性能测定结果基础上，群体数量受到限制。如果能够在跨场间建立遗传联系，将各个分散畜禽场的育种数据统一在同一个遗传评估方案中使用，以扩大选育群体的基础群数量，将有利于进一步降低留种率、提高选择差、增加同一选择世代的选择反应。因此，联合育种技术应运而生。

网络联合选育系统通过建立统一的动物育种信息资源数据库记录牲畜的家谱信息和繁殖信息，通过计算机网络实现信息共享。网络联合选育系统可以定期对各场育种数据进行分析处理，采用多性状动物模型BLUP（best linear unbiased prediction，最佳线性无偏预测）法估计个体育种值，根据育种值评定个体的种用价值和各场的生产管理水平。评定结果通过计算机网络传送到各场，逐步建立以场内测定为主的遗传评估体系和良种登记簿，为全国性动物联合育种奠定基础。网络联合选育系统主要运用传感器技术、预测优化模型技术、无线射频技术等，根据基因优化原理，在畜禽繁育中进行科学选配、优化育种。动物育种信息资源数据库是网络联合选育的核心，育种信息包括畜禽的体况数据、繁殖与育种数据、免疫记录、饲料与兽药的使用记录等。因此，传统的育种管理系统也升级为云平台以解决联合选育过程中育种材料数量多、规模庞大、试验基地分布区域广、海量数据处理较慢、缺乏统一的数据分析等问题。例如，四川农业大学、四川农业科学院等单位研发了猪联合育种的"四川省外种猪联合育种信息网"和"四川农畜育种攻关云服务平台"，国家农业信息化工程技术研究中心继"金种子育种云平台"在北京上线后，正在紧锣密鼓地研发"肉牛繁育大数据平台"。育种数据服务平台的用户主要为育种工作人员、育种科研机构和平台管理人员等，提供的主要服务是对育种数据进行管理，涉及育种数据的采集、数据分析和模型应用等一系列过程。用户在获得平台登录许可后，可以根据需求进行操作，如获取实时育种性状数据、天气以及地理属性数据。平台根据需求对数据进行图形化展示，方便用户重点分析数据潜在规律。育种大数据平台采用机器学习算法和大数据技术，对数据进行客观分析，以便为用户提供合理的决策意见。畜禽遗传育种大数据平台的研发与应用正推动我国从传统育种向商业育种、从经验育种向精确育种转变。

3.4 典型案例

3.4.1 阳谷县强化智慧畜牧，推动畜牧业高质量发展

阳谷县是山东省畜牧强县，2023年阳谷县拥有规模养殖场175家、市级以上农业龙头企业65家。2020年阳谷县出栏生猪32.38万头、牛0.56万头、羊6.12万只、出栏家禽1.09亿只，出栏畜禽全部实现检疫，被山东省确定为无疫省级示范县，并在全省推广。先后被评为国家农产品质量安全县、国家级出口食品农产品质量安全示范区、国家外贸转型升级基地（肉制品）等。在向畜牧强县迈进的过程中，阳谷县着力推进畜牧业智慧信息平台建设，实现绿色优质畜产品生产与消费有效对接，探索出一套设施完备、体系完整、服务完善的智慧畜牧阳谷模式。

1. 阳谷县智慧畜牧发展成效

1）融通信息孤岛，构建畜牧业智慧信息平台

近年来，阳谷县畜牧业信息化快速发展，借助于无疫省示范县建设，整合资金300万元建设了阳谷县畜牧业智慧信息平台，着力打通信息孤岛。阳谷县畜牧业智慧信息平台与农业农村部养殖场直联直报平台、山东省畜牧兽医综合监管服务平台、无害化处理信息平台、山东省动物检疫信息系统等有效对接，同时开发阳谷县畜牧监管平台，推进阳谷县畜牧工作全方位信息化管理模式，真正实现"人在干、数在转、云在算"的网络互联互通。特别是阳谷县直接与农业农村部养殖场直联直报平台进行对接，提供集养殖场备案管理、生产效益监测、价格监测、畜禽粪污资源化利用监测、畜牧信息发布、信息统计监测分析和预警等应用于一体的信息，达到共享直联的效果，服务效率得以提升，农民得到实惠。同时与中国农技推广APP和山东省畜牧总站"鲁牧云课堂"系列网络培训有效衔接，全县技术推广人员全部下载并使用，切实解决了畜牧养殖生产、销售过程中的各类问题。

2）突破最后"一公里"，实现服务功能集约化

目前在信息化建设过程中往往存在"头重脚轻"的情况，信息化顶层设计和展示构建投入大，而信息网络建设的基础体系投入偏少，尤其是在数据终端采集和输出方面存在畜牧产业信息化建设的入户"最后一公里"问题，下情上传受制于网络手段滞后，造成了信息面窄、反馈迟缓，特别是情况不明、数据统计不准导致决策偏离实际。阳谷县自行开发的畜牧信息监管平台，将畜牧业信息网络建

设作为畜牧业基础建设的重要部分，加大计算机软硬件设施建设，为每位信息收集人员配备了一台平板电脑，用于全县所有养殖场和散养户动物防疫基础数据的远程收集，逐步实现办公自动化（office automation，OA）、电子台账一体化管理方式和理念，覆盖到畜牧业的方方面面，在方便基层工作的同时，实现了数据的快速检索统计、汇总、查询和网上留痕，逐步实现了电子一体化追溯体系。

3）打造监控"千里眼"，实现畜牧业监管监控立体化

畜牧业监管监控涉及生产、防疫、屠宰、病死畜禽无害化处理等多项业务，量大面广，难以实现全面监控，尤其是基层畜牧兽医队伍力量薄弱，更是让畜牧业监管工作捉襟见肘，处于被动应对的局面。阳谷县建设的畜牧信息视频监控平台将畜牧生产、防疫、屠宰、饲料、养殖、无害化处理、洗消中心等纳入平台监管，做到企业生产、加工、产品质量等的实时监控，努力实现畜牧全程监控的"千里眼"，切实提高畜牧兽医队伍监测监管能力水平，为保障阳谷县畜产品安全生产提供有力支撑，截至2025年4月阳谷县没有发生一起畜产品安全事件。

4）科技赋能，智慧畜牧助推构建乡村振兴齐鲁样板

阳谷县在推进行业信息化的进程中，围绕行政管理和监管的信息化，借助行政杠杆作用和经济撬动作用，发挥企业信息化如毛细血管般的细致作用，形成行业大循环。例如，B公司自主研发的养殖远程控制管理系统，开创了"互联网 + 养殖"的先河，实现了养殖全过程的智能化，被世界农场动物福利协会（Compassion in World Farming，CIWF）授予"福利养殖金鸡奖"。公司自主研发了全球最先进、国内独一无二的实时数据信息平台，通过自动供料、自动供水、自动控温、自动控湿、全进全出、封闭管理，大幅提升肉鸡良种化、养殖现代化、生产标准化和日常监管常态化的经营管理水平，促进畜禽业由粗放型生产向集约型生产的根本转变。

阳谷县畜牧业智慧信息平台打破了服务产业发展空间布局的限制，能够为全县畜牧业企业提供信息采集、生产管理、疫病防控、无害化处理为一体的智慧化、数字化服务，实现监管精准化、可视化及决策智能化，推行种养加、产供销、贸工农一体化，从而推动产业从"种子"到"筷子"的科技赋能和链条拉伸，有效促进畜牧产业转型升级，畜牧业信息化成为阳谷县打造乡村振兴齐鲁样板的助推力量。

2. 阳谷县智慧畜牧发展新路径新模式

近年来，阳谷县作为山东省免疫无口蹄疫区和无高致病性禽流感区省级示范县，创新推进"361"工作法，着力打造全方位畜牧工作格局，努力为山东省畜牧业高质量发展贡献力量。

1）三级联动实施规范化管理

按照阳谷县委"县建大平台、镇有管理所、村有防疫员"的工作思路,积极构建县、乡、村三级畜牧工作网络。县级层面搭建智慧平台,成立重大动物疫病防控应急指挥中心,加强智慧畜牧业监控平台建设,与山东省畜牧兽医综合监管服务平台、山东省动物检疫信息系统进行对接,同步开发阳谷县畜牧防疫信息平台及远程监控平台50余个。截至2023年底,乡镇层面健全管理机构,高标准建设4处省级动物卫生监督检查站和5处乡镇分所,配备高素质专业化工作人员68名,系统开展监督管理工作。2020年,产地共检疫生猪22.13万头,家禽2.77亿羽,出具动物检疫证2.23万份;屠宰检疫生猪10.10万头,家禽1.48亿羽,检疫动物产品35.03万吨,出具动物产品检疫证4.13万份,有效保障了畜产品质量安全。村级层面延伸防疫触角,在全市率先完成村级防疫员改革任务,成立1个防疫大队、6个防疫中队,下派74名工作人员,实行网格化管理,通过定区域、定职责、定范围"三定原则"压实防疫责任,高标准完成高致病性禽流感、口蹄疫、小反刍兽疫、布病等疫病防疫任务,免疫密度、挂标率、建档率全部达到100%。

2）六个体系保障示范县建设

一是健全防疫队伍体系。将农业综合服务中心设为县政府直属正科级事业单位,下设动物疫病预防控制中心、动物卫生检疫监督所、畜禽屠宰管理办公室等17个科室,与乡镇分所、村级防疫员共同形成了一支政治可靠、业务过硬、素质优良的防疫队伍。

二是健全防疫法规制度体系。完善防疫管理制度,加强档案建设,对无疫省建设6大体系96条分类内容进行具体细致归档,做到统一格式、统一标准、统一存档,各项材料实现前后呼应、上下衔接;通过智慧平台建立了防疫、养殖、屠宰等电子档案,并与省局数据库对接。

三是健全动物疫病预防体系。对养殖场、屠宰场、兽药饲料经营单位进行全程监管,严格落实强制免疫、封闭式管理、环境消毒、病死畜禽及其产品无害化处理、运输车辆消毒等各项防控措施,提升生物安全管理水平。

四是健全疫情监测预警体系。升级改造国家动物疫情测报站,严格按照生物安全标准建设实验室,配置洁净间(10万级)空气过滤系统、污水处理、全自动核酸提取仪等设施设备,目前已具备动物疫病血清学、病原学监测分析能力,有效提升了动物疫病预警预报水平。

五是健全动物卫生监管体系。全面落实检疫申报制度,申报检疫率和屠宰检疫率均达到100%;建设日处理能力40吨的病死畜禽无害化处理厂,购置专用运输车辆9辆,建设4处标准化病死畜禽收集暂存点,无害化处理率达100%。

六是健全防疫应急管理体系。加强应急管理制度建设,完善重大动物疫病应急预案，规范应急处理工作程序，充实应急储备物资，有效提高应急处置能力。

3）一个目标力促高质量发展

坚持保供给、保安全、保生态、促发展"三保一促"目标不动摇，持续转变发展方式，着力推动畜牧业高质量发展。圆满完成胡春华副总理调研视察阳谷县时提出的加快肉品替代、增加鸡肉产品、保障市场供应的任务要求。阳谷县形成了肉鸡、肉鸭、生猪等七大畜牧产业带布局，2023年有规模养殖场175家，畜禽屠宰加工企业15家，其中国家级龙头企业1家，省级龙头企业3家。通过"公司＋基地＋农户"的发展模式，健全完善了"养殖—加工—销售"一条龙的产业链。形成了年屠宰2亿只的肉鸡产业链，年屠宰100万头的生猪产业链，年屠宰100万（只）羊产业链及年屠宰5000万只鸭产业链[①]。全县畜牧业呈现出规模化、标准化、生态化的良好发展态势。

3. 阳谷县智慧畜牧发展的经验

1）做好顶层设计一张蓝图

智慧畜牧业是智慧农业在畜牧行业应用的具体体现，是云计算、传感网、3S等多种信息技术在畜牧行业综合全面的应用，辅助畜牧业实现更完备的信息化基础支撑、更透彻的信息感知、更集中的数据资源、更广泛的互联互通、更深入的智能控制、更贴心的公众服务。作为畜牧业强县，阳谷县对全县智慧畜牧业发展制定一系列的措施与政策，充分发挥智慧畜牧业建设的引领作用，做到本职工作与智慧畜牧建设有机统一、深化"放管服"改革与信息化监管服务有机统一、建设节约型政府与智慧畜牧业可持续运行相结合，来引领全县畜牧业可持续发展。

2）下好全场景覆盖"一盘棋"

智慧畜牧业是产业发展大势所趋和转型升级的必经之路，在信息化产业发展进程中，阳谷县集中精力推进智慧畜牧业建设，集成创新畜牧养殖、防疫、饲料、屠宰、无害化处理、洗消中心等服务模块，实现畜牧生产、监管全场景覆盖，形成云上畜牧生态圈，有效打破数据孤岛。

3）打通全环节融汇"一条链"

围绕解决数据采集"最后一公里"问题，信息终端每人配备一台平板电脑，重点录入生产记录、兽药和饲料使用记录、消毒记录、免疫及监测记录、病死畜禽无害化处理记录等9项内容，与农业农村部养殖场直联直报平台、山东省畜牧兽医综合监管服务平台、无害化处理信息平台、山东省动物检疫信息系统等实现有效对接，

[①]《对县政协十三届一次会议第1301025号提案〈关于提高农村收入的建议〉的答复》，http://www.yanggu.gov.cn/site_ygxxmsysyfzzxq/channel_x_5698_15944/doc_6522377aa61d83fe45203aca.html[2025-03-28]。

数据录入率达到100%，覆盖全县所有的畜禽散养户、专业户和规模养殖场。

4）构建全天候管控"一张网"

将畜牧企业、无害化处理厂、洗消中心等223个远程监控点纳入平台监管，实行24小时不间断视频连接，所有摄像头30秒自动轮流切换，实时监控企业生产经营行为，有效遏制违法行为发生。同时，将监管信息及时录入平台系统，实现数据的快速检索统计、汇总、查询和网上留痕，构建起一体化追溯体系。

3.4.2 B公司利用物联网技术打造智慧牧场

B公司是一家为全球农牧行业提供智慧养殖规划、智能装备机器人、高效环保、资源利用、行业大数据平台搭建及分析、数据服务的国际性科技创新企业。在我国奶牛养殖业由传统养殖向现代养殖转变的过程中，规模化、集约化、标准化牧场是主要方向。B公司正利用物联网等先进技术打造智慧牧场，促进奶牛养殖业的高质量发展。智慧牧场包括两个方面。一是由B公司推出的行业整体解决方案。利用现代先进物联网技术采集牧场各类信息，准确分析和监控各畜种动态，对牲畜全生命周期进行快捷高效的远程监控，提高精细养殖管理的能力，并为管理者的决策与分析提供依据。二是通过互联网、云技术使牧场信息互联、交易互联、消费互联，形成云产业链，为行业组织监管和第三方服务提供基础数据和平台。该网站通过其战略布局、技术优势及运营模式对牧场和消费者进行无缝连接，实现F2F（farm to family，从农场到家庭）。

提出智慧牧场的概念，主要有两个方面的考虑：一是来自牧场自身所面临的压力，二是来自消费者人群和消费习惯的改变。2014年，国内消费开始出现下滑趋势，牧业也出现了卖奶难、卖肉难的现象。在这种新常态下，如果没有一个清晰的战略布局，牧场无法面对未来。目前国内的牧场在成本、资源方面，与国外相比不具有比较优势，因此只能在集约化管理能力、集中化战略以及差异化方面与国外的牧场较量。另外，中国已步入老龄化社会，而新型的消费者是在互联网中成长的一代。这一代消费者的特点是不轻信他人、个性化、有自己的主张，而且他们是只相信自己的社群、不相信专家的一代，所以电商、微信营销大行其道。在新型消费习惯下，牧场需要完善的管理体系，将信息数据透明化，把自己"最真实的样子"展示给消费者。

智慧牧场是牧场未来10年的发展方向。出于上述两方面的考虑，智慧牧场可以实现以下目标：通过搭建智能化牧场，一方面将员工、管理者从繁重的手工操作中解放出来，提升精细化养殖管理能力；另一方面将部分数据公开展现给消费者，让消费者对数据做出判断，增加其对牧场产品安全性的信心。其最终目的是通过大数据、移动商务和云计算，在这个信息爆炸的时代，实现人与人之间的连接,牧场与牧场之间的连接,人与牧场之间的连接,牧场与消费者之间的连接,以及消费者与消费信息之间的连接。

智慧牧场一般由 4 个模块组成:养殖生产管理、企业资源计划(enterprise resource planning,ERP)系统耦合、移动终端数据采集、商务智能管理。丹麦利用智慧牧场实现了 40 位专家服务 4000 个牧场。具体来说,智慧牧场有 10 个部分,涉及饲料、饲喂、养殖、环保等各个环节。

第一部分,牧草收割时成分自动监测。牧草收获机喷料槽上方安装的近红外快速成分分析仪,可将现场收获的粗饲料营养成分实时传输给收获机,而且能够实时分析收割信息,定义收割物质的真实质量,指导收获的最佳时机。牧场依据饲料质量指标而不是数量商议价格,增加利润。同时,通过打捆机上的称重系统,可以实时测量记录每个草捆的重量,操作者根据每个草捆的重量调整最佳的打捆参数,以保证每捆草捆重量一致,进而统计出每块农田的牧草产量。另外,可以根据各块农田分析收获饲料成分和产量情况,制订精准的施肥计划,可追踪所有农田作业过程,将最重要的田地信息生成可视化地图,详细检查田地活动流程。

第二部分,智能饲喂环节的精细化。饲料运输车辆通过称重系统和饲喂管理系统连接,可以整合与转移数据,实现牧场饲料全面管理与监控,同时,可完全掌控饲料仓储情况,控制饲料成本管理,实现各类饲料批量采购管理,饲料使用情况完全追踪记录。图 3-3 所示为智能配料车。该饲喂管理系统还具备饲料数量到安全存量时的报警功能。TMR(total mixed ration,全混日粮)饲料制备机可在取料或加料装置上配置近红外分析仪,可自动实时分析所有饲料营养成分,根据干物质量自动调整重量进行配料,而通过手持便携近红外分析仪可随时随地进行饲料分析,在几分钟内即可获得测算值,在直接导入饲喂管理系统后,为制作准

图 3-3 智能配料车

确饲喂配方提供可靠的数据依据。另外,在装载机上可配置动态称重系统,在 TMR 饲料制备机上端装设具有良好搅拌效果的实时监控系统,在 TMR 饲料制备机上配置卫星监控系统。智慧牧场也在推进无人驾驶的 TMR 饲料制备机,以及无人撒料机的研发,此项技术已经在北欧的牧场实现。其不仅可以实现加载青贮、干草、精料等饲料全部自动化,而且可以避开人或障碍物。

第三部分,犊牛自动吸吮饲喂系统。该系统根据犊牛的生长周期,模拟犊牛在草原饿了找妈妈的自然哺乳特点,自动去寻找犊牛饲喂器吸吮牛奶。而且牛奶全部在封闭的管道环路中循环,保证恒温,没有蚊蝇污染。当某只犊牛想超量喝奶时,奶头阀门会自动关闭,避免给犊牛饲喂过多的牛奶。系统中的奶嘴满足了犊牛吮吸的天性,犊牛间的互吮吸和吮吸物体的现象受到抑制。这是实现良好群饲的一个关键点。整个系统每天进行 1 次或 2 次酸碱液自动清洗,使牧场人工成本和犊牛腹泻的发病率大大下降。犊牛自动吸吮饲喂系统,可使一两个人管理万头牧场的群养犊牛饲喂成为可能。通过犊牛自动吸吮饲喂系统,即使是犊牛岛饲喂模式的单独犊牛,每天也能喝到足量、恒温、干净的牛奶。该系统能够记录整个哺乳过程中牛奶的消耗量、温度、吸吮速度等数据,为后期犊牛饲喂追溯提供有力保证。同时,B 公司已与保险公司合作,为犊牛等生物资产投保,保险公司将提供相应的保单。

第四部分,挤奶环节的精准舒适挤奶。智慧牧场的智能挤奶机(图 3-4)可以自动进行分群分析,并且可以实现挤奶时的低真空和清洗时的高真空,再结合泡沫药浴液,这样可以大大降低乳头药浴液的用量。结合容积式奶泵,可实现牛奶

图 3-4　智能挤奶机

输送平稳、顺滑，不会造成输奶时的脂肪分离，可保留原奶香气。挤奶机器人使用激光技术生成奶牛的三维图像。每头牛都有一个电子标签，因此机器人能够识别每一头牛，并且知道其大概的产奶量。挤奶机器人还使用光学传感器以及测电导率来检测牛奶的质量。有了挤奶机器人，奶牛能自己决定什么时候挤奶，人的介入少了，奶牛也更自在。乳头自动清洗系统可快速对奶牛乳头进行清洁，提高乳房清洁效果的一致性，减少牛奶体细胞数，降低乳腺炎发生率，减少人与动物的交叉感染，降低劳动强度。智慧牧场的员工可佩戴谷歌眼镜，它能够自动定位，并与触摸屏迅速进行交互。谷歌眼镜和挤奶机管理系统的配合会节省牧场很多时间，眼镜的左上方可以读出产奶量等三条红色的相关信息，从而提高牧场第三方服务和牧场管理人员的效率。

第五部分，其他穿戴传感识别系统。智慧牧场牛只还可配套很多穿戴或植入式传感识别系统，如瘤胃 pH 值、体温、呼吸频率、脉搏、活动频率、产前预警等识别系统。它们通过放入瘤胃、配套项圈或绑扎在尾巴上等方式，可以进行自动监测和数据传输提醒。通过牛只佩戴的项圈，可实时监控记录牛只躺卧、站立、慢走、快走及爬跨状态，识别并找到发情牛，提供最佳的配种时间建议，自动筛选出不发情的牛、可能存在卵巢囊肿的牛、可能流产的奶牛、难产奶牛等，并进行预警。根据牛吞咽过程产生的声呐，它们就能够感应出这头牛的反刍行为及瘤胃的蠕动，如果每天反刍低于或高于正常值，就会给监控系统提供警报信息，从而对牛只的行为、健康状况以及反刍状况进行分析调整。

第六部分，智能修蹄、自动蹄浴和自动称重系统。智能修蹄机为修蹄工提供了最理想的工作方式，最大限度地提高了牛只舒适性。智能修蹄机确保在修蹄时保持牛的平衡，减少对牛关节组织的伤害，并能够将修蹄的相关信息通过计算机进行登记。这些牛何时修过蹄，下次再修就可以自动提醒，而且智能修蹄机不需要把牛翻转过来，造成应激。一个专业的修蹄人员使用该设备可正常修蹄 100～120 头/天，修蹄效率更高，奶牛更舒适。在挤奶完成或修蹄后，牛只可顺道走入自动泡沫蹄浴系统，接受舒适的泡沫全覆盖蹄浴。这种方式可实现无障碍通过，无应激。自动定时释放蹄浴泡沫，无污水产生，节约大量的水和药浴液。另外，还可为奶牛、肉牛和肉羊场配备通过式自动称重系统，自动识别和分栏达到出栏体重的肉牛和肉羊。

第七部分，粪污处理自动感应系统。在粪污处理领域，智慧牧场采用了从集纳、传输、固液分离、牛床垫料，到污水排放 COD（chemical oxygen demand，化学需氧量）达到 50 毫克/升以内，全部由服务器管理控制的整体技术，而且整个流程为全自动化控制。例如，在粪污集纳方面，刮粪板运行到牛舍一端时，当其感应到外界的温度低于 0℃时，会自动启动导轨，让其活动一段时间，避免导轨结冰。另外，在集粪池上方固定有液位仪，积粪堆积到设定的液位，粪污泵将会自动抽走粪污,粪污泵启动前会自动进行搅拌。粪污在粪污池内经过均匀搅拌后,被泵抽入到牛粪垫料再生系统的固液分离机中,在程序的自动控制下,系统会自动升温、控温以及改变转速,并且根据物料最终是用作牛床垫料还是发酵有机肥的不同,自动控制发酵时间。污水净化系统可自动监测水质情况,水质不达标的,将自动返回处理前端,作进一步净化。另外,这套全智能的粪污处理方式为集装箱式,使得粪污工程设备化,同时粪污设备可作为融资租赁的标的物,进一步减少牧场使用自有流动资金来投入污染防治。

第八部分,小环境计算机自动控制。牛舍的小环境、小气候都是用温湿监控系统进行管理和控制的,可收集并储存舍内的温度、阳光、湿度、灯光等信息,并提供预警。比如,氨气浓度过高,自动打开通风系统;温度过高,自动启动风扇或喷淋系统。

第九部分,牧场监控无人机。牧场监控无人机带有自动探头系统,可与地面的自动巡检机器人进行配合,当发现异常情况时,系统马上会报警。二者的配合,可以减少大量的人力。

第十部分,其他智能系统。例如,电子围栏监控系统与办公住宿系统结合,与牧场的 OA 系统结合,形成了"天网"和"地网"。再如,智能消毒系统,可自动感应,进场人员在系统启动以后等待 2 分钟,即可自动完成所有的防疫程序。

除了这 10 个部分,还有一个重要的部分就是牧场管理软件,这款管理软件可以将一切连接起来。牧场管理软件 1.0 主要用于在牧场实现规划、执行和管理,牧场管理软件 2.0 可以连接一切人与人,连接一切牧场与牧场,连接一切牧场和一切区域,连接牧场和所有的管理机构,连接牧场和所有的国际机构,从而实现国际信息的交互。在智慧牧场 2.0 的情况下,整个牧场场景和每个人的职能发生着重要变化。传统牧场要下牧场,要动手,用肉眼进行观察。现代化的牧场中,现代化的牧民盯的是屏幕,大脑做的是分析,依靠的是第三方的专家服务,这样才能构建最佳的牧场管理模式。这就是整个智慧牧场框架的搭建。

成功搭建智慧牧场框架后,牧场的大数据部分面向公众透明化,公司旗下的网站就可以发挥公开数据的作用并合理利用这些数据。该网站是行业的第三方服务平台,一方面通过智慧牧场框架为牧场提供智能化整体解决及服务方案;另一方面通过其建立的丰富的分销、内销体系,连接消费终端,将牧场的优质产品直接端上千家万户的餐桌,真正实现 F2F。

面向牧场,该网站通过"集买集卖"来为牧场减少采购环节及中间商,增强谈判能力、降低整体采购价格、提升采购物资质量,从而帮助牧场降低生产成本,使牧场更具国际竞争力。该网站成立至今已经发起了多次行业的集采活动,反响强烈,效果明显。特别值得一提的是,该网站还可提供短期流动资金服务,支持供需双方的短期融资,以满足牧场草料和其他生产用品采购的流动资金需求。

面向消费者，该网站极具分销、内销优势。该网站已经与众多国内优质电商平台建立了良好合作关系，可实现国内一线城市 2 小时配送。该网站也与全国各地具有本地特色的、"三品一标"的优质农牧产品客户紧密合作，开设线上特色店、精品店。另外，该网站还同中国移动、中国石化、各大银行的消费卡高端客户进行关联，可实现利用积分兑换，或者根据消费者的消费习惯进行个性化兑换、直接配送优质产品等。在线上加速发展的同时，该网站线下布局也在加快。该网站在北京有多家线下体验店，集中在万人以上的优质社区内。2015 年 11 月，该网站体验店宁夏站、贵阳站两店同时开张，这也是它在加速"互联网+"方面的重大举措。该网站的目标是由做产品电商转入到做优秀的平台电商，然后逐步发展成为生态电商，成为连接牧场、连接消费者、连接社交、连接企业、连接一切的重要纽带，打造 F2C（factory to customer，从厂商到消费者）、F2F 的完整生态圈。

参 考 文 献

辜丽川. 2021. 智慧农业应用场景. 合肥: 安徽科学技术出版社.

姜楠, 张璟, 贾广东. 2021. 强化智慧畜牧示范引领 推动畜牧业高质量发展: 山东省阳谷县畜牧业发展实践与建议. 乡村论丛, (4): 107-111.

李华龙. 2018. 畜禽设施养殖环境监测方法研究. 合肥: 中国科学技术大学.

李奇峰, 赵春江. 2020. 农业物联网应用模式与关键技术集成. 北京: 中国农业出版社.

陆明洲, 沈明霞, 丁永前, 等. 2012. 畜牧信息智能监测研究进展. 中国农业科学, 45(14): 2939-2947.

聂迎利, 王晶. 2016. 面向未来 打造智慧牧场: 专访国科·司达特总裁李蔚. 中国乳业, (3): 62-66.

沈明霞, 刘龙申, 闫丽, 等. 2014. 畜禽养殖个体信息监测技术研究进展. 农业机械学报, 45(10): 245-251.

汪开英, 赵晓洋, 何勇. 2017. 畜禽行为及生理信息的无损监测技术研究进展. 农业工程学报, 33(20): 197-209.

杨飞云, 曾雅琼, 冯泽猛, 等. 2019. 畜禽养殖环境调控与智能养殖装备技术研究进展. 中国科学院院刊, 34(2): 163-173.

张小栓, 张梦杰, 王磊, 等. 2019. 畜牧养殖穿戴式信息监测技术研究现状与发展分析. 农业机械学报, 50(11): 1-14.

第4章 水肥一体化技术

4.1 水肥一体化技术概况

4.1.1 水肥一体化技术的定义

水的供给是作物赖以生存的基础，是农业生产的必要条件，然而我国的水资源相对比较贫乏，据统计，2020年年均降水量约为630毫米，人均水资源占有量仅2100立方米左右，仅为世界人均水平的28%。同时肥料作为传统农业生产过程中关键投入要素之一，对农作物增产具有重大贡献。在世界粮食各项增产因素中，化肥有着40%~60%的贡献率，对中国粮食增产的贡献率曾达到了56.81%。由于化肥增效明显且使用方法简单，因此人们在农业生产中大量使用化肥，对化肥的需求越来越大。数据显示，2020年我国化肥使用总量约为0.59亿吨，占世界化肥使用量的1/3。过量的化肥投入带来了土壤营养失衡及农业面源污染等问题，对农业生态、农村环境造成了不可逆转的负面后果。因此，农业在追求高产、优质、低成本的同时也要保持可持续发展，实现这个目标的前提是要有最优且平衡的水分和养分供应。传统的灌溉和施肥是分开进行的，作物处于"饥饿—饱—过饱"的循环中。从施肥来看，虽然传统的施肥方法有多种，如撒施、集中施、分层施用、叶面施用等，但是这些方法的肥料利用率都不是特别理想。近年来，随着节水灌溉技术的发展，与其相结合的水肥一体化技术的应用引起了人们的关注。

水肥一体化技术，指灌溉与施肥融为一体的农业新技术。水肥一体化是借助压力系统（或地形自然落差），将可溶性固体或液体肥料，按土壤养分含量和作物种类的需肥规律和特点，配兑成肥液后再与灌溉水混合，通过可控管道系统供水、供肥，使水肥相融后，通过管道和滴头形成滴灌，均匀、定时、定量浸润作物根系发育生长区域，使主要根系土壤始终保持疏松和适宜的含水量。同时根据不同作物的需肥特点，土壤环境和养分含量状况，作物不同生长期需水、需肥规律情况进行不同生育期的需求设计，把水分、养分定时定量，按比例直接提供给作物。该技术广泛应用于设施栽培、大田生产和粮食、蔬菜、花卉、果树等作物种植过程中。

4.1.2 水肥一体化技术的特点

根据上述对水肥一体化技术的定义，我们可以分析水肥一体化技术具有以下几个特点。

1. 提高水资源的利用率

水肥一体化技术由于其特殊的技术方法，能够减少水分的下渗和蒸发，提高水资源的利用率。传统的灌溉技术，对水资源的利用率不到50%，而利用水肥一体化技术能使水资源的利用率显著提升，远远超过50%。在水肥一体化技术中，浇水量有其科学依据，能够根据作物的特点和生长周期来判断具体的需水量，相比传统的灌溉技术需要依靠农民的个人经验，水肥一体化技术更为科学，能够大大提高水资源的利用率。

2. 提高肥料的利用率

利用水肥一体化技术可以方便地控制灌溉时间、肥料用量、养分浓度和营养元素间的比例，实现平衡施肥和集中施肥。与手工施肥需要更多的认知经验相比，水肥一体化的肥料用量是可量化的，作物需要多少就可以施加多少肥料，同时将肥料直接作用于植物的根部，既加快了作物吸收养分的速度，又减少了挥发。水肥一体化技术具有施肥简便、施肥均匀、供肥及时、作物易于吸收、提高肥料利用率等特点，与传统施肥技术相比，水肥一体化技术在作物生长的施肥过程中可节省40%~50%的化肥，大大提高了肥料的利用率。

3. 节约人工成本

传统的灌溉模式需消耗较多的时间和精力，农业从业者需要到田间亲自进行灌溉，并且依靠自己的经验去进行施肥灌溉，会存在一定的误差，反而不利于提高施肥效率。然而在水肥一体化技术应用过程中，工作人员只需打开灌溉系统，便可高效作业，省时又省力，农业从业者可以将精力投入其他生产环节，节约了人工成本，提高了人工劳作效率。

4. 降低病虫害发生率

水肥一体化技术可以更灵活地控制灌溉面积、灌溉量，避免灌溉量超标，合理控制田地湿度，抑制病菌、虫害的产生和繁殖，在很大程度上降低病虫害的发生率。同时应用水肥一体化技术之后，浇水和施肥更集中，可以进行精准灌溉，避免周边土地被污染，保护整个区域的生态环境。基于水肥一体化技术，农作物对水分和肥料的吸收更均衡，同样可以降低病虫害发生率。

5. 增加作物产量，提高作物质量

水肥一体化技术能适时、适量地供给作物不同生育期生长所需的养分和水分，明显改善作物的生长环境条件，因此，可促进作物增产，提高农产品的外观品质和营养品质。应用水肥一体化技术种植的作物，具有生长整齐一致，定植后生长恢复快、提早收获、收获期长、丰产优质、对环境气象变化适应性强等优点。通过水肥的控制，可以根据市场需求提早或延长供应期。

4.1.3 水肥一体化技术的原理

水肥一体化是一项综合技术，涉及农田灌溉、作物栽培和土壤耕作等多方面，其主要原理集中在以下四方面。

1. 建立一套灌溉系统

在设计方面，要根据地形、田块、单元、土壤质地、作物种植方式、水源特点等基本情况，设计管道系统的埋设深度、长度、灌区面积等。水肥一体化的灌水方式可采用管道灌溉、喷灌、微喷灌、泵加压滴灌、重力滴灌、渗灌、小管出流等。特别忌用大水漫灌，这容易造成氮素损失，同时也降低水分利用率。

2. 设计一套施肥系统

在田间设计定量施肥系统时，需要考虑蓄水池和混肥池的位置、容量、出口、施肥管道、分配器阀门、水泵肥泵等。

3. 选择适宜肥料种类

可选液态或固态肥料，如氨水、尿素等肥料。固态以粉状或小块状为首选，要求水溶性强，含杂质少，一般不用颗粒状复合肥，这包括符合要求的国内和国外产品。如果用沼液或腐殖酸液肥，必须经过过滤，以免堵塞管道。

4. 灌溉施肥的操作

1) 肥料溶解与混匀

施用液态肥料时不需要搅动或混合，一般固态肥料需要与水混合搅拌成液肥，并在必要时进行分离，以避免出现沉淀等问题。

2) 施肥量控制

施肥时要掌握剂量，注入肥液的适宜浓度大约为灌溉流量的 0.1%。过量施用可能会导致作物死亡，并造成环境污染。

3）灌溉施肥的程序

灌溉施肥的程序分三个阶段：第一阶段，选用不含肥的水湿润；第二阶段，施用肥料溶液灌溉；第三阶段，用不含肥的水清洗灌溉系统。

4.1.4 水肥一体化技术的分类

1. 水肥滴灌技术

水肥滴灌技术是按照作物需水需肥要求，通过管道系统与安装在毛管上的灌水器，将作物需要的水分和养分均匀而又缓慢地滴入作物根区土壤中的灌水方法，其主要优势有以下几个方面。

1）节水、节肥、省工

滴灌属于全管道输水和局部微量灌溉，使水分的渗漏和损失降低到最低限度。同时，水肥滴灌技术能做到适时地供应作物根区所需水分，不存在外围水的损失问题，使水的利用效率大大提高。灌溉可方便地结合施肥，即把化肥溶解后灌注入灌溉系统。由于化肥同灌溉水结合在一起，肥料养分直接均匀地施到作物根系层，真正实现了水肥同步，大大提高了肥料的有效利用率，同时又因是小范围局部控制，微量灌溉，水肥渗漏较少，故可节省化肥施用量，减轻污染。运用灌溉施肥技术为作物及时补充价格昂贵的微量元素提供了方便，并可避免浪费。滴灌系统仅通过阀门人工或自动控制，并结合了施肥，故可明显节省劳力投入，降低了生产成本。水肥一体化设备的滴灌龙头如图4-1所示。

图4-1　水肥一体化设备的滴灌龙头

2）控制温度和湿度

传统沟灌的大棚，一次灌水量大，地表长时间保持湿润，不但棚温、地温降低太快，回升较慢，且蒸发量加大，室内湿度太高，易导致蔬菜或花卉病虫害发生。因滴灌属于局部微灌，大部分土壤表面保持干燥，且滴头均匀缓慢地向根系土壤层供水，对地温的保持、回升，减少水分蒸发，降低室内湿度等均具有明显的效果。采用膜下滴灌，即把滴灌管（带）布置在膜下，效果更佳。另外滴灌由于操作方便，可实行高频灌溉，且出流孔很小，流速缓慢，每次灌水时间比较长，土壤水分变化幅度小，故可控制根区内土壤能够长时间保持在接近于最适合蔬菜、花卉等生长的湿度。由于控制了室内空气湿度和土壤湿度，因此可明显减少病虫害的发生，进而又可减少农药的用量。

3）保持土壤结构

在传统沟畦灌的较大灌水量作用下，设施土壤会受到较多的冲刷、压实和侵蚀，若不及时中耕松土，会导致严重板结，通气性下降，使土壤结构遭到一定程度的破坏。而滴灌属微量灌溉，水分缓慢均匀地渗入土壤，对土壤结构能起到保持作用，并形成适宜的土壤水、肥、热环境。

4）改善品质、增产增效

滴灌的应用减少了水肥、农药的施用量以及病虫害的发生，可明显改善产品的品质。总之，较之传统灌溉方式，温室或大棚等设施园艺采用滴灌后，可大大提高产品产量，提前上市时间，并减少了水肥、农药的施用量和劳力等的成本投入，因此经济效益和社会效益显著。设施园艺滴灌技术适应了高产、高效、优质的现代农业的要求，这也是其能得以存在和大力推广使用的根本原因。

但是，滴灌技术在应用过程中也易产生以下几方面问题。①易引起堵塞。灌水器的堵塞是当前滴灌应用中最主要的问题，严重时会使整个系统无法正常工作，甚至报废。引起堵塞的原因可以是物理因素、生物因素或化学因素，如水中的泥沙、有机物质或是微生物以及化学沉凝物等。因此，滴灌时水质要求较严，一般均应经过过滤，必要时还需经过沉淀和化学处理。②可能引起盐分积累。当在含盐量高的土壤上进行滴灌或是利用咸水滴灌时，盐分会积累在湿润区的边缘，若遇到小雨，这些盐分可能会被冲到作物根区而引起盐害，这时应继续进行滴灌。在没有充分冲洗条件或是秋季降水不足的地方，不应在高含盐量的土壤上进行滴灌或使用咸水滴灌。③可能限制根系的发展。由于滴灌只湿润部分土壤，加之作物的根系有向水性，这样就会引起作物根系集中向湿润区生长。另外，在没有灌溉就没有农业的地区，如我国西北干旱地区，应用滴灌时，应正确地布置灌水器。

2. 水肥喷灌技术

喷灌是通过水泵加压或自然落差产生的水压,将水通过压力管道输送到田间,再经喷头喷射到空中,形成细小水滴,均匀地洒落在农田,达到灌溉的目的,其主要优势如下。

1) 省水

喷灌可以控制喷水肥量和均匀性,避免产生地面径流和深层渗漏损失,使水的利用率大为提高。节省水资源还意味着节省动力,降低灌水成本。

2) 省工

喷灌便于实现机械化、自动化,可以大量节省劳动力。取消田间的输水沟渠,不仅有利于机械作业,而且大大减少了田间劳动量。喷灌既可以结合施入化肥和农药,又可以省去不少劳动量。

3) 提高土地利用率

采用喷灌时,无须田间的灌水沟渠和畦埂,喷灌比地面灌溉更能充分利用耕地,提高土地利用率。

4) 增产

喷灌便于严格控制土壤水分,使土壤湿度维持在作物生长最适宜的范围。而且在喷灌时能冲掉植物茎叶上的尘土,有利于植物呼吸和光合作用。另外喷灌对土壤不产生冲刷等破坏作用,从而可以保持土壤的团粒结构,使土壤疏松多孔,通气性好,因而有利于增产,特别是蔬菜增产效果更为明显。

5) 适应性强

喷灌对各种地形适应性强,不需要像地面灌溉那样整平土地,在坡地和起伏不平的地面均可进行喷灌。特别是土层薄、透水性强的沙质土,非常适合采用喷灌。此外,喷灌不仅适用于所有大田作物,而且对各种经济作物、蔬菜、草场都会产生很好的经济效果。

但是,喷灌技术在应用过程中也易产生以下几方面问题。①投资较高。与地面灌溉相比,喷灌投资较高,目前半固定式喷灌如不计输变电和人工杂费,一般每亩300~500元,全包约500~800元。固定式喷灌价格就更高,有的高达1000元/亩。②喷灌受风和空气湿度影响大。当风速在5.5~7.9米/秒即四级风以上时,能吹散水滴,使灌溉均匀性大大降低,漂移损失也会增大。空气湿度过低时,蒸发损失加大。据美国得克萨斯州西南大平原研究中心的试验,当风速小于4.5米/秒(三级风)时,蒸发飘移损失小于10%;当风速增至9米/秒时,损失达30%。我国在宁夏、陕西、云南、河南、湖北、北京、福建、新疆等八个省区市进行了统一实测，在相对湿度为 30%～62%、风速在 0.24～6.39 米/秒的情况下，喷洒水损失为 7%～28%。③耗能较大。为了使喷头运转和达到灌水均匀的目的，必须给水一定的压力，除自压喷灌系统外，喷灌系统都需要加压，消耗一定的能源。

4.2 水肥一体化技术的应用场景实例

在本节中，我们重点关注水肥一体化技术在各种作物上的应用场景，我们选取玉米（粮食作物）、苹果（水果作物）、叶类蔬菜（蔬菜作物）三种作物作为我们的分析对象。

4.2.1 水肥一体化技术在玉米种植上的应用

玉米是适宜用水肥一体化技术的粮食作物，可用滴灌、移动喷灌等多种灌溉模式。如果采用滴灌，一般两行玉米用一条管，行距 40～60 厘米，两条滴灌管间隔 90 厘米，每亩用管量约为 740 米。滴头间距 30 厘米，流量 1.0～2.0 升/小时为宜。如果采用 1.5 升/小时的流量，则每小时每亩灌水为 3.7 立方米。如每亩定植 4400 株左右，则每株玉米每小时可获得 840 毫升的水量。玉米一生要经历出苗期、拔节期、抽穗期、吐丝期、灌浆期、成熟期。各时期对养分的吸收量存在很大差别，大致的情况是出苗期短，拔节期至抽穗期开花期最多，开花授粉后吸收量减少。资料表明，每生产 100 千克籽粒约需要吸收纯氮 2.5 千克，P_2O_5（五氧化二磷）1.0 千克，K_2O（二氧化钾）2.2 千克。可以根据目标产量计算养分总量，折算为具体的肥料量。建议 20%～30%的肥料作为基肥施用，其他肥料分十多次通过滴灌施入土壤。具体流程如下。

1. 育苗

通过育苗盘或育苗杯育苗，选用泥炭或树皮作为育苗基质，也可以选用含有机质和营养成分丰富的菜园土作为育苗基质。将基质打碎，装入育苗盘或是育苗杯。

2. 整地及铺管

将大小块整成小碎土，然后起垄。垄宽 1 米，沟宽 0.3 米，垄高 0.2 米。选择滴头间距为 30 厘米，流量为 1.38 升/小时的薄壁滴灌带，将滴灌带铺设在垄面的正中间。

3. 移栽

玉米苗 3～4 叶时移栽，每垄种植两行，行距为 25 厘米，株距为 50 厘米。

4. 水分管理

移栽后马上滴定根水,第一次滴水要滴透,直到整个垄面湿润为止。根据土壤干湿情况定期灌溉。当用手抓捏土壤成团或可以搓成条时,表示土壤不缺水。整个甜玉米生长期间保持土壤均衡湿度。田间需要经常检查滴灌带是否有破损,及时维修。

5. 施肥管理

甜玉米的目标产量为每亩 1700 千克。整地时每亩基施生物有机肥 200 千克、过磷酸钙 50 千克、白色粉状氯化钾 30 千克、硫酸镁 10 千克。这些肥料将分 12 次施入土壤,约每周施一次肥。苗期和成熟前量少一些,其他时间量多一些。每次每亩施肥量在 3~7 千克,施肥时,先将肥料倒入肥料池溶解,然后再通过泵将肥料吸入管道,随水一起施入玉米的根部。玉米的根系主要分布在土壤 0~30 厘米的深层,尽量将滴水肥的时间控制在 2 小时以内,以免滴灌时间过长将肥料淋湿。在甜玉米生长期间,还需喷洒 2~3 次含微量元素的叶面肥。

4.2.2 水肥一体化技术在苹果种植上的应用

苹果园选用的灌溉模式与种植密度及土壤质地有关。对密植果园(如行距 1 米,株距 3 米,每亩 220 株)可以用滴灌、微喷带或膜下微喷带的模式,对稀植果园(如每亩 20~50 株)可以用微喷或微喷带的模式。特别是成龄果园安装灌溉设施以微喷灌最佳,淋灌适合各种种植密度。在轻壤土或砂质土上由于滴灌的侧渗范围小,加上苹果的根系生长量比其他果树(如柑橘)少,会造成显著的限根效应,宜选择微喷灌。在重壤土上可以选用滴灌。如选用滴灌,对山地果园一般选用压力补偿式滴灌,滴头间距 50~70 厘米,流量 2~3 升/小时,沿种植行在树下拉一条(从定植时开始安装)或两条(成龄后开始安装)滴灌管。平地果园用普通滴灌管。如选用微喷灌时,一般微喷头流量在 100~200 升/小时为宜,每株树一个微喷头,安装在两株树之间,喷洒直径 1.5~2.0 米。苹果主要的水肥管理时期有盛花期、新梢旺长期、果实膨大期、果实成熟期及采果后期,具体做法如下。

1. 水分管理

苹果属深根系植物,根系分布在 20~90 厘米的土层,但 80%以上的根系集中于 60 厘米以上的土层。灌溉和施肥可以调控根系的分布深度。如采用微喷灌或微喷带,建议灌溉湿润深度在 40 厘米左右,如采用滴灌,灌溉的湿润深度建议达到 60 厘米为宜。水分管理从萌芽前开始至施用秋季肥后结束,在这约 7 个月的时间内维持土壤处于湿润状态。每次灌溉的时间因灌溉方式不同及出水器的流量不同难以固定。通常滴灌要持续 3～4 小时，微喷灌持续 20～30 分钟。通常可埋设两支张力计来监测土壤水分状况，一支埋深 30 厘米，一支埋深 60 厘米。当 30 厘米的张力计读数达到 15 千帕时开始滴灌，滴到 60 厘米张力计读数回零时为止。采用微喷灌时可以采用湿润前锋探测仪，埋深 40 厘米，当看到浮标升起时停止灌溉。另外一种简单的办法是用螺杆式土钻在滴头下方取土，通过指测法了解不同深度的水分状况，从而确定灌溉的时间。当土壤能抓捏成团或搓成泥条时表明水分充足。

2. 养分管理

研究表明，每产 100 千克苹果需氮 0.6～1.0 千克，P_2O_5 0.2～0.3 千克，K_2O 0.6～1.0 千克。如每亩产苹果 3 吨，则需氮 18～30 千克，P_2O_5 6～9 千克，K_2O 18～30 千克。根据苹果的花、新梢、幼果对贮藏氮营养的利用特点，建议氮肥的分配如下：盛花期至新梢旺长期占 20%，果实膨大期占 30%，秋季肥占 50%。一般盛花期后 7～10 天开始吸收氮，新梢快速生长后达到吸收高峰。在 4 月底至 8 月底期间，每半个月施肥 1 次，共计 8 次，平均分配用量。秋季肥是一年中的重肥，安排在 9 月上旬至 10 月下旬施用，共 4 次，每隔 15 天 1 次。氮肥种类有尿素、硫酸铵、硝酸铵钙、硝酸钾等，如土壤偏酸性，建议多施用硝态氮肥；对于碱性土则施用铵态氮肥。整个生长期都在吸收磷肥。磷肥一般建议做基肥或秋季肥施用。国外苹果园在盛花期通过滴灌或微喷灌施用聚磷酸铵溶液，可促进花期根系大量生长，施 2～3 次，间隔时间 7～10 天。

喷施叶面肥是补充微量元素及磷钾营养的有效形式。建议在喷施农药时配合多次喷施磷酸二氢钾、硼等肥料，总的喷施次数为 5～6 次。国外在采果后多次喷施尿素、微量元素，对来年的新梢和花的质量有显著的提高作用。目前苹果园存在有机质含量低、土壤酸化等问题。建议施有机肥及改良土壤酸性。有机肥要开沟施用，深度为 40～50 厘米，施肥时在树冠外缘挖深和宽为 40 厘米的环状沟，再以树干为中心，从不同的方向挖几条放射沟，与环状沟相接，将肥料施入埋严，使根层肥沃、松软。木本果树的营养规律比较复杂，要借助于叶分析、土壤分析、外观营养诊断等多种方式做出合理的施肥建议。

4.2.3 水肥一体化技术在叶类蔬菜作物上的应用

叶类蔬菜有大白菜、小白菜、菜心、芥菜、甘蓝、花椰菜、菠菜、莴苣、生菜等。叶类蔬菜的共同特点是根系浅，大部分分布于土层 10 厘米深处。一般栽植密集，生长期短，且植株矮。最适宜的灌溉方式为喷灌。根据地形，可选用移动式喷灌、半固定式喷灌和固定式喷灌的方式。摇臂式喷头是田间应用最广泛的喷头。喷头流量 1.0～2.0 米^3/小时，射程为 5～9 米，每亩约有 2～6 个喷头。在水源充足的地区（畦沟蓄水），采用船式喷灌机。一些农场采用滴灌用于叶菜生产，滴头间距 20～30 厘米，流量 1.0～2.5 升/小时，用薄壁滴灌带，具体做法如下。

1. 水分管理

叶类蔬菜的水分管理非常简单，原则是频繁灌溉，保持土壤 0～15 厘米处于湿润状态。每次喷灌的时间为 8～10 分钟，气温高时每天上下午均要灌溉。如采用滴灌，每次灌溉时间为 1 小时左右，气温高时早晚各 1 次。

2. 养分管理

以莴苣为例，亩产 1 吨莴苣需吸收氮 2.5 千克，P_2O_5 1.2 千克，K_2O 4.4 千克，MgO（氧化镁）0.5 千克。叶类蔬菜要求速生快长。在冬季低温条件下，氮肥供应以硝态氮为主。整地时施好基肥，每亩施有机肥 2.0～2.5 吨，过磷酸钙 50 千克，平衡型复合肥 20 千克。移栽或直播出苗后，开始追肥。一般追肥 7～8 次，每隔 2～3 天追肥 1 次。追肥种类有尿素、硝酸铵钙、硝酸钾、硫酸镁、氯化钾、水溶性复合肥等。整个生长过程中每亩施尿素 10 千克，硝酸钾 10 千克，硝酸铵钙 10 千克，硫酸镁 10 千克，每次施各种肥料 1.5 千克。注意喷施浓度在 1～3 克/升，以防浓度过高烧伤叶片。由于喷灌对肥料的溶解性要求较低，一些有机肥经初级过滤后也可喷施。常用的有机液肥有粪水、沼液、食品工业的废液（如味精废液）等。主要注意有机液肥的浓度，可用电导率仪测定。

叶菜类蔬菜要注意补钙和补钾，提高蔬菜品质和耐贮性。菜心要有花才能提高商品价值，在开花前喷施高磷的复合肥，以促进成花。淋施水肥是目前我国菜农广泛实施的简易水肥一体化管理。这种方法简单易行，效果显著。不足是要人工挑水溶肥，有时肥液浓度过高，烧伤叶片。

4.3 水肥一体化技术的发展与展望

本节我们对未来水肥一体化技术的发展趋势进行系统性的描述，并重点讨论了以物联网技术为基础的智能水肥一体化技术的发展进程和未来趋势。

4.3.1 水肥一体化服务产业化

据统计，欧美国家土地集约化程度已经高达 80%～90%，而我国却低于这个水平，土地集约化程度直接影响着中国农业现代化的进程。近年来，中国农业发展遭遇转型之困：一是有效供给无法匹配农产品需求的升级；二是资源环境承载能力到了极限，绿色生产跟不上；三是国内农产品竞争力难以匹配国外优质农产品；四是农民增收原动力减弱；五是农村劳动力老化，推动土地集约化发展加快，青壮年劳动力比例较少。由此，推进农业供给侧结构性改革、推动农业适度规模化经营乃大势所趋。伴随这个进程，中国农业服务滞后的瓶颈开始凸显。因此尽快补齐中国农业社会化服务这块最大的短板是推进我国农业现代化，提高我国农业集约化水平的关键步骤。

《中共中央 国务院关于深入推进农业供给侧结构性改革 加快培育农业农村发展新动能的若干意见》指出，"总结推广农业生产全程社会化服务试点经验，扶持培育农机作业、农田灌排、统防统治、烘干仓储等经营性服务组织"。努力培育主体多元、竞争充分的农业生产社会化服务市场，集中连片地推进机械化、规模化、集约化的绿色高效现代农业生产方式，着力提高农业综合效益和竞争力，促进农业绿色发展和资源可持续利用。在此前公布的《中华人民共和国国民经济和社会发展第十三个五年规划纲要》中，更是明确指出，"实施农业社会化服务支撑工程，培育壮大经营性服务组织""推进农业生产全程社会化服务创新试点，积极推广合作式、托管式、订单式等服务形式"。可见农业社会化服务是未来我国农业高质量发展的一个重要趋势。

农业社会化服务是指与农业相关的社会经济组织，为满足农业生产的需要，为农业生产的经营主体提供的各种服务，是伴随农业生产由分散、孤立的自给自足的小生产方式转变成分工细密、协作广泛的商品化生产方式产生的，是农业产业化发展和统筹城乡一体化发展的客观要求。农业社会化是指农业由孤立的、封闭的生产方式，转变为分工细密、协作广泛、开放型的生产方式的过程。农业社会化是传统农业向现代农业转化的重要标志之一。农业社会化服务体系是为农业生产提供社会化服务的成套的组织机构和方法制度的总称。它是运用社会各方面的力量，使经营规模相对较小的农业生产单位，适应市场经济体制的要求，克服自身规模较小的弊端，获得大规模生产效益的一种社会化的农业经济组织形式。为广大小中型农户服务也是未来我国水肥一体化技术发展的主要方向。

水肥一体化服务产业化是一种将水肥一体化理念与现代农业技术相结合，并通过商业化运作和市场化运营，形成的一种农业服务产业模式。它旨在提供综合的水肥管理方案和服务，以提高农作物的产量和质量，实现农业可持续发展。

水肥一体化服务产业化包括以下几个方面的内容。

1. 技术支持与咨询

水肥一体化服务提供专业的技术支持和咨询，帮助农民了解和应用水肥一体化技术，包括水肥配比、灌溉管理、施肥技术等方面的知识，以最大限度地提高农作物的生长效益。

2. 智能化设备与监测

水肥一体化服务利用现代科技手段，提供智能化的设备和监测系统，包括自动化灌溉系统、土壤湿度监测设备、施肥控制器等，用于实时监测土壤水分和养分状况，以便科学调控灌溉和施肥量，提高资源利用效率。

3. 数据分析与决策支持

水肥一体化服务通过收集和分析大量的农田数据，包括土壤水分、养分含量、作物生长状况等，为农民提供决策支持，制定科学的水肥管理策略，实现精准施肥和灌溉，提高农作物的产量和质量。

4. 农业投资与运营

水肥一体化服务产业化还涉及资金投入和经营管理，包括资金支持、技术培训、市场开拓等方面。通过建立水肥一体化服务的商业模式，吸引投资者参与农业项目，推动水肥一体化服务的发展，实现农业产业链的整合和优化。

水肥一体化服务产业化的目标是将水肥一体化理念应用于实际生产中，通过商业化运作和市场化手段，推动农业的可持续发展，提高农民的收益和农业产业的效益。它将科技与经济相结合，为农业现代化提供了新的路径和模式。

4.3.2 移动式水肥一体化

水肥一体化技术因其具有节水、节肥、省工和高效等显著优点，已在发达国家得到广泛应用。水肥一体化技术实现了作物在吸收水分的同时吸收养分。首部加压系统是整个灌溉施肥系统中的动力核心，目前常用的首部加压系统是建设在泵房内，根据种植场大小规模设计的，规格一旦确定下来，就很难更改移动，在可操作性方面存在很大的局限性。另外，由于我国土地细碎化的特点，对于一些小农户而言，在进行小规模土地经营时购买固定式水肥设备会耗费较大的成本，往往得不偿失。因为对于固定式水肥设备来说，泵房式首部加压系统固定在种植区域内的某个位置，其特点为体积庞大、投资成本高，在小面积的农田上难以推广应用。

针对以上问题，在小面积农田上实现远程遥控灌溉施肥的低成本可移动式灌溉施肥机是未来发展我国小农经济，实现高效水肥灌溉的重要方向之一。移动式水肥一体化技术是一种将水肥一体化理念与移动式设备相结合的农业技术。它通过使用移动式灌溉和施肥设备，实现对农田的精确灌溉和施肥，以提高水肥的利用效率，减少资源浪费，并最大限度地满足农作物的生长需求。移动式水肥装置通过将小车与水肥一体化设备相结合，在车底盘上安装灌溉施肥设备及远程控制器。其工作原理是当移动小车工作时，通过小车的手柄和车轮，人为推动小车向前移动至所需灌溉区域，通过车上的灌溉装置进行人为灌溉或者远程遥控灌溉。整个装置采用移动式的小车结构，能够满足小面积田块灌溉施肥系统的要求，操作移动方便、迅速，且占地空间小。同时整套设备的规格大小可以根据田块面积的大小而灵活调整，成本低廉、操作方便且便于推广。

移动式水肥设备按模块可划分为移动式小车模块、灌溉施肥模块、远程控制模块及信息采集四部分。灌溉施肥模块包括储水罐（贮存水分的容器或水池，可作为独立的一部分）、施肥罐、电子打火汽油泵、过滤器等。远程控制模块采用远程遥控器操作技术，在适合的距离内，实现片区管理灌溉施肥。由于研究目标是将灌溉系统放置在可移动的小车上，实现减少占地面积、方便移动且可远程控制的功能，因此对操作便携性具有较高的要求。遥控器远程控制具有经济、方便且容易操作等优点，非常适用于农田灌溉设备的控制，可为进一步优化农田水肥管理奠定基础。信息采集部分由肥液传感器、水位传感器、电源电量传感器和土壤温湿度传感器构成。肥液传感器的主要作用为当肥料罐中肥位较低时进行报警提醒；水位传感器的主要作用为当储水罐水位较低时进行报警提醒；电源电量传感器用于监测电量的多少；土壤温湿度传感器用来测量土壤环境的温湿度信息，同时在控制显示面板中显示相关信息。其中，控制显示面板还具有显示系统使用记录的功能，如系统开启时间的显示。

基于此，移动式水肥一体化技术通常包括以下几个主要组成部分。

1. 移动式灌溉设备

采用移动式灌溉设备，如移动喷灌系统或滴灌系统，可以在农田中实现精确的水分供应。这些设备通常由移动支架、喷头或滴灌管组成，可以根据农作物的生长情况和土壤水分状况进行定点或定线移动，实现针对性的灌溉。

2. 移动式施肥设备

移动式水肥一体化技术还包括移动式施肥设备，用于在灌溉过程中将适量的肥料与水一起施加到农田中。这些设备通常包括肥料箱、输送系统和喷洒装置，可以根据农作物的需求和土壤养分状况进行移动和施肥。

3. 控制系统和传感器

移动式水肥一体化技术通常配备有控制系统和传感器，用于实时监测土壤水分含量、作物生长情况和养分需求。通过传感器采集的数据可以输入到控制系统中，根据预设的灌溉和施肥方案自动控制移动式设备的运行，实现精准的水肥供应。

移动式水肥一体化技术的优点包括以下几点。

1）灵活性和适应性

移动式设备可以根据农作物的需要和土壤条件进行调整和移动，适应不同的农田形状和大小，满足不同作物的需求。

2）精确性和效率性

通过实时监测和精准供应水肥，可以减少水和肥料的浪费，提高水肥利用效率，降低环境污染风险。

3）自动化和智能化

配备控制系统和传感器的移动式设备可以实现自动化操作，减轻农民的劳动负担，提高工作效率。

移动式灌溉施肥机的移动性能良好，灌溉装置稳定有效，遥控器控制精度高。该系统具有可靠性和可行性。移动式水肥一体化技术在农业生产中的应用可以有效提高农作物的产量和品质，同时减少对水资源和化肥的过度依赖，对于推进水肥一体化节水灌溉施肥控制技术的发展，研究农作物灌溉制度、施肥制度，改善小农细碎化土地生产，提高施肥效率具有重要的推广和应用价值。

4.3.3 智能水肥一体化技术

近年来，中共中央、国务院印发的《关于坚持农业农村优先发展做好"三农"工作的若干意见》和中共中央办公厅、国务院办公厅印发的《关于促进小农户和现代农业发展有机衔接的意见》，分别指出，"实施数字乡村战略。深入推进'互联网+农业'，扩大农业物联网示范应用。推进重要农产品全产业链大数据建设，加强国家数字农业农村系统建设"和"实施互联网+小农户计划。加快农业大数据、物联网、移动互联网、人工智能等技术向小农户覆盖，提升小农户手机、互联网等应用技能，让小农户搭上信息化快车"。实现农业信息化是农业现代化的首要前提，现阶段以数字化、智能化为主要特征的信息化发展正在掀起一股浪潮，为农业现代化发展提供了强有力的支撑。尤其是应用广泛的物联网技术通过采用传感器、无人机等先进工具推动我国农业发展趋于精准化、智能化。

科技创新很大程度地带动了经济发展，现代农业和科技创新紧紧联系在一起。智能水肥一体化技术将灌溉技术和施肥技术紧密结合在一起，其作为一种农业物联网技术，能够根据作物的自然生长特点、作物不同生长阶段的需水量和需肥量、土壤营养含量对作物所需水分和肥料进行智能配比和供给。该项技术运用专业的设备对作物施肥的整个过程进行实时控制，保证肥料供给的精准化程度，不仅能够大大节约用水用肥，还能大大降低人工投入，控制成本。传统的农业种植的水分、肥量需要农户通过自己的种植经验进行配比，同时与传统的水肥一体化技术相比，以物联网为基础的智能水肥一体化技术能够利用精密的仪器测量农业信息，保证了信息的精准性，同时配备各种监测传感系统，提高了操作的及时性，这些均有助于农业生产效率的提高。

1. 智能水肥一体化技术的特点

根据上述对智能水肥一体化技术的描述，作为一种智能化的水肥技术，其有如下特点。

1）有效促进农作物生长

以往农民在浇水施肥的过程中，农田灌溉设备简陋且配套不足，导致我国农田灌溉效率低，并且施肥中采用了原始的施肥方法，导致化肥的养分利用率非常低。我国磷肥、氮肥以及钾肥的利用率连33%都不到。而智能水肥一体化技术将施肥和浇灌技术结合起来，利用数字技术判断作物所处的生长阶段，并根据智能系统所提供的作物在不同阶段所需要的水分和养料、土壤性质、设施条件等来制订有效的灌溉计划，其主要包括具体的灌水额度、灌水次数和灌水时间。选择溶解度高、溶解速度较快且对土地腐蚀很小的肥料，按照作物所需的施肥规律和预估产量来制定相对应的施肥制度。通过将灌溉制度和施肥制度合理地结合，有效提高农作物吸收肥料中的养分。

2）采用了物联网等数字化通信技术

物联网是信息技术发展的产物，也是当今互联网的发展趋势。智能水肥一体化技术通过结合物联网模式，实现了智能化水肥灌溉。以无线传感器网络技术为基础，在无线局域网（wireless local area network，WLAN）技术支持下，通过不同的节点获取相关农作物的数据，确保了对灌溉水肥的控制。设计专门在农业中使用的无线传感器，对田地里的含水量和施肥量进行监测，打造出智能施肥灌溉控制系统，借助不同农作物的水肥需求和专家数据分析，形成了良好的灌溉决策，实现了农田灌溉的节约化、网络化远程管理控制。从整体上相较于传统浇水和灌溉方式，降低了成本，提高了效率。

3）采用模块化设计

模块化设计是将设计分解成不同的模块，然后独立设计每一个不同的模块，最后将它们组合成更大的系统。模块化设计的优势在于兼容性强，能够较容易地扩展连接设备、增加功能。智能水肥一体化设备包含着许多不同的系统，如水源系统、枢纽控制系统、过滤系统、输配水管网系统、阀门控制系统、田间气候监测系统等。通过模块化设计，整体系统的兼容性变强，可以在智能水肥一体化系统中增加我们需要的模块，保持了系统输出的一致性并且增加了系统的可扩展性。智能水肥一体化设备的地下水管网系统如图4-2所示。

图 4-2 智能水肥一体化设备的地下水管网系统

2. 智能水肥一体化技术存在的问题

1）国内普及度不高

国外的智能水肥一体化技术和设备发展较快，许多水肥一体化设备已经在农业发达国家的田地里运用。发达国家农业物联网技术也已经比较成熟，主要运用在农业资源利用、农业生态环境监测、农业生产管理等方面。由于我国农业发展目前尚未进入全面智能化时代，智能水肥一体化技术应用面积很小，并且设备引入还存在问题，如果从国外引入相对应的设备，不一定符合我国的实情，并且成本颇高，可能会造成资源浪费。我国目前生产的水肥一体化设备还存在着监测系统不准确、模型与作物信息不协调、控制系统不稳定等问题，从而导致了我国目前的农业水肥一体化还处于初步探索状态。

2）农业数字化程度较低

2021 年我国数字经济规模达到 45.5 万亿元，占 GDP 比重达 39.8%，其中工业、服务业、农业数字经济占行业增加值比重分别为 18.3%、35.9%和 7.3%，农业领域数字渗透不足。特别是在农业生产方面新技术（如智能水肥一体化技术）的优势发挥不足，我国农业生产仍以传统方式为主，农业产业小、散、弱的特点明显，我国仍处于数字化的初级阶段。同时我国农民大多数仍保留着传统的农业种植思维，许多基层农技人员和广大农业从业者，对于利用现代数字化技术，收集、处理、利用农业信息的意识和能力不强，这也很大程度上限制了数字化技术（包括智能水肥一体化技术）在中国农业的推广。智能水肥一体化技术由于其操作的复杂性,因此需要专业的、接受过数字化技术培训的人才,然而现阶段我国农业知识数字化加工处理的技术人员缺乏,还不能够满足数字农业发展对于人才的需求,大多数农业从业者的数字化水平有待加强。

3) 智能水肥一体化技术设备存在问题

数据采集是实现信息化管理、智能化控制的基础。我国目前已经投入使用的智能水肥一体化设备一般是通过传感器来控制的,通过一系列的土壤传感器来收集有关土壤的信息,如土壤湿度、土壤所含养分、土壤 pH 值等。土壤传感器需要深入土壤中,接受风雨的洗礼和土壤水质的腐蚀,使得传感器容易损坏,导致传感器测量的数据与真实情况的差距较大,从而影响物联网系统的判断和后续工作。当某种作物所处的生长环境条件不同时,它所需要的水肥模型也会发生改变。这时,由于传感器收集的数据受到干扰,可能会影响物联网系统的判断和后续工作,从而干扰农作物的正常生长。

4) 智能水肥一体化技术操作复杂

水肥一体化技术的要点有许多,不仅要对使用的农业从业者进行培训,还需要对推广和使用的相关人员进行培训。水肥一体化技术的要点是选择合适的农作物品种,确保农作物有产量高、生命力强的特点,以保证农业从业者的收益。而且要选择恰当的施肥和浇灌设备,在这过程中需要结合着被选择的农作物特征和土壤的性质,水肥一体化技术还得需要结合当地的灌溉管道系统和施肥效率来进行科学合理的系统布线。针对不同的农作物要对其营养液浓度进行合理的调配,以确保农作物得到合适的养分。这些技术需要农民掌握,或者需要定时聘请相关的管理人员进行调整,其在一定程度上影响了水肥一体化技术的推广。

根据以上存在的问题,在今后智能水肥一体化技术发展的过程中应注意以下几个方面。

(1) 加大推广力度。如果想要推动水肥一体化技术在国内广泛应用,应该让农业从业者意识到水肥一体化技术在节水增粮、保护环境、预防灾害等方面的重要性。这需要结合许多不同的机构来进行推广,国家应该多设立相关农业项目,下发相关文件并加大对水肥一体化技术的财务支持力度,同时鼓励社会资本对其进行投资。农业相关部门应该采取相关措施来宣传水肥一体化技术,让农民了解水肥一体化的技术优势,并对他们进行相关技能培训,从而提升农民的实际应用水平。相关的农业机械企业应该保障好售前咨询和售后保障等服务,通过相关服务来提高农民购买产品的积极性。

(2) 持续推动农村教育的发展。从前文的分析中我们可以看出,造成现有智能水肥一体化技术应用困境的最主要原因就是农业从业者的知识储备不足,而这些问题与农村教育水平相对落后,农业从业者受教育程度不高有着密切的关系。

现阶段我国农村的义务教育已经得到了完全的普及，基础设施也得到了一定的完善，但是跟城市的教育水准相比，农村教育在师资力量、基础设施、课程数目以及对学生的培养方面仍然具有较大的发展空间。因此，以提升农民自身素质为出发点，大力发展农村教育是增强农民知识储备并推动智能水肥一体化技术的一个重要途径。农民的知识储备提高了，教育水平上升了，思想就会更加先进，就有能力去了解并掌握智能水肥一体化技术的相关知识，能够更好地去运用这项技术，促进我国现代农业的发展。

（3）提升智能水肥一体化设备性能。目前智能水肥一体化设备在我国的应用尚未完全成熟，设备本身还有许多问题需要解决。我们需要设计新的工艺来提高传感器的性能，提升其测量精度，使其能够在恶劣环境中长时间工作，并能够准确测出农作物周边的环境信息。设备中还需要有针对不同环境条件的水肥模型，以应对各种不同的需求。要能够及时根据环境因素变化来选择相适应的水肥模型，保证农作物得到最适合生长的水肥条件。伴随着 5G 时代的到来，数据传输的速率将会越来越快，这时候就需要提高智能水肥一体化设备的稳定性，避免数据传输中受到其他环境因素的影响，保障水肥一体化物联网平台的准确性。

（4）结合人工智能技术。当前我们正处于科技迅速发展的时代，智能化设计广泛应用在我们的生活中，如智能家居、智能机器人等。控制平台的智能化是未来控制领域的发展趋势，人工智能目前应用最广泛的两个领域分别是计算机视觉和自然语言处理。此外，语音识别技术能够给我们带来极大的便利，能够有效推动控制平台的智能化发展。语音可以极大地提高人机交互效率，我们可以将语音技术应用在农业智能装备领域，将语音报警、语音交互、语音操控等功能结合在一起，避免了在应急情况下来不及操作等问题，可以提高农业设施的智能化和便捷化，应用前景十分广阔。

4.4 典型案例

近年来，处在转型的中国农业遭遇多重挑战，推进农业供给侧结构性改革、推动农业适度规模化经营是大势所趋。伴随这个进程，中国农业服务滞后的瓶颈开始凸显，突出表现在两点：一是劳动力老化和断层，"谁来种地"的问题迫切需要解决；二是，与之相应，农业产前、产中、产后的服务需求呈井喷之势，"如何种地"日益困扰规模种植业主。全国农业技术推广服务中心党委副主任刘信表示，现代农业服务是国家农业发展的方向，现在正是在中国开展农业服务天时地利人和的最佳时机。中央已经明确提出了对我国农业服务的支持。《中共中央 国务院关于深入推进农业供给侧结构性改革 加快培育农业农村发展新动能的若干意见》指出，总结推广农业生产全程社会化服务试点经验，扶持培育农机作业、农田灌排、统防统治、烘干仓储等经营性服务组织。努力培育主体多元、竞争充分的农业生产社会化服务市场，集中连片地推进机械化、规模化、集约化的绿色高效现代农业生产方式，着力提高农业综合效益和竞争力，促进农业绿色发展和资源可持续利用。在此前公布的《中华人民共和国国民经济和社会发展第十三个五年规划纲要》更是明确指出，实施农业社会化服务支撑工程，培育壮大经营性服务组织。推进农业生产全程社会化服务创新试点，积极推广合作式、托管式、订单式等服务形式。

在此背景下，金丰公社应运而生。

金丰公社是由世界银行集团国际金融公司（International Finance Corporation，IFC）、华夏银行、亚洲开发银行、金正大集团共同发起创立的现代农业服务平台。以"聚资源、建网络、做服务"为抓手，为广大农户重点打造了金融保险、农资套餐、生产托管、农产品销售四大服务。作为开放的现代农业服务平台，金丰公社汇聚种植产业链优质资源，打造现代农业产业链闭环，未来将在全国建立1000家县级金丰公社，为5000万农户提供全方位的农业服务。正式成立以来，金丰公社发展迅猛，得到社会各界的广泛关注与认可，2020年4月8日，央视一套《新闻联播》节目对金丰公社托管服务助力春耕生产进行了深度报道，并定义金丰公社为全国最大的农业生产服务组织，金丰公社作为一家种地的公司，2021年入选"中国农业企业500强"，位列第218位，成为全国农业社会化服务首批典型示范、农业农村部确定的全国农业社会化服务创新试点组织（全国100个）之一。2017年7月金丰公社的集团董事长万连步曾说："我们希望能够搭建一个平台，它可以汇聚全球种植产业链上的所有优质资源，让世界为中国亿万农户提供全方位的种植服务；我们也希望能够建立一个农民可以信赖和依赖的社会组织，这样农民种植有任何问题可以找到组织来解决，我们希望通过现代化的技术、产品、设备，让他们种植更加轻松，更加富足，更加有尊严，这就是我们创立金丰公社的初心。金丰公社作为中国首家现代农业服务平台，我们始终会保持开放的心态，非常欢迎关注并热衷于现代农业服务的上、中、下游合作伙伴以及政府、行业、科研机构等积极参与，让我们携手共同推动中国现代农业跨越式发展，共同创造中国农业的无限可能。"

1. 在创办理念上

金丰公社秉持农民为先，服务第一，改变农业旧环境，开创种植新时代，和世界农业服务接轨，为中国种植业品质争光，为农民提供真服务，农民遇到的问题就是我们要解决的问题，我们的广大资源就是农民的财富源泉以及农民的丰收幸福就是我们追求的幸福的创办理念。它先后为全国数千万农户解决农业社会化服务问题，也包括本章提到的水肥一体化技术服务。

2. 在经营模式上

首先，在上游，金丰公社作为以农化企业为主投资建设的为农服务平台，聚合了种植业产业链全球优质资源，包含种子、农药、化肥、农机具、信息网络以及金融服务等，为农户提供服务打下坚实的基础。其次，在中游建设服务网络，金丰公社打造了一个开放、协同、共享的农业服务平台，所有的参与者在这个平台上为农民提供各具优势的服务。金丰公社联合县级优质农资经销商或有志于为种植业提供服务的合作伙伴，通过采取事业合伙人的模式，建立了遍及全国的服务网络。在县级设立大社长、小社长、农机师、社员，他们按照分工分别承担区域内的管理和相关服务工作，信息融通，统筹整合，互相借力，规范服务，共享平台优质资源。自 2017 年 7 月 18 日正式发布创立之日至 2024 年 9 月，金丰公社已累计在全国注册成立县级金丰公社 560 家，建立乡镇服务中心/村级服务站 3.47 万家，组织 9.36 万余名社长/农机师服务队伍，服务社员 876 万余名。县级金丰公社在开业筹建期间，当地政府均高度重视，并积极参与和给予支持。其中临沂市临沭县由政府牵头与金丰公社共同成立了现代农业技术推广服务联盟，山东省莱西市人民政府直接入股莱西金丰公社，通过政企深度融合，共同加速推进现代农业服务进程，未来金丰公社要在中国重要种植区布局 1000 个县，形成紧密相连的金丰公社网络。最后在下游为农民的生产提供优质化服务（包括水肥技术采用，水肥技术培训等方面）。依靠聚合在平台上的农资、农服公司和千余家县级金丰公社服务实体，实行菜单式、保姆式服务方式，为百万社员量身打造了覆盖全程的农资套餐、金融保险、全程托管、农产品销售四大服务。同时金丰公社围绕服务方案制订及农技师招募进行当地服务能力的快速打造。截至目前，金丰公社已先后完成小麦、玉米、水稻、花生、马铃薯、胡萝卜等从种到收全程或半程托管服务方案并在各县各重点乡镇、村庄完成百亩或千亩示范工程的打造。在职业服务队伍建设方面，农技师队伍规模达到近 5000 人，每县平均在 80～100 人。

3. 在人文关怀上

金丰公社秉着为种植业培养一流的经营服务和技术应用人才的愿景，通过资源整合和有效组织，学以致用，培育新型职业农民，推动农民稳定就业和收入提高，推进中国农民职业化进程的宗旨，金丰公社于 2018 年 2 月 1 日首届金丰社员节当天，与临沂市农业局共同揭牌成立了金丰新型职业农民学院，旨在帮助更多农民了解和掌握农业前沿知识与种植方法。金丰新型职业农民学院直指农业发展的一个关键环节：新型职业农民培养，着力于为全社会输出种植业现代化经营服务和技术应用人才。目前，金丰新型职业农民学院整合了全国品牌农资企业、政府院校、资深专家资源，并与临沂农业局、临沭县人民政府、海尔大学等达成战略合作，联合办学。已在山东省临沂市，青岛市黄岛区，呼伦贝尔市阿荣旗、莫旗，安徽省萧县，河北省行唐县等地设立金丰新型职业农民学院。金丰新型职业农民学院建立了完善的课程体系，有专家坐镇，把理论知识与实践教学相结合，将线上学习和线下学习互为补充，提供全方位的培训培养服务。未来金丰新型职业农民学院将不断丰富专家资源、学习方案，在各地设立分院，为学员提供更便捷、实用的培训咨询服务。

参 考 文 献

高庆燕. 2017. 农业生产中滴灌与微灌的对比. 农民致富之友, (1): 41.

郭辰昊, 王会强, 李子杨, 等. 2021. 我国智能水肥一体化技术发展探讨. 河北农机, (12): 23-24.

韩维阳. 2017-07-20. 金正大发起创立现代农业服务平台金丰公社. 中国质量报, (4).

尚旭东, 朱守银, 段晋苑. 2019. 国家粮食安全保障的政策供给选择：基于水资源约束视角. 经济问题, (12): 81-88.

宋志伟, 翟国亮. 2018. 蔬菜水肥一体化实用技术. 北京：化学工业出版社.

苏生平, 陈宝宽, 潘秀萍, 等. 2010. 沿海地区大棚茄果类蔬菜肥水调控一体化栽培技术. 上海蔬菜, (1): 45-46.

王桂兰, 罗平, 王秀华. 2011. 滴灌技术在北方温室大棚中的应用. 科技与企业, (15): 197.

张青, 栗方亮, 孔庆波. 2020. 移动式灌溉施肥机设计. 农业工程, 10(12): 28-31.

张晓东, 盛国成. 2009. 喷灌技术特征与喷灌机的使用. 现代农业装备, (11): 66-67.

赵志军, 杨静, 程福厚, 等. 2012. 浅谈果园灌溉：工程设施灌溉方法. 果树实用技术与信息, (1): 40-42.

Lin N, Wang X, Zhang Y, et al. 2020. Fertigation management for sustainable precision agriculture based on Internet of Things. Journal of Cleaner Production, 277(12): 124119.

第 5 章　无人农机技术

无人农机技术是指在数字农业背景下利用各种无人农机开展高质量、高效率农业生产活动的技术统称。本章分别从无人农机技术概况、无人农机应用场景、无人农机的发展与展望和典型案例四个方面来介绍无人农机技术。

5.1　无人农机技术概况

随着社会科学技术的整体进步，很多行业的运营和管理开始从自动化向智能化转型，农业作为我国的主要产业之一，也逐渐向智慧农业的方向进步（王升海，2020）。智慧农业是以数据、知识和智能装备为核心要素，通过现代科学技术与农业的深度融合，实现农业生产全过程的数字化感知、智能化决策、精准化作业和智慧化管理的全新农业生产方式（赵春江，2019）。智慧农业既是未来农业的发展方向，也是现代农业的高级形式，能够促进农业生产精细化和高效化，推动农业可持续发展。其中，无人农场是实现智慧农业的重要途径之一（罗锡文等，2021）。

目前，中国农村正面临着人口老龄化、劳动力短缺的问题。虽然农业机械是农业生产活动的主要实施者，但是传统农机的自动化程度低，仍对驾驶员的依赖程度较高，难以实现高质量、高效率的农业生产。在此背景下，国家出台了一系列政策方针去实施和推动智慧农业工程、农业装备智能化、新一代信息技术与农业生产经营深度融合，加快推进农业机械化和农机装备产业转型升级。近年来，随着自动化技术和智能化技术的发展和普及，无人农机的研究取得了显著成效，很多技术已经成型并逐渐应用于机械化生产中。

随着农业遥感、导航和通信卫星应用体系的初步确立，无人农机与"新基建"（即以 5G、人工智能、工业互联网、物联网等为代表的新型基础设施）都为农业生产的数字化、无人化和智慧化带来重大利好。其中，在农业生产全过程的产前、产中和产后环节，主要应用物联网、人工智能、无人农机、水肥一体化等高新技术，进行数据和资源整合，提供专业化的农业生产决策和作业服务，以此实现农业生产的数字化、无人化和智慧化。

5.1.1　无人农机

无人农机是传统农业机械的现代化升级，是一种高科技、高智能、高自动化的现代农业机械。它通过与现代技术的完美融合，以及农业生产流程的精准控制，不仅提高了生产力和作业效率，带来更高的产量，还实现了农业标准化生产，大幅度提升了农艺水平和作业一致性（张磊和许予永，2022）。另外，它采用的无人驾驶技术还实现了农机的全天候24小时不间断运行，农户只需在电脑端或手机端进行操作即可开展和管理农机作业，真正实现了"机器换人"，从根本上解决了农业劳动力短缺、"谁来种地"和"如何种地"的问题。因此，无人农机的发展既符合行业的发展趋势，也顺应了农业生产的实际需求，能在未来农业生产中创造出巨大的效益。

1. 无人农机的定义

无人农机是多学科融合的产物，是以机械技术为主体，采用无人驾驶技术、无线通信技术、卫星定位技术、计算机技术和智能控制技术等众多先进科技，并由多种传感装置组装而成的、用于农业生产的专业化农业机械。通俗来讲，无人农机就是按照事先人为设定的参数，利用无人驾驶技术、智能控制技术、卫星定位技术和传感器技术等多种现代化技术，在没有驾驶员进行人为操作的情况下开展自动、自主和精准化的农业生产作业。

2. 无人农机的分类

无人农机根据其使用空间和功能的不同被广泛应用于农业生产过程中，以降低农业生产的劳动强度，解决劳动力不足、生产效率低、作业质量差以及农药化肥使用不规范等问题。无人农机根据使用的空间不同可以分为空中无人农机、地面无人农机、水下无人农机，按照功能不同又可以对它们进行详细的划分，具体如下。

1）空中无人农机

在空中应用的无人农机主要是无人机，按照其功能不同，主要包括监测无人机、植保无人机、投料无人机、播种无人机和传粉无人机等。其中，投料无人机主要用在畜牧业、渔业养殖中投放饲料。

2）地面无人农机

地面无人农机按照其功能不同，主要包括智能拖拉机、智能插秧机、智能植保机、智能收割机、采摘机器人、巡检机器人等。

3）水下无人农机

根据水下无人农机在渔业生产中所起的作用不同，主要包括渔业环境监测与水生动物行为监视机器人、水生动物识别与捕获机器人、水生动物生存环境维护机器人。

3. 无人农机的特点

与传统的农机相比,无人农机主要具有四个特点,分别是精准智能、自动高效、安全可靠和多能通用(邓进利,2017)。

1)精准智能

无人农机的精准智能主要体现在以下三个方面。①精准作业:无人农机可以通过激光雷达等技术实现自动驾驶和避障导航,以及在高精度定位系统的引导下,在农地中进行精准的行走和作业,避免了传统机械造成的误差和浪费。同时,无人农机还可以根据特定的任务和要求,精确计算数量和比例,实现种植、喷洒、施肥等作业的高效完成。②数据分析:无人农机配备了一系列先进的传感器和监测设备,能够实时采集、处理和分析大量的数据,包括土壤温湿度、作物生长情况、气象变化等,从而为农民提供更加精准的管理和决策依据。农民可以通过无人农机收集到的信息,对农田进行精细化管理,如合理施肥、及时除虫等措施,从而提高农作物的品质和产量。③智能推荐:无人农机不仅能够采集数据,还可以根据这些数据进行智能的推荐和建议,为农民提供更加个性化的服务。例如,在作物生长初期,无人农机可以根据作物类型、地理位置、土壤质量等多种因素,推荐适合的种植方案和方法,从而确保农作物能够得到最大程度的发展和保护。

2)自动高效

无人农机的自动高效主要表现在以下三个方面。①自动化作业:无人农机采用先进的控制系统和传感技术,能够实现自动化作业。农民只需设置作业参数,无人农机就可以自动完成相关任务,无须人工干预。例如,在种植作业中,无人农机可以自动完成播种、覆盖膜、灌溉等一系列的操作过程,降低了农民的劳动强度,减少了作业时间,提高了作业效率和生产率。②高效率作业:通过自动化作业和高精度计算技术,无人农机的作业效率能够得到大幅度提升。相比传统的人工或机械作业方式,无人农机可以更加精准地执行作业指令,避免因误差和浪费带来的时间和成本损失。同时,无人农机通过数据分析和智能推荐等功能,可以协助农民进行精细化管理和决策,从而进一步提高生产效率和成果。③多样化作业:无人农机具有较高的多样化作业能力,它可以适应不同类型、规模和季节的农田作业需求。例如,在冬季,无人农机可以进行除草、秸秆还田等一系列作业;春季时,它也可以进行种植、喷洒等作业。而且,由于无人农机配备了多种装置和附件,如专用的割台和收获机构,所以在不同情况下,无人农机能够完成大部分的农业作业任务。

3)安全可靠

无人农机的安全可靠主要体现在以下三个方面。①自动导航:无人农机配备了激光雷达、北斗卫星导航系统，以及多种避障传感器和设备，能够实现自动导航和避障，避免了操作员因疲劳或其他原因而产生的错误操作和危险情况，大大提高了无人农机的安全性。②紧急停止：无人农机在作业过程中，如果发现存在安全隐患，系统会迅速发出警报并紧急停止作业，保护设备和操作人员的安全。例如，在农田遇到危险物品或碰到动物等情况下，无人农机能够快速识别并紧急停车，从而消除潜在的安全隐患。③实时监控：无人农机通过多种传感器和监测设备，能够实时监测农田环境和设备运行情况，及时发现和预防设备故障和意外事故。一旦出现问题，无人农机就会自动发出警报或通知相关人员，以便他们采取相应的措施，从而保障设备和农民的安全。

除此之外，无人农机针对不同的农业生产作业环节，采用了加强型结构设计、防火防爆技术等多种措施，提高了无人农机的结构稳定性和抗干扰能力。总体来说，无人农机在安全可靠方面的表现较好，符合现代农田作业的标准和需求。

4）多能通用

无人农机的多能通用主要体现在以下三个方面。①适应性广：无人农机具有很强的适应性，适用于不同类型的土地和农作物。另外，由于无人农机采用了自动化控制和计算技术，其有效工作面积和作业范围更广，不仅适用于大型农田的作业任务，也能方便、快捷地进行小规模或准备阶段的作业任务。例如，在蔬菜和花卉的种植过程中，无人农机能够完成自动化灌溉、修整、喷洒等作业，提高作业效率。②多功能性：无人农机具有很高的多功能性，能够完成多种作业任务。不仅能进行种植、收割等传统的农业作业，还能执行农业生产过程中的各种辅助作业，如除草、灌溉、施肥、修剪、松土等。这既减轻了农民的负担，也为提高农业生产效率提供了更多的可能性。③可拓展性强：无人农机可以根据用户的需求进行个性化定制，并且可以升级和集成其他的智能设备和软件，以满足多样化和不断变化的农业生产需求。例如，在现代农业生产中增加了一些新型课题，如推动农业可持续发展、生态环境改善等，无人农机在近几年的发展中具备了很强的可拓展性，可以很好地应对未来新的挑战和发展要求。

总的来说，无人农机具有较高的多能通用性，随着技术的进步和需求的变化，无人农机将逐渐成为现代农业高质量、高效益的必备工具之一。

5.1.2 主要应用技术

在农业生产过程中，人们只需根据各种无人农机传输的数据、图片和视频就可做出判断和处理，这使农户、农企得以解放双手、降低成本、实现精准作业管理和远程操作，真正实现了农业生产的数字化、智能化、无人化和现代化。其中，无人农机应用的技术主要包括5G、自动导航技术、传感器技术、多传感器融合技术、无线图像传输技术和智慧管理技术。

1. 5G

对无人农机而言，当前的 5G 能够为其无人驾驶和智能控制提供较多的技术支持，如无线定位、智能网络交互、高速度低时延数据传输等。

总体来说，5G 对无人农机的支持主要表现在以下五个方面。①生产数据实时上传：5G 支持高速传输海量数据。无人农机通过搭载传感器、摄像头等设备，采集各种作业数据后，借助 5G 将这些数据即时上传到云平台进行分析，为农户提供决策依据并优化作业效果。②高效互联：无人农机可以利用 5G 与监测设备、数据中心进行高效实时通信，获取远程控制指令，及时传递农业生产数据，并快速获得反馈信息。如此一来，农民可以实时了解作业实际情况，并在有效时间内进行操作和管理。③多设备互联：利用 5G 和物联网技术，无人农机之间以及无人农机与其他设备（如无人飞行器、机械臂等）之间，可以实现多设备之间的互相配合和协调，提高工作效率和精度。④联动协同：利用 5G，可以实现无人农机之间的联动协同，实现多任务同时作业。例如，在农田种植过程中，无人农机可以根据不同的种植需求，同时进行施肥和灌溉两项任务。这样不仅提高了作业效率，还能够避免重复工作和资源浪费。⑤安全可靠保障：5G 支持对无人农机的远程操作和监控，以及对无人农机的实时监测。这使得无人农机在作业过程中更加安全可靠。同时，5G 网络结构具有更高的可靠性和鲁棒性，能够确保无人农机在较为恶劣的天气条件下，也能正常地工作。

总之，5G 的应用大大提高了农业智能化发展水平，提升了无人农机的工作效率和智能化程度，缓解了农村劳动力短缺的问题。

2. 自动导航技术

自动导航技术是无人农机实现自动化作业的核心之一。针对我国地域广、作物品种多、作物环境和种植制度复杂等问题，我国目前已研制出了适应旱地和水田不同作物的耕、种、管、收等作业环节的电液转向和电机转向的农机北斗自动导航产品，可以满足无人农场的农业生产需求。

无人农机配置的自动导航是一套集成了卫星接收系统、定位系统、控制系统的综合性自动驾驶系统。对于这一典型的农机自动导航系统来说，其对无人农机的作用主要体现在以下三个方面。①精准定位，省心省力：自动导航技术具有为无人农机提供精确的全球定位和路径规划的能力，从而实现高度准确的导航。在行驶时，无人农机能够自主控制自身的运动方向和位置，达到最好的工作效果，同时，还能避免地形不平整、转弯半径过大等因素导致的问题，省去了人工操作环节，节约了时间和成本。②提高作业精度：传统的人工操作难免存在偏差与误差,但无人农机配备自动导航技术后,作业更加准确、规范和一致。另外,由于自动导航技术涉及 GPS、遥感成像、智能算法等多学科交叉领域的知识,它还能够提供精细化的农业生产作业,有效降低损失率,增加收益。③提高生产效率,降低劳动成本:自动导航技术的一个重要优势就是,它能够大幅度提高农业生产效率和降低劳动力成本。传统农业作业需要较多的人力去完成,但无人农机配备了自动导航系统后,可以实现自主行驶和自动控制,无须人工手动操作,因此大大减少了人力资源的浪费。同时,自动导航技术还能帮助无人农机避免重复作业,节省了时间和资源,为农业生产提供了更多的可能性。

总的来说,自动导航技术在当今的无人农机领域中显得相当重要,它能够大幅度提高作业效率、降低生产成本、消除人工操作带来的误差干扰,并创造出更为可预测且应用广泛的操作模式,为智慧农业的发展打下了良好的基础。

3. 传感器技术

无人农机为实现无人化作业,设备上必须要安装传感器用于感知作业环境及变化,使其能够更充分地完成复杂的农业作业(焦宝玉等,2021)。最常用的传感器为视觉传感器、力觉传感器和避障传感器。

1)视觉传感器

在现代的传感器技术中,视觉传感器技术是"五官"传感器技术中发展相对成熟的。在农业和工业等多个行业中,无人农机和机器人都应用了视觉传感器技术(陈星熠,2017)。对于无人农机而言,视觉传感器的主要工作是捕捉图像数据,并通过图像识别技术来分析和理解其所见事物。通过视觉传感器拍摄的图片和视频,无人农机可以监测植物的成长状况、病虫害情况,以及种植的批次等信息。这样一来,农民就可以更好地了解农作物当前的生长状况,并且能够在错误的区域加以修正,从而有效提高农业生产的效率和产量。此外,视觉传感器还可以应用于导航和避障,确保无人农机在作业过程中的安全性。

2)力觉传感器

无人农机中的力觉传感器是一种能够测量农机设备施加力度并能反馈信息的传感器,其主要功能是测量各种农机设备施加的力和扭矩,如铲车上的力觉传感器通常会被安装在叉子上,以便测量该叉的荷载。其他农业机具如旋耕机、播种机和收割机也可以使用力觉传感器监控农机设备的性能并及时做出适当的调整,以确保其良好的运行状态和产出效率的最大化。农民可利用这种力觉传感器实现精细化的农业生产活动,并提供准确、可靠的反馈信息,如农田作业时的精确定位、果实采摘时抓取的力度等信息。

3）避障传感器

实时避障是无人农机实现自主工作的关键之一。无人农机工作的环境是未知的、复杂的和不规则的，随时随刻躲避障碍物是其正常工作的前提条件之一。无人农机中的避障传感器是一种能够测量周围环境，以协助无人农机避免碰撞障碍物的传感器，常用的有超声波传感器和红外传感器，其主要工作是监测无人农机前方和周围的环境并及时做出反应。当无人农机接近植物、岩石、墙壁或其他障碍物时，传感器就会发出警告信号以提醒操作员必须停止无人农机运行。此外，通过使用人工智能和计算机视觉等技术，可以更加精确地判断和更好地躲避障碍物，从而保证无人农机的安全。另外，避障传感器还可以帮助农民在减少耕作成本的同时提高生产效率。这是由于避障传感器可以为农业机械提供自动导航和自动控制等功能，它们可以使农民集中精力于其他任务，如监测水源、优化播种和肥料等工作，从而增加作物的产量并降低耕作所需的总成本，提高生产效率。

4. 多传感器融合技术

无人农机的工作环境具有不确定性和复杂性，且对操作的灵敏性具有较高的要求，因此无人农机必须具备很强的感知能力。单一传感器获得的信息非常有限，而且要受到自身品质和性能的影响，因此无人农机通常配有数量众多和不同类型的传感器，使其能够综合感知来自多个传感器的数据，取得更牢靠、更精确的信息，以满足探测和数据采集的需要（何慧娟，2010）。另外，利用多传感器融合技术（又称多传感器信息融合技术或多传感器数据融合技术）可增加各个传感器之间的信息互通，提高整个系统的可靠性、稳健性、实时性以及信息利用率，从而增强数据的可信度，提高无人农机的作业精度（钱晖，2010）。

在同一环境下，多个传感器感知到的信息之间存在着内在联系。如果以单独的、孤立的形式使用不同的传感器，就会割断信息之间的内在关联，失去信息有机组合能够包含的相关信息（宋婷，2009）。所以，要使用多传感器集成与信息融合的方法，以获取有关目标对象的更完整、更牢靠的信息，提高无人农机在作业过程中的精度。多传感器融合技术的原理就像人脑综合处理信息一样，充分利用多个传感器资源，对传感器及其观测到的信息进行合理支配和运用，把多传感器在空间或时间上互补的信息进行组合，并按照某种原则进行处理，以获得被观测对象的一致性解释或描述。

5. 无线图像传输技术

无线图像传输技术是一种利用无线信号将数字图像从源头端设备传送到接收端设备的技术，其主要使用 Wi-Fi、蓝牙、4G、5G 等通信协议和技术来实现数据的传输，使得用户不需要通过有线连接或存储介质就能传输图像数据。

对于无人农机而言，通过对无线图像传输技术传输的图像、视频等数据进行处理和分析，可以更好地帮助农民进行生产管理。该技术在无人农机设备中已被广泛应用，其通过内置的摄像头将图像从农机端传送到云端服务器中，由云端服务器进行即时读取和分析图像数据并反馈相关信息，以实时掌握整个作业过程中的土壤状态、气象环境、作物地理信息等数据。从而帮助农民更准确地了解作物的生长状况和土壤条件，并对喷洒农药、施加肥料、灌溉等作业实施更精细的控制，最终提高农业生产的产量和质量。

此外，无线图像传输技术还可以帮助远程专家快速了解异常情况，以此快速协调资源并提供解决办法。例如，农田在水中浸泡的时间太长会导致植物缺氧，无人农机可以通过无线图像传输技术实时观察这种情况并及时通知远程专家进行调整。

总的来说，对于无人农机而言，无线图像传输技术是其采用的重要技术之一，可以帮助农民实现精细化管理、最小化人力资源和经济成本，并提高农业生产效率和促进农业可持续发展。

6. 智慧管理技术

智慧管理技术是指基于物联网、云计算、大数据和人工智能等先进技术而开发出来的一系列智能化管理方案。在无人农机中，智慧管理技术被广泛应用，以实现自动化、智能化和精细化的农业生产。无人农机的智慧管理主要包括远程监控无人农机的作业位置、作业速度和作业质量，以及远程监控无人农机的作业工况并进行故障预警、指导维修和无人农机的远程调度。目前，各种无人农机上都安装有卫星导航系统，无人农机一旦开始作业，就可以将其位置和作业轨迹实时发送至农机管理中心，进行作业历史数据记录与作业轨迹可视化处理。另外，装有质量监测传感器的无人农机还可以同时发送作业质量的相关数据，包括耕、种、管、收各环节的作业质量。

除此之外，通过安装在无人农机上的各种工况传感器，农机管理中心可以远程监控无人农机的实时工况，如拖拉机的发动机参数、行驶速度等，收获机的发动机参数、割台高度、实际割幅、脱粒滚筒转速、清选风扇转速、净粮升运速度和谷物流量等，播种机的播种量、播种堵塞状态和播种深度等，施肥机的施肥轮转速、施肥量和堵塞状态等，喷雾机的喷雾压力、药液流量和喷头区段状态等。然后，农机管理中心将所获得的各种工况信息与数据库中的相关数据自动进行对比，当出现异常情况时，立即向相关人员或管理中心发出预警信息，如发现收获机的脱粒滚筒转速降低过多，就立即建议降低收获机的前进速度或减小割幅，以防止堵塞。若出现故障，就指导相关人员进行排除或维修；若出现较大故障，就通知无人农机所在地的维修站人员前往维修。

目前针对无人农机的管理，已经实现了农机的实时跟踪、作业轨迹可视化、作业任务报单和作业任务计量等功能，能够及时获取和有效管理农机作业现场的各类数据，实现了农机信息采集、传输、分析和访问的集成化。也有系统结合北斗卫星导航系统和地理位置信息系统生成农机的作业调度方案，实现了农机的跨区作业调度，还利用多个传感器提高农机的作业精度和作业质量，实现了农机的高效管理。

5.2 无人农机应用场景

目前，无人农机已被应用于各种农业生产活动中，以下将介绍几种最广泛的无人农机的应用场景。

5.2.1 无人农机在空中的应用

1. 植保无人机

我国农业植保方式以手动施药为主，占比高达 93%，地面机械式植保占比约 6%，航空植保占比极低。而农药植保期一般发生在 6～9 月底的农忙时节，需要大量的劳动力进行喷洒，且虫害发生后蔓延速度极快，需要在 3～5 天内快速完成喷药，人工喷药每天仅可完成 10～20 亩农田，无法高效、快速地完成病虫害的防治（海通证券，2015）。然而，一架植保无人机每天可为 300 亩农田喷药，能够快速、高效地完成防治工作，有效解决了人工打药效率低、药液不均匀和施药人员安全等问题。

植保无人机的优点主要包括以下内容。①高效自动化：随着土地流转，大型农场将持续产生，对种植业机械化和自动化程度的要求将进一步提高。植保无人机单日作业面积可达 300 亩，效率高于常规喷洒的数十倍，且其采用飞控导航和自主作业的植保方式，只需根据事先收集的农田 GPS 信息和规划好的喷洒航线，就可实现自动、自主的喷洒作业。②替代人力，安全性高：农村青壮年劳动力稀缺，人力成本日益增加，且人工喷洒农药会危害施药人员的人身安全。而植保无人机可以远距离遥控和操作，解决了人工喷洒农药导致的健康安全问题，保障了喷洒作业的安全性。③节省资源，降低污染：农业植保无人机开展喷洒作业时采用了喷雾喷洒的方式，可以节约 20%～50%的农药使用量以及约 90%的用水量，在很大程度上降低了资源成本和环境污染。④防控效果好：无人机飞行时产生的下降气流吹动叶片，能使叶片正反面均匀着药，其防治效果与人工相比提高了 15%～35%，可以有效应对突发、暴发性的作物病虫害，且不受作物长势的限制。

目前，植保无人机适用的作物多种多样，主要有以下几种。①大田作物：如水稻、小麦、玉米、棉花等，植保无人机可以通过喷雾技术施用杀菌剂，防治其病虫害。②果树：植保无人机可以在高空进行农药喷洒，避免机械碾压损伤果树，降低劳动力成本。③蔬菜：植保无人机可以控制其喷雾量和范围，更加精细和环保地喷洒农药或肥料。

总之，植保无人机的应用越来越广泛，主要包括农田景观勘测、灌溉、病虫害监测与防治等方面。同时，植保无人机适用的作物也十分广泛，包括但不限于大田作物、果树和蔬菜等。因此，鉴于这一趋势，我们确信植保无人机技术已在农业中逐步得到普及，并正引领着农业生产模式向着更加现代化和高效化方向革新。

2. 监测无人机

农情遥感技术是以卫星或无人机为载体、以遥感技术为主体对农业生产进行实时、全面的监测和分析的技术。将无人机技术和遥感技术应用到农业生产活动中是领域交叉合作的一个成功案例，低空无人机不仅弥补了传统监测设备作业范围小、实时监测难等不足，还弥补了卫星遥感工作成本高、受天气状况影响较大等不足（贾鹏宇等，2015）。另外，遥感技术的应用也使无人机实现了对目标的实时定量、定性、定位的描述分析，以此获得的农田数据可以帮助农田管理者进行变量投入，减少农药和化肥的使用，从而进一步解决我国耕地面积少、水资源短缺、环境压力大等问题。

农业生产过程中的农作物长势监测，是指对作物的苗情、生长状况及其变化的动态观测（刘欢，2011）。并且，其与栽培措施调整有着密切的关系。作物长势监测不仅能反映作物单产丰歉的变化情况，还能尽早预测粮食短缺或盈余，对粮食的宏观调控有着重要的意义（邹文涛等，2015）。传统的长势监测估产采用人工调查的方式，耗时长、速度慢、成本高，无法快速及时地获取数据或结果，而卫星遥感技术又存在重访周期长、成本高、天气条件限制等问题。但农业监测无人机可以从高空视角记录农田不同区域的颜色、温度等数据，反映不同区域的植被覆盖率和作物生长状态。同时它还能够将土壤、水源、环境污染等作物生长环境条件实时反馈给终端设备，实现农田环境的精细化管理。

因此，监测无人机近年来在农业生产活动中得到了广泛应用，并且根据农情监测的需求，监测无人机可以实现的功能包括农田土壤分析及规划、农田植被数据监测、作物长势监测、作物氮素营养诊断、作物病虫害监测、作物田间管理和作物产量估测等。

总之，农业监测无人机是目前最广泛应用于现代农业领域的一种技术，其高效、智能、安全和节约成本的优点会使其成为未来农业中不可或缺的工具之一，从而推动农业智慧化以及农业可持续发展的进程。

3. 投料无人机

养殖业是一个市场广阔的产业，在人口基数大、发展速度快的中国更是如此。随着人们对食品质量与生态环境的要求日益提高，以及科技的不断发展，养殖业进入了智能化、自动化的时代。在这样的背景下，投料无人机应运而生，它将传统养殖模式和现代航空技术有效结合起来，为农业生产带来了全新变革。

目前，投料无人机主要应用在以下几个场景中，①禽畜养殖：人工投喂过程中，可能存在过度喂食或漏喂等情况，造成养殖环境不良和禽畜健康等问题。使用投料无人机，可以实现精准投喂，避免过度喂食或漏喂等情况，同时也减轻了农户的劳动强度，提高饲养效益。②鱼塘养殖：鱼类在其生命周期中的各个阶段需要的食物种类及数量都不同，如果采用人工投喂，很容易导致野生鱼、病鱼等问题发生，影响养殖效果。而投料无人机可以根据水体深度、季节、污染程度等因素，自动投喂不同种类、不同浓度的饲料，实现智能化管理，提升鱼塘养殖效率。③其他水产养殖：如河蟹、稻前虾、青虾和罗氏沼虾等。针对养殖过程中饲料抛撒不均匀、拥挤等问题，投料无人机可以实现集中管理、均匀投食，更有利于水产品生长规格整齐和尾水净化循环。而且，投料无人机可以自动生成作业轨迹，撒完一桶40斤的饲料只需3～4分钟，操作简单便捷，能让撒料更均匀，更有利于让水产的生长规格整齐。

总之，投料无人机与人工投喂相比具备明显的优势：①无人机投料更加均匀，不会造成浪费，养出的禽畜和水产规格较为整齐；②人工划船投喂时，船只经过的水域易造成水体浑浊，长此以往对水草的生长不利，而且对水产的摄食也会产生影响；③在种上稻谷后，划船投喂更加困难，且环沟的宽度不一，有些地方较窄的船都难以进去，无法顺利投料。另外，使用无人机投料也极大地减少了投料耗费的时间和人工成本，提高了养殖业的自动化程度。

5.2.2 无人农机在地上的应用

1. 智能拖拉机

随着人工智能、物联网、GPS 导航和自动驾驶等技术的不断进步和完善，拖拉机从单纯的农业机械设备逐渐向数字化和智能化方向发展。智能拖拉机具有很多优点：一是作业直线度好、结合线精度高、入线距离短，作业精度能达到±2.5厘米左右；二是无须依赖驾驶员的驾驶经验，能使拖拉机按照预设线路自动行驶；三是驾驶员的劳动强度低、技术要求低，可在夜间作业和有效延长作业时间；四是对于播种、开沟、覆膜、起垄、中耕、打药等对直线度及结合线要求较高的作业，智能拖拉机不仅能保证作业的质量和效率，还能降低生产成本、提高地块利用率。因此，智能拖拉机的逐步应用和普及对精准农业的发展起到有力的推动作用。

目前，智能拖拉机在我国已被广泛应用，其应用场景主要有以下三个方面。①耕作：无人驾驶拖拉机可通过内置的 GPS 和其他传感器，实时监测和控制拖拉机作业时的速度、深度、方向等各方面的数据，从而实现自动导航和自动控制，帮助农民更轻松地完成耕作作业。②播种：智能驾驶拖拉机的车载导航系统主要依托于预先编排的路径、操作命令和地图模型，且其具备自主行驶功能，可以根据土壤的状态和种植的作物种类自动调整播种的密度、间距和深度等参数，从而提高土壤利用率。③浇灌：智能拖拉机也能配合灌溉一起工作，兼安装管道或开启水泵站的任务，并通过内置传感器获取土壤湿度和降水情况等数据，实现自动喷水灌溉。最方便的是，农民不仅可以利用手机或电脑远程操控智能拖拉机去田间工作，还可以同时操控多台机器，实现高效率作业。

总之，智能拖拉机利用自主导航和智能控制技术，不仅可以完成种植、耕作等各种作业任务，减轻劳动强度、降低作业成本、提高作业的效率和精度，还可以实现标准化管理、科学化决策和优化农业作业流程，从而提高农产品的品质和竞争力。

2. 智能插秧机

作为农业机械化的重要设备，智能插秧机在现代化农业、精准农业等方面都有着广泛的应用场景。在传统农业生产中，农民插秧主要采用手工或动力机械的方式，不仅费时费力、效率低下，而且要耗费大量的人力和物力。另外，在泥泞的秧地里，人工驾驶机器不可避免地会出现驾驶路线不精准的问题，行驶的路线弯弯曲曲，导致秧田中可插秧苗的数量减少，从而直接影响到农业的收成。央视《机智过人》节目报道，每少插一行秧苗，秧田就会减产 50 斤左右的粮食收成。

智能插秧机的出现，很好地解决了这个问题，为农业生产注入了新的活力。其原因是智能插秧机采用的无人驾驶技术使用了北斗卫星导航系统和实时动态定位等技术，可以自动规划路线并进行精准作业，在很大程度上避免了因驾驶路线不精准导致的损失。而且，这种以自动化技术为核心的无人农机的操作步骤也十分简单。首先对接基站，将插秧机驾驶到农田附近，其次将农田数据导入到电脑中，最后按照提示进行位置打点，保存路径，再点击执行，机器便可开始作业。智能插秧机的作业效率很高，一台插秧机一天可轻松完成 50 亩的高质量插秧作业。

此外，智能插秧机还装有惯性导航机制。在执行插秧作业的过程中，能够判断车辆是否发生急剧的歪斜，如果位置偏离规划路径，车辆动力学的模型会计算出适当的控制量来调整方向盘的角度，再实时监测车辆的位置，确保插秧机回到规划的路径上。并且，自动驾驶系统采用了非接触式角度传感器和自研高精度姿态传感器，使得智能插秧机在坡地或信号中断的情况下依旧能够保持高精度的作业。

不同作物在形态、根系、生长习性等方面具有很大差异，因此智能插秧机主要适用于水稻、小麦、玉米等连片式生长的农作物。针对这些作物的特点，智能插秧机使用激光、传感器和摄像头等实现了高效和质量稳定的精准插秧。

总之，比起传统的手工或者动力机械插秧，智能插秧机不仅能够通过设备实现自动、高效、快捷的插秧作业，节省农业生产成本，还可以在更短时间内完成同样数量甚至更多的插秧工作，减少时间浪费和效率损失。

3. 智能植保机

传统植保主要是通过人工操作或者农用机械进行农作物的喷洒或药剂、肥料的撒播等，但这种方式存在很多局限性。例如，它通常依赖于人力或农用机械的操作，植保效率较低，准确性和生产稳定性也难以维持。然而，智能无人植保机则一改传统植保的作业模式，能够自动感知目标，以及用全自动化程序喷施药剂或肥料，并且能够针对特定的区域制订精准控制方案，实现高效、安全、省心、省力的专业化农业作业。

智能无人驾驶植保机具有喷药、撒肥等多种功能，其喷杆升降与展闭、药物喷洒等功能均可实现全自动控制。它配有的变量喷洒系统，还可以通过智能调节实现精准喷洒。另外，农机上的自动驾驶系统，可以实现最优喷药路径的智能规划，直线作业精度小于±2.5厘米，遥控距离约500米。自动驾驶系统还能配合远程车辆控制及作业数据实时采集和回传，支持手动、遥控、全无人三种作业模式，适用于多种作业场景，能够轻松实现精准、高效的全无人植保作业。

与人工相比，智能无人驾驶植保机的效率大约是人工植保的20倍以上，植保效果也较好，且机器不会产生疲倦，只需提前设定好路线和药量，即可轻松完成植保作业。另外，与无人机植保相比，智能植保机在药剂品种的选择上没有特殊要求，且药箱容量大，不用反复加药，作业效率更高。

在作物品种方面，智能植保机一般适用于大田作物、果树和蔬菜等作物的病虫害防治，如大豆、玉米、小麦、水稻、苹果、梨、桃、草莓等。

智能植保机代表了未来农机发展的方向，其作为一款可全无人驾驶的自走式喷杆喷雾设备，不仅在很大程度上解决了农民人手短缺的问题，降低了劳动成本，还能够定量精准施药施肥，对于农药化肥减量以及生态环境的保护都有很大好处。

4. 智能收割机

农作物的种类、特性差异等导致农作物的收获工况较为复杂，也对收割机的收获适应性提出了更高的要求。然而，传统收割机不仅需要人工驾驶操作，还需要依赖人工调整机器的工作参数，且不同形状、大小、高度和密度的作物种植区域需要手动调整的参数和难度也各不相同，给驾驶员造成了很大的困难。相比之下，智能收割机不仅可以利用先进的信息技术和机器学习算法识别作物，还能实现自动避障、自主规划路径和动态调整收割速度等操作，自主完成收割任务，极大地提高了作业效率。

智能收割机的结构主要包括智能控制器、机架、皮带、切割刀、锯齿等部件，可实现"自诊断、自调整、自适应"，在作业过程中能根据农作物的情况生成最佳的操作指令，提高收获的质量和产量，大大提高农业生产力，降低劳动强度。另外，智能收割机作为移动数据终端，在收割的同时，可以通过传感器进行产量、蛋白质含量和水分等数据的在线实时监测。然后将数据传输到后方的云平台中，由算法系统自动测算产量等一系列数据。

根据测算出来的亩产，系统会自动绘制出一张亩产分布图，显示农田中产量特别高和产量不太理想的区域。在来年的种植管理中，农户可以根据这张亩产分布图，来精确调控施肥和病虫害防治等田间管理，找到产量低的区域，对症下药，从而帮助农民实现真正的精细化田间管理（孔伟，2022）。

目前，智能收割机已经应用于不同类型农作物的收获，主要包括以下两类。①水稻、小麦、玉米等谷类作物：这类作物由于种植面积大、成熟周期长、生长均匀等特点，非常适合使用智能收割机进行收获，可以提高收获效率和减少物流时间，减轻农民的劳动负担。②胡萝卜、生菜等果蔬类作物：这些作物通常生长量大、密集度高、人工收获难度大且容易受到损伤。智能收割机通过对各种果蔬的数据进行建模、处理和实时反馈，可以快速进行清理、整理、摘除等各种收割环节，提高作业效率、减少成本。当然，各个类型的果蔬也需要根据其不同的特点和需要进行相应的调整和改进。

总之，智能收割机在农业生产中有着举足轻重的地位，通过应用高端科技实现了全自动化劳动，解决了需要技术高超的驾驶员、农村劳动力短缺的问题，从而使农业生产更高效、更快捷，农民的收成和收入更丰厚。

5. 采摘机器人

采摘水果是一项低薪、季节性、重复性的工作，发展前景不大。而且在水果采摘中，时间就是一切。但是随着城市化进程的加快以及劳动力成本的上升等状况的出现，传统的人工采摘方式已经无法满足现代农业生产的需求。

然而，采摘机器人的出现，可以很好地解决这些问题。采摘机器人的整体结构小巧、动作灵活，且智能水平较高，能够根据其安装和配备的各种传感器、算法自主搜索并识别成熟的果实。然后，在自身机器视觉系统和环境感知系统的引导下，采摘机械手可精准夹持、剪切果柄，并将其放入收纳筐内，不仅可为果蔬采摘降低人工成本，还可减轻工作强度。

正因为可以实现自动化采摘、提高采摘效率、降低生产成本，减少对大量劳动力的依赖，采摘机器人已经逐渐被广泛地应用于现代农业生产过程中，主要应用于以下两种类型的农作物：①果树类作物，如苹果、荔枝、柑橘、甜橙等。②果蔬、花卉等特种作物，如番茄、草莓、茄子、黄瓜、豆角、玫瑰花等。

总之，采摘机器人的应用场景非常广泛，适用于各种农作物的采摘，特别是对于采摘时间长、人工成本高、劳动强度大的农作物，采摘机器人的使用可以取得事半功倍的效果，同时也可以降低对劳动力资源的需求。

6. 巡检机器人

农业生产过程中，常常需要实时监测和控制农作物的状态和环境，以保证它们能够得到最好的生长环境和管理方法。传统的巡视方式不仅费时费力、效率低，且由于农业生产分散、易受天气或病虫害影响等多种因素，难以实现科学化的农业生产管理。然而，巡检机器人的出现填补了这一空白，它利用传感器技术、控制算法、机器视觉等先进技术实现自主化运行，帮助农民进行实时的农作物巡检，并提供精准化的巡检结果。因此，巡检机器人能够有效地解决农业生产中人工巡检劳动强度大、成本高的问题，精确、及时地为农作物提供更好的生长环境。

针对巡检机器人在农业中使用场地的不同，可分为温室巡检机器人、大棚巡检机器人、养殖场轨道巡检机器人和室外巡检机器人。巡检机器人的功能主要包括以下内容。①环境感知：高清视频全景监控，遇火灾险情及时报警，安全问题可防可控。②24小时不间断巡逻：低电量自主回充，全天候在线，解决人员紧缺难题，实现无人化值守。③感知警示：对危险、可疑物进行识别警示，实时传输至后台。④终端协同：监控视频回传终端，实现决策与执行同步，并支持实时录制和回放等功能。⑤机器人自检：机器人支持对自身电量信息、驱动器状态信息、其他携带设备信息等的逻辑监测，实时监控自身状态。

根据巡检机器人的功能，其应用目前集中于以下三个方面。①作物智能管理：通过采集设备内置的微电脑和及时反馈功能，巡检机器人能够在没有干预的情况下对植物生长过程进行全面跟踪与系统分析，如测量光照、温度、湿度等数据，便于科学地实施恰当的管理策略和施肥方案，从而在保证作物健康的情况下最大限度地提高经济效益。②植物病虫害监测：随着气候和环境的变化，植物的病虫害逐渐增多，给高产、优质的农业生产带来了很大的威胁。而巡检机器人可以利用先进的图像识别、芯片技术和智能算法对农作物进行细致入微的检查，实时发现和报警相关问题，避免和减少影响到整体生长和产量的病虫害。③农田环境监测：针对农业中耕地、水源、气象等方面的异常状况，巡检机器人可通过相关设备及时捕捉信号并预警，同时在颠簸不平的道路上也可以稳定运作，突破了时间和区域的限制，实现了过去触不可及的农场环境数据的获取。

总之，巡检机器人是一种多功能的农业机器人，可以在农业生产中执行一系列如跟踪作物生长环境、病虫害监测等任务。另外，由于其高效、自动化和智能化的特点，能够为管理人员提高工作的效率和质量，巡检机器人正在成为农业生产中不可或缺的重要工具。

5.3 无人农机的发展与展望

5.3.1 基于平台的无人农机调度

近年来，随着互联网、物联网、人工智能技术的发展，以及智慧农业概念的兴起，平台化的无人农机调度技术在农业领域中得到了广泛应用。平台化的无人农机调度技术的发展与互联网平台化的思想密切相关，它是基于先进的计算机技术、机器人技术和网络技术构建的一种基于平台的无人农机调度系统，并且能够通过数据采集、处理和分析等手段，实现无人农机的协同作业、自动化种植和管理，提高农业的生产效率和经济效益。

目前，市面上已经出现了多个基于平台的无人农机调度系统，其中不乏技术领先、运营成熟的产品。这些农机服务平台创造性地将农机提供的耕、种、管、收等作业与监测技术、北斗定位系统和北斗卫星导航系统集成在一起，形成了集农机作业质量在线监测、作业数量远程监管和作业补贴在线发放于一身的"互联网+智能农机"模式，并以此为农业生产提供决策"大脑"。

过去有句话叫"农机一响，种地不慌"，现在使用农机服务平台，农户仅凭一部手机或一台电脑就能实现"在线预约、远程监控"。然后，农户只需通过安装在农机上的智能终端和作业传感器，登录农机服务平台就可以进行信息发布、农机定位、智慧调度、作业监管、质量核查、数据分析等多项操作，实时掌握农机的作业情况。农机服务平台的应用不仅有效地解决了以往农业生产过程中农机作业动态监管难、人为干预情况多、宏观决策缺少科学有效数据支撑等问题，实现了北斗卫星导航系统、移动通信技术与农机作业监管措施的有机融合，还保证了农机作业有序、规范、可量化、可追溯，有效提升了生产过程中农机的作业质量和监管水平。

除此之外，还有"滴滴打药"模式的各个农机服务平台。这些无人农机调度平台基本都是基于互联网和手机客户端服务于各级农机管理部门、合作社、维修网点、农机手的综合服务平台，其主要采用卫星定位、无线通信技术和传感器技术，构筑以农机归纳信息化服务网络和农机综合监管网络两大服务网络，以此对农机作业进行实时监管，对农机作业质量进行动态核查，对农机作业数据进行计算分析（张学佳，2018）。

基于平台的无人农机调度技术汇集分散的调度需求，极大地提升了农机作业的智能化水平，使得传统方式难以计算的粮食产值和农机作业亩数的信息采集变得极为便利。总之，无人农机、人工智能和互联网等高新技术的应用旨在推动农业走向信息化和智能化，提高农业生产管理水平，保障农产品生产和质量安全，有效实现农业生产工业化，提高土地利用率以及单位产量，促农增收，指导农民精耕细作实现精准农业。未来，随着人工智能、机器视觉等技术的不断进步，基于平台的无人农机调度技术将在硬件上不断升级，软件上不断优化，实现更加智能化、高效化的农机作业管理。

5.3.2 基于区块链技术的无人农机调度

自中国提出乡村振兴战略以来，中国政府积极推动互联网等新兴信息与通信技术在农业农村中的应用。随后，多个互联网企业先后宣布将物联网技术应用于种植业和养殖业中。由此可以看出，当前中国政府和互联网企业都在致力于应用互联网、物联网等技术重塑农业的生产、经营和管理。然而，基于平台的无人农机调度技术目前尚有些问题亟须解决。例如，传统的无人农机调度平台采用集权式控制，由中央服务器统一分配任务和存储所有数据。平台存在数据安全问题，以及农民对无人农机的服务质量难以信任、服务主体存在道德风险等难题，这些都限制了无人农机调度平台的发展。

区块链技术作为近年来最具革命性的新兴技术之一，其去中心化、可追溯、安全性高等特点在提高数据传输、存储安全和促进信息有效传播等方面都具有深远影响（冯雨轩等，2022）。目前，已经有很多企业、组织，甚至是政府正在尝试将区块链技术应用于农业生产领域，如利用区块链技术对食品供应链的质量、产品来源、流程等进行不间断的追踪记录，保证食品的质量安全。同样，区块链技术在粮食生产、渔业养殖等领域都得到了广泛应用。事实上，区块链技术的作用远不止于此，其应用场景十分广泛。

将区块链技术与无人农机调度平台相结合，首先，可以利用区块链技术为农业生产、监管和交易提供方法，如基于区块链技术实现的智慧农业管理平台，可以为无人农机提供工作调度和路线规划服务，显著提升调度效率和作业准确度。并且，通过平台的智能化管理，能够优化农机的使用和维护策略，有效率降低维修及保养成本。同时，利用区块链技术，可对农产品生产及运输信息进行追溯认证，杜绝恶意"山寨"和伪造农产品等现象。其次，基于区块链技术的智能合约可以实现任务自动执行和结算，通过节点之间的去中心化开放协议和公正性验证，构建一个可信任的调度体系，解决农民的后顾之忧。最后，可以利用区块链技术，将农产品从生产一直追溯到销售，完全透明化整个供应链。此外，还可以帮助农民证明他们所种植的农产品的产地和营养成分等信息，以满足消费者越来越高的安全、健康等要求，为未来农业智能化发展提供更多的可能。如此一来，农产品从生产、加工到销售各个环节的数据一旦产生，即为真实记录，无法伪造。从此，农业数据的伪造不再存在，农业人员再也不用担心"劣币驱逐良币"的问题（沈友恭等，2019）。同时，随着技术成熟，区块链的性能和效果将不断提高，预计无人农机的调度平台将进一步完善，实现更高效、更安全、更智能的管理。

总之，区块链技术以其去中心化、不可篡改和实时监控等特性，为农业行业提供了广阔而创新的发展空间。随着科技的不断发展，基于区块链技术的应用，尤其在无人农机调度管理、供应链透明化、数据共享等方面，将在未来得到越来越广泛的应用。这样的技术创新，不仅将打破传统农业产业局限，也将助力塑造新型智慧农业产业、降低成本、提高农产品的质量与产量。

5.3.3 未来农业的无人农场

未来农业将更加数字化、智能化和无人化，如同工厂一样进行规模化生产。而依托生物技术、无人农机和信息技术建设的无人农场即为其中的代表，其主要以传感器技术、遥感技术、人工智能等先进技术进行作物种植环境的实时监测和分析，以无人机、无人车等自动化设备进行种植、施肥、病虫害防治、收割等作业，从而提高生产效率，减少能源消耗及农药化肥使用量，提高农业产量和质量。

无人农场的建设主要以生物技术、无人农机和信息技术为支撑。其中，生物技术为无人农场提供适合机械化作业的作物品种和栽培模式；无人农机为无人农场自动化作业提供物质装备支撑；信息技术为农业作业的精准定位、数据传输和无人农场的智慧管理提供技术支撑。除此之外，无人农场还采用 4G/5G、物联网、大数据和人工智能等新一代信息技术远程控制各种无人农机，使之自主决策和自动作业，实现各个生产环节的数字化、智能化和无人化。

改革开放以来，我国的农业机械化取得了巨大成就，无人农机装备和无人农场技术也取得了一定的进展。例如，广州市增城区集成各种智慧技术建设的水稻无人农场在智慧农业的发展中表现出巨大的潜力，对我国无人农场的建设起到了示范作用。无人农场的建设和应用可以提高农业生产的标准化程度、提高农业生产效率、为农民提供多样化的就业机会以及有效缓解农村劳动力短缺的问题，更为解决"谁来种田""如何种田"等问题提供了重要的途径和方法，推进了我国现代农业的建设和发展。

未来，我国的无人农场建设将会从以下几个方面进一步优化和提升：①更智能的自动化设备。这些设备可以通过手机端或电脑端进行操作以实现每个设备的高度调节和控制，无须人工操作即可满足室内作物的生长条件，从而实现全年无间断生产。②更精准的农业管理技术。其可以帮助不同区域、不同地形、不同作物和不同种植制度的无人农场，更好地选择适应该种植区域的土壤、湿度和气候条件的作物，从而为每种作物提供最佳的生长环境。这样可以大幅减少能源消耗和浪费，并提高单块土地的作物产量。③更统一的农业管理平台。一方面，它通过区块链技术实时存储无人农场中全过程的生产记录和追溯信息，提高数据集成和质量监管能力。另一方面，它使农场更容易跟踪过去的数据，并为未来的生产计划做出更加准确的预测和决策，从而实现最大效益。

总之，无人农场是未来农业发展的趋势，它不仅可以促进农业生产的规模化，还可以提高生产效率，减少能源消耗及农药化肥使用量。随着科技的不断发展，无人农场将变得更加智能、智慧和高效。

5.4 典型案例

5.4.1 增城区水稻无人农场

增城区是广东省广州市的一个行政区，位于广州市的东南部，其耕地面积较大，是中国的农业基地之一。在农作物的种植方面，水稻不仅是广东省的主要粮食作物之一，也是增城区主要的种植作物之一。这与其特殊的区域地理环境和良好的气候条件是密切相关的，主要体现在以下几个方面：①增城区充足的水资源为水稻的生长提供了保障。增城区的地势较低，自然环境潮湿，方便了对水稻进行灌溉，为水稻的生长提供了充沛的水资源，使得水稻在该地区的种植变得十分适宜。②增城区的气候条件适宜水稻的生长。境内年平均降水量多达 2039.5 毫米，适宜的温度和湿润的气候条件为水稻提供了较好的生长环境，同时也避免了其受到极端天气的影响。③增城区的土壤肥沃，有利于水稻的生长和发育。增城区所处的珠江三角洲平原的土质以泥沙和黄土为主，蕴含着大量的有机质和各种营养元素，土壤较为肥沃。在良好的土壤环境下，水稻能够获得足够的营养，增强其抗病、耐候的能力。④增城区有着悠久的种植水稻的历史。在增城区，水稻种植是一种代代相传的生产方式，人们的耕作技术和经验都非常丰富。

然而，增城区传统的农业生产方式主要依赖于劳动力，生产效率较低，难以适应城市化进程和现代农业的需求。为了解决这一问题，增城区政府积极推动农业生产方式的转变，将现代科技手段引入传统农业中。2020 年，广州市增城区基于北斗卫星导航系统和智能农机设备创建了首个水稻无人农场。

2020 年，增城区水稻无人农场的中稻试验田面积约为 1.87 公顷，从当年的 5 月 3 日开始旋耕，至 8 月 30 日收获，历时约 119 天，实现了水稻生产的耕、种、管、收全程无人作业。水稻无人农场的稻谷产量均高于当地的平均产量，表明了其巨大的发展潜力。其 2021 年的早稻和晚稻试验田的面积约为 3.33 公顷，并且早稻种植采用的是优质丝苗米品种，其产量达 9943.35 千克/公顷，高于当地的平均产量 7500 千克/公顷，再次证明了水稻无人农场在提升农业生产效率和增加作物产量上的效果。

另外，增城区水稻无人农场还具有耕、种、管、收生产环节全覆盖，机库田间转移作业全自动，自动避障异况停车保安全，作物生产过程实时全监控和智能决策精准作业全无人等 5 个特点，为解决"谁来种地""如何种地"的难题发挥了重要作用。

1. 耕、种、管、收生产环节全覆盖

1）耕整

土地耕整时主要采用无人驾驶旋耕机进行旱旋耕，直线行驶横向误差不超过 2.5 厘米，田头转弯对行误差不超过 3.0 厘米。作业质量好、作业效率高，2021 年在 3.33 公顷试验田中的旋耕作业效率可达到 1.33 公顷/时。

2）种植

水稻种植时主要采用无人驾驶直播机进行精量旱直播，这是一种轻简栽培技术，在新疆采用精量旱直播技术 3 年平均产量均超过 15 000 千克/公顷。播种时将水稻干种或浸泡 24 小时后的湿种（不催芽）直接播在播种机开出的播种沟中并覆土（2 厘米左右），然后上水 5～10 厘米；几天后，待水自然落下后，稻种吸饱了水，土壤湿润，稻种扎根出苗情况特别好。

3）管理

在水稻生产前期采用无人机施肥和施药，作业前先用无人机获取水稻生长的养分胁迫和病虫害情况，然后制定施肥和施药处方图，实现精准对靶喷施。在水稻生长后期，采用无人驾驶高地隙喷杆喷雾机（地隙 1 米、喷幅 12 米）施肥和施药，其雾化效果好、作业效率高。另外，由于作业路径采用了优化规划方法，实现了喷雾时的不重不漏，进一步提高了喷洒效率和喷洒覆盖率。

4）收获

水稻收获主要有两种模式。第一种为随车卸粮模式：作业时无人驾驶卸粮车与无人驾驶收获机并行，在直线段卸粮，直线行驶时收获机和运粮车横向位置误差不超过 5 厘米、纵向位置误差不超过 10 厘米，可保证收获机准确地将稻谷卸至运粮车中。第二种为等待卸粮模式：无人驾驶收获机在田中收获时，无人驾驶卸粮车在田边等待；收获机粮仓快满时，通过云端服务器向卸粮车发出卸粮通知，卸粮车随即自动行驶至收获机旁边，收获机准确地将收获的稻谷卸至运粮车中；卸粮后收获机继续收获，卸粮车粮仓装满后自动开至田边，将稻谷卸至运粮卡车中，由运粮卡车将稻谷运至干燥中心。在广东省增城区水稻无人农场的收获中，采用了第二种模式,即等待卸粮模式。

2. 机库田间转移作业全自动

农机自动地从机库转移至田间,完成田间作业后自动地回到机库。基于无人农场高精度的数字地图设计运移路径关键点,自动生成直线行驶和圆弧过渡路径,并采用预瞄点跟踪方法实现高精度路径跟踪,采用路径信息有限状态机理实现机库至田间的运移和田间作业的状态切换。

3. 自动避障异况停车保安全

智能农机装有障碍物识别传感器,识别到障碍物为移动式物体(如人、车、动物等)时,则采用等待模式,待移动式物体通过后再行驶;若是固定式的障碍物,则利用三次样条函数的避障路径规划和纯追踪算法的路径跟踪控制,实现自动避障。作业时若遇异常情况,如机器故障(收获机堵塞等)或信号问题(卫星或实时动态定位信号丢失等),则自动停车,并向管理中心发出警告信息。

4. 作物生产过程实时全监控

在无人农场的田头安装了多个监控装置,可以全程、全方位、实时地监控水稻生长过程中的长势和病虫害情况,并通过无线网络传输至管理中心和相关人员的计算机或手机中,必要时,再辅以无人机拍摄全局和局部的各种信息。

5. 智能决策精准作业全无人

根据作物的长势和病虫草害情况,结合专家知识,及时做出决策,并指挥相关智能农机进行精准作业,包括精准灌溉、精准施肥和精准施药等。

"耕牛退休、铁牛下田、农民进城、专家种地",这是罗锡文院士描绘的现代农业新图景。实际上,目前国内已有多个省份启动了无人农场的建设,种植了包括水稻、小麦、玉米、花生等在内的多种作物,相关技术也在逐渐向更多国家和地区推广。

作为实现智慧农业的一种途径,无人农场通过作物种植全过程实时监控和全流程机械化操作,将农民从繁重的农活中解放出来,实现智能决策和精准作业,极大地提高了作业效率,降低了生产成本,保障了粮食安全。

无人农场的一小步,迈出了中国农业现代化的一大步,农民从"只会种地"慢慢转变为"智慧种地",农作物也从"靠天吃饭"慢慢转换成"知天而作"。

5.4.2 农业无人机

深圳某科技公司旗下有多种农业无人机,并已被成功应用于农业生产中,以下将分别从无人机植保、授粉、施肥和播种四个方面来介绍该公司农业无人机的应用。

1. 无人机植保

1）荔枝飞防

广州市增城区是闻名全国的"荔枝之城"，每年的端午前后，就会有大批荔枝送往全国各地。每年的 5 月中下旬到 6 月中下旬，我国华南地区往往会出现持续性、大范围的强降水，也就是俗称的龙舟水。按照传统的说法，龙舟水能洗去晦气，带来吉祥。但长时间的降水对于荔枝来说，却意味着霜霉病、炭疽病的暴发。所以每年龙舟水一到，一众荔枝种植户就会为如何能在短时间内请大量人手打药而发愁（闻坤和袁静娴，2023）。

广州市增城区某果园的面积约有 600 亩，挂果面积接近 400 亩。据该果园果农介绍，过往采用人工打药，需要 9 名工人共花费 4 天才能完成。天气的不稳定性导致荔枝打药的窗口期变得非常短，且人工成本越来越高，一个工人一天的工资接近两百元。另外，由于荔枝园的山坡陡峭，人工夜间打药安全性低，所以有时候花大价钱也未必能全部完成施药。

而使用植保无人机后，仅需 1 名飞手配合 1 名地勤，一天半的时间就能完成植保作业。另外，植保无人机在夜间也能进行植保作业，所以在抢农时上果农也更加游刃有余。

2）玉米飞防

2021 年，受气候干旱影响，我国陕西、宁夏、内蒙古等多个地区都出现了玉米黏虫大暴发的情况。黏虫属于迁飞性害虫，具有突发性、暴食性的特点。玉米黏虫的幼虫会暴食玉米叶片，严重时将叶片吃光形成光杆，造成严重减产甚至绝收，影响粮食安全（于宁，2014）。

"陕西陕北地区由于今年天气恶劣，干旱少雨风沙大，榆林市中四个县的黏虫暴发面积约 100 万亩。"陕西某农业科技公司负责人说道。自该农业科技服务公司接到玉米黏虫统防项目后的半个月内，累计作业面积 10 万亩左右，共派出 30 架植保无人机和 50 多名飞手。

与此同时，在内蒙古的蒙西地区，玉米黏虫也相继暴发约 370 万亩。"严重的地方每百株超出 200 头"，内蒙古某科技公司负责人说道。自 2021 年 7 月 1 日起，该公司一共召集了 100 名飞手，出动了 100 多架植保无人机，累计作业 69 万亩。该公司负责人接到任务后迅速将飞手分为 10 支队伍，每支队伍负责一个旗（县级行政区），并从中选出一名队长进行统一对接，并且说道"这次大规模作战还是第一次，总体来说调度上没有什么问题，客户评价整体是很满意的，一遍的防治效率能达到 85%"。

3）黄芪飞防

黄芪，多年生草本，高 50～100 厘米。中国各地多有栽培，主产于内蒙古、山西、黑龙江等地。黄芪以其根入药，药用历史悠久。中国最早的《神农本草经》把黄芪列为上品，其根可以入药，味甘，性微温，具有补气升阳、脱毒生津、利水消肿等功效，治表虚自汗、气虚内伤、脾虚泄泻、浮肿及痈疽等。

山西省忻州市某地种植有 10 余万亩半野生黄芪。2020 年，当地黄芪蚜虫发生严重，危害植株嫩梢，影响黄芪的生长发育，几乎每个嫩梢上都聚集有蚜虫，黄芪萎靡不振。

然而，山地坡度达 30 度以上，山体表面坑洼不平，导致人工作业异常困难、效率太低。但即便是使用植保无人机作业，手动模式作业超出视距范围，操作也异常困难。当地农户决定使用植保无人机的果树模式给 1500 亩黄芪进行山地作业，作业后未发现明显蚜虫，作业效果明显。

2. 无人机授粉

1）猕猴桃授粉

说起猕猴桃，通常大家总是对新西兰奇异果啧啧称赞。殊不知，中国才是猕猴桃的原产地，近几年中国猕猴桃产量不仅稳居世界第一，品质也是节节拔高。陕西作为中国猕猴桃大本营，所产出的猕猴桃质地绵密柔软，甜酸适口，一直受到市场青睐。想要保证猕猴桃的产量和质量，有效的猕猴桃授粉非常关键。5～6 月，正是猕猴桃的开花时节，而猕猴桃作为雌雄异株植物，必须进行异花授粉才能结果，如何高效地为猕猴桃授粉，关系到中国猕猴桃产业的健康发展。

2021 年，陕西某植保公司与果树研究院和某猕猴桃园三家联合，利用植保无人机为 200 亩猕猴桃树进行授粉，不到 7 小时完成作业，效果良好，开启了无人机猕猴桃授粉的篇章。

目前在猕猴桃上兴起的无人机液体辅助授粉，是通过在水中加入助剂，提高花粉与水的相溶性，使花粉能够均匀地分布在水中，并保持 2～3 小时的活性。之后通过无人机，把花粉溶液均匀地喷洒在猕猴桃花的表面，花粉溶液在柱头上能适应外部环境，促使花粉发芽，完成受精。目前这项技术已经在陕西、湖北、贵州等地开展了近 1000 亩的示范实验。

经过技术人员的测量，无人机为猕猴桃花授粉 1 小时可完成 40 亩，效率是人工喷枪授粉的 40 倍。在成本上，一亩地花粉用量 5～10 克，加上专用助剂的成本，一亩地的授粉成本也仅有 300～400 元，远远低于人工。

2）向日葵授粉

向日葵原产于美洲，是世界四大油料作物之一。它的品种可分为一般观赏用品种或食用品种两类：一般观赏用品种植株较矮小，适合栽种于盆栽中；食用品种则植株较为高大，一般种于露天苗圃中（刘万言和范磊，2013）。另外，食用品种作为一种经济作物，种子可作为美味的零食或榨取葵花油，且油渣还可做饲料。

从选种到采收，每一株向日葵的成长，都要经历许许多多的磨砺。向日葵是异花授粉作物，人为辅助授粉可以提高结实率，增加产量。当蜜蜂在采集花蜜和花粉时会连续采集好多朵，很可能造成授粉不良、授粉不均匀，导致葵花出现空壳、颗粒不饱满等情况。为了收获饱满的果实，向日葵的授粉也需要特别呵护。而无人机喷洒授粉精华液能够有效地辅助向日葵授粉，提高收成。

2020年8月到2020年9月，在内蒙古的三个地区，某植保队就采用了植保无人机为向日葵喷洒授粉精华液。其中，授粉精华液是植物内源素，可作为叶面喷施帮助向日葵授粉。授粉精华液喷到作物上后，通过叶面吸收，可以向茎、根各个部位传送，促进营养生长与生殖生长协调发展。授粉精华液一般采用高效安全的进口助剂，能够加快器官形成发育，生成优质花蕊，促进花粉管伸长和花粉萌发，同时还能平衡雌雄比例，保持受精过程的持久，控制营养物质生长。此外，授粉精华液能够有效提高光合作用效率，显著提高坐荚率、坐果率，促进果实膨大，防止空壳颗粒的产生。

3. 无人机施肥

1）油菜叶面肥

油菜属十字花科白菜变种，花朵为黄色。农艺学上将植物种子含油的多个物种统称油菜。油菜一般生长在气候相对湿润的地方，主要在冬季栽培，不与其他油料作物争地。油菜可在不同的气候带实行春播和秋播，与各种作物轮作换茬、间作套种。在一年一熟制或一年多熟制地区均可种植，特别是在我国亚热带稻作区，实行水稻、油菜两熟或三熟栽培，可充分利用光、热和土壤资源（蒋玉明，2011）。

油菜绿色防控示范田位于九江市湖口县某村，该村共种植了约1000亩油菜。由于示范田内行走不便，且环境复杂，因此需使用农业植保机飞防作业。

在进行大量测试和仿地作业后，2020年，该村采用植保无人机进行了油菜菌核病的防治和叶面肥喷洒作业。

2）小麦追肥

近年来，随着农村劳动力的减少，劳动力成本也在逐年提升，小麦种植的利润被进一步压低。以往在追肥的季节，由于小麦长高，无法使用地面机械，只能人工背负简陋的撒肥器进行撒肥。每天 8 小时作业只能追肥 30 亩，不仅撒得不均匀，还会对麦苗造成损伤。

无人机进行肥料的播撒时，1 小时就能追肥 100 亩，约是人工效率的 27 倍。而且用无人机撒肥播撒均匀，不伤苗，优势非常明显。

4. 无人机播种

南方油菜的种植面积大，受制于地形影响，地面播种机械对于很多种植区域并不适用，主要还是采取人工播种。人工播种方式主要有两种：一是育苗移栽，这需要耗费大量劳动力；二是直接撒播，存在油菜籽播撒分布不均匀的问题。

近年来，随着农村劳动人口不断减少，人工成本越来越高，如何提高油菜籽播种效率，降低播种的劳动成本，减少油菜种植户的播种支出，是广西南宁某科技公司负责人一直在思考的问题。

在了解到农业无人机的播撒系统在水稻苗期追肥的成功案例后，该负责人决定做"第一个吃螃蟹的人"，尝试使用播撒系统进行油菜籽播种。2018 年 10 月底，负责人和公司技术人员在广西崇左市大新县开始了播撒油菜籽测试，针对搭载播撒系统的农业无人机作业时的飞行高度、飞行速度、转盘转速，以及开口大小对播撒的影响进行了试验，其对播撒机的播撒效果非常满意。

参 考 文 献

陈星熠. 2017. 机器的"眼睛"：机器视觉与视觉传感器技术探究. 数字通信世界, (11): 46-47.

邓进利. 2017. 智能农机助力智慧农业发展. 农村新技术, (12): 4-7.

冯雨轩, 汪玉婷, 周爱, 等. 2022. 区块链技术与宿迁市农业深度融合的路径. 今日财富, (19): 4-6.

海通证券. 2015. 农业无人机：为农业生产插上翅膀. https://www.doc88.com/p-77587223785277.html[2016-01-16].

何慧娟. 2010. 超声在移动机器人障碍物检测中的应用研究. 工业控制计算机, 23(7): 42-43.

贾鹏宇, 冯江, 于立宝, 等. 2015. 小型无人机在农情监测中的应用研究. 农机化研究, (4): 261-264.

蒋玉明. 2011. 我国油菜的发展现状及冬播油菜免耕栽培技术. 吉林农业, (8): 129.

焦宝玉, 韩艳茹, 岳若锋. 2021. 关于传感器在机器人中的应用分析. 信息记录材料, 22(3): 181-182.

孔伟. 2022. 江苏南京：智能测产无人收割机大显身手，水稻收得快产量算得准. https://jsnews.jschina.com.cn/nj/a/202211/t20221113_3110491.shtml[2022-11-13].

刘万言, 范磊. 2013. 向日葵螟的症状发生及防治措施. 农民致富之友, (17): 43.

刘歆. 2011. 遥感技术在农业中的应用与发展. 科技创新导报, (27): 144-145.

罗锡文, 廖娟, 胡炼, 等. 2021. 我国智能农机的研究进展与无人农场的实践. 华南农业大学学报, 42(6): 8-17, 5.

钱晖. 2010. 多传感器融合技术在智能机器人系统中的应用. 上海电气技术, 3(2): 44-48.

沈友恭, 何金苗, 陈霏霏, 等. 2019. 基于区块链技术的阳澄湖大闸蟹溯源模式研究. 海峡科学, (1): 41-43.

宋婷. 2009. 传感器在农业采摘机器人中的应用. 农机化研究, 31(5): 199-201, 216.

王升海. 2020. 智能农机实施的关键技术分析. 农机使用与维修, (9): 30-31.

闻坤, 袁静娴. 2023-02-07. 不挑地形不"挑食" 此时"无人"胜有人. 深圳特区报, (12).

佚名. 2014. 蓝天化工:"授粉精华液"农民的新希望. 山东农药信息, (3): 23.

于宁. 2014. 玉米粘虫病害及防治方法. 现代农业, (1): 35.

张磊, 许予永. 2022. 智能农机发展现状与展望. 农机市场, (3): 29-32.

张学佳. 2018. "互联网+"农机的发展及应用. 农业工程, 8(4): 30-35.

赵春江. 2019. 智慧农业发展现状及战略目标研究. 智慧农业, 1(1): 1-7.

邹文涛, 吴炳方, 张淼, 等. 2015. 农作物长势综合监测: 以印度为例. 遥感学报, 19(4): 539-549.

第6章 农产品溯源技术

农产品溯源技术对农业高质量发展至关重要。本章分别从农产品溯源技术的技术概况、应用场景、未来展望和典型案例四个方面来介绍农产品溯源技术。

6.1 农产品溯源技术概况

6.1.1 定义

农产品溯源是利用二维码、数据库、网络信息等技术实现农产品在整个供应链上从种植、采收、加工到销售的全程跟踪和溯源（肖蓉，2017）。面对我国农产品质量安全落后的状况，建立农产品溯源体系不仅是提升农产品质量安全管理水平的重要举措，更是确保农产品质量安全的有效途径。

6.1.2 特点

（1）溯源流程的透明化。农产品溯源系统强调农产品供应链每个成员的参与，强调信息在每个关键环节的公开透明，从而增加了农产品追溯的透明度。

（2）溯源信息的标准性。以农产品追溯关键技术为基础的溯源系统，对追溯信息的收集、处理、传递和应用进行了标准化，实现了农产品供应链成员与农产品供应链之间的信息共享与沟通。

（3）溯源层次的多样性。在区域层面上，溯源系统可以将一个国家、一个地区、一个企业追溯到特定的生产经营环节。从产品层面，可以将产品、批次等追溯到特定的原材料来源。因此，农产品追溯体系的追溯层次是灵活多样的。

（4）溯源数据的及时性。基于互联网的农产品溯源系统可以利用互联网环境快速定位问题农产品的范围，及时发布风险信息，立即开展农产品召回，有效防止问题农产品的扩散，保障消费者的健康。

（5）溯源操作的灵活性。农产品溯源系统直接应用物种鉴别技术、电子编码技术以及自动识别与数据采集技术等农产品溯源关键技术，有助于增强农产品溯源信息采集、加工、传输和应用能力，提高农产品溯源操作的灵活性。

（6）溯源数据的保密性。在农产品溯源信息的收集、处理、传递和应用过程中，追溯体系注重加强对农产品供应链成员产品配方、销售统计等商业秘密信息的保护，提高农产品溯源数据的保密性。

6.1.3 分类

农产品溯源系统按照不同的标准可划分为不同的种类。

（1）按照农产品种类划分。按照农产品的具体种类划分，可溯源系统分为：肉制品（包括蛋、奶）可溯源系统、生鲜产品（水果蔬菜）可溯源系统、水产品可溯源系统和谷物粮食产品可溯源系统。

（2）按照实施主体划分。根据实施农产品溯源系统的主体划分，溯源系统分为强制性溯源系统、自愿性溯源系统两种。强制性溯源系统是政府制定相应的法律法规，强制要求企业的产品必须具备可溯源性，否则不允许上市销售，并对其采取惩罚措施，强制性溯源系统把产品的追溯性上升到了法律法规的高度。自愿性溯源系统是企业考虑到品牌、声誉和长远利益，为了提高产品的档次和赢得消费者信任，自愿建立实施的可溯源系统。

（3）按照实施规模划分。按照农产品溯源系统实施的规模划分，溯源系统可以分为全国范围内的溯源系统和局部范围内的溯源系统。欧盟和美国经济基础较好，生活水平较高，这些国家和地区在全国范围内推行牛肉等产品的溯源系统；一些国家，如巴西和阿根廷，作为肉类的主要出口国，只要求在出口领域实施溯源，更好地解决出口中遇到的产品质量标准问题。

（4）按照实施环节划分。按照在产业链中各个环节实施溯源的状况，可以分为全产业链溯源和产业链中部分环节实施溯源。一些农产品从源头到居民餐桌，需要经过漫长的周期和众多的环节，这些环节通常分布于多个企业，并隶属于不同的政府部门监管，而且，不同的环节具有各自的属性。因此，在具体实施中，可以在一些重点环节中优先部署溯源系统。

1. 条形码

1）技术概述

条形码识别技术是在计算机的应用实践中产生和发展起来的一种自动识别技术，由一组规则的条空及对应字符组成的符号，用于表示一定的信息。条形码识别技术的核心是利用光电扫描设备识读这些条形码符号，来实现机器的自动识别，并快速、准确地把数据录入计算机进行数据处理，从而达到自动管理的目的。

条形码识别技术自问世到现在，一直备受瞩目。条形码识别技术作为一种准确、可靠的记录数据输入手段，现已成为商品世界中的身份证，它是为实现信息的自动扫描而设计的，也是快速、准确、可靠地采集数据的有效手段。条形码识别技术的应用解决了数据录入和数据采集的瓶颈问题,为物流管理提供了有力的技术支持。条形码识别技术是实现 POS、电子数据交换(electronic data interchange,EDI)、电子商务、供应链管理的技术基础,是物流管理现代化的重要技术手段。条形码识别技术包括条形码的编码技术、条形码标识符号的设计、快速识别技术和计算机管理技术,它是实现计算机管理和电子数据交换不可缺少的前端采集技术。

2)条形码分类

条形码按照不同的用途与表示方式划分为不同的种类。主要有以下几种。

(1) UPC(universal product code,通用产品代码)条形码:只能表示数字,有 A、B、C、D、E 五个版本,版本 A——12 位数字,版本 E——6 位数字,最后一位为校验位,大小是宽 1.5 英寸[①]左右,而且背景要清晰,用于工业、医药、仓储等部门。

(2) EAN(European article number,欧洲商品编码)条形码:是国际通用的符号体系,是一种长度固定、无含义的条形码,所表达的信息全部为数字,主要应用于商品标识与图书管理,可用于固定扫描器的可靠扫描。

(3) Code39 条形码和 Code128 条形码:为目前国内企业内部的自定义码制,可以根据需要确定条形码的长度和信息,它编码的信息可以是数字,也可以包含字母,主要应用于工业生产线、图书管理等领域,表示产品序列号、图书、文档编号等。

(4) Code 93 码:是一种类似于 Code 39 码的条形码,它的密度较高,编码信息主要是数字,适用于工业生产线与工业制造领域,可用于固定扫描器的可靠扫描。

(5)交叉 25 条形码(也叫穿插 25 码):只能表示数字 0~9,长度可变,条形码呈连续性,所有条与空都表示代码,第一个数字由条开始,第二个数字由空组成,应用于商品批发、仓库、机场、生产(包装)识别、商业中,条形码的识读率高,可用于固定扫描器的可靠扫描,在所有一维条形码中的密度最高。

(6)库德巴(Codabar)条形码:也称"血库用码",可表示数字 0~9,字符$、+,还有只能用作起始和终止符的 a、b、c、d 4 个字符,空白区比窄条宽 10 倍,非连续性条形码,每个字符表示为 4 条 3 空,条形码长度可变,没有校验位,主要应用于血站的献血员管理和血库管理。

(7) PDF417 二维条形码(简称 417 条形码):是一种堆叠式二维条形码,应用最为广泛。其优势在于无须连接外部数据库即可独立存储大量数据,并内置强大的错误纠正功能,即使条形码部分区域受损,仍能通过纠错算法实现准确解码。目前,417 条形码主要应用于医院、驾驶证、物料管理及货物运输等领域。

---

① 1 英寸=2.54 厘米。

3）条形码识别技术的应用

条形码识别技术已在许多领域中得到了广泛的应用，比较典型的应用有以下几个领域。

（1）零售业。零售业是条形码应用最为成熟的领域，EAN 条形码为零售业应用条形码进行销售奠定了基础。目前大多数在超市中出售的商品都使用了 EAN 条形码，在销售时，用扫描器扫描 EAN 条形码，POS 从数据库中查找到相应的名称、价格等信息，并对客户所购买的商品进行统计。

（2）质量跟踪管理。ISO9000 质量管理标准强调质量管理的可追溯性，也就是说，对于出现质量问题的产品，可以追溯出它的生产时间、操作者等信息。采用条形码识别技术，在生产过程的主要环节中，对生产者及产品的数据通过扫描条形码进行记录，并利用计算机系统进行处理和存储。如产品质量出现问题，可利用电脑系统很快地查到该产品生产时的数据，为工厂查找事故原因、改进工作质量提供依据。

（3）数据自动录入（二维条形码）。用二维条码技术，可以把上千个字母或汉字放入名片大小的一个二维条形码中，并可以用专用的扫描器在几秒钟内正确地输入这些内容。同时，还可以对数据进行加密，确保报表数据的真实性。

2. 二维码

1）技术概述

二维码（2-dimensional bar code）又称二维条码，常见的二维码为 QR 码，QR 全称快速响应（quick response），是一种编码方式。它比传统的条形码能存更多的信息，也能表示更多的数据类型。二维码是用某种特定的几何图形按一定规律在平面上（二维方向上）分布的、黑白相间的、记录数据符号信息的图形。二维码在代码编制上巧妙地利用构成计算机内部逻辑基础的"0""1"比特流的概念，使用若干个与二进制相对应的几何形体来表示文字数值信息，通过图像输入设备或光电扫描设备自动识读以实现信息自动处理。它具有条形码识别技术的一些共性：每种码制有其特定的字符集，每个字符占有一定的宽度，具有一定的校验功能等。同时，它还具有对不同行信息的自动识别功能，并且能够处理图形旋转变化点。

二维条码的使用有两种方法：第一，透过线型扫描器逐层扫描进行解码；第二，透过照相和图像处理对二维条码进行解码。对于堆叠式二维条码，可以采用上述两种方法识读，但对绝大多数的矩阵式二维条码则必须用照相方法识读，如使用面型 CCD 扫描器。

2）二维码分类

二维码按照不同的叠放方式可以分为不同的类别。

（1）堆叠式/行排式。堆叠式/行排式二维码又称堆积式二维码或层排式二维码，其编码原理是建立在一维条码基础之上，按需要堆积成二行或多行。它在编码设计、校验原理、识读方式等方面继承了一维条码的一些特点，识读设备和条形码印刷与一维条码技术兼容。但由于行数的增加，需要对行进行判定，其译码算法与软件也不完全同于一维条码。有代表性的行排式二维码有：Code 16K、Code49、PDF417、MicroPDF417 等。

（2）矩阵式二维码。矩阵式二维码（又称棋盘式二维码）是在一个矩形空间根据黑、白像素在矩阵中的不同分布进行编码。在矩阵相应元素位置上，用点（方点、圆点或其他形状）的出现表示二进制"1"，点的不出现表示二进制"0"，点的排列组合确定了矩阵式二维码所代表的意义。矩阵式二维码是建立在计算机图像处理技术、组合编码原理等基础上的一种新型图形符号自动识读处理码制。具有代表性的矩阵式二维码有：Code One、MaxiCode、QR Code、Data Matrix、汉信码（Han Xin Code）、Grid Matrix 等。

3）二维码技术的应用

（1）食品追溯。原材料供应商在向食品厂家提供原材料时会进行批次管理，将原材料的原始生产数据制造日期、食用期限、原产地、生产者、基因组合、有无使用的药剂等信息录入二维码中，并打印带有二维码的标签，粘贴在包装箱上后交于食品厂家。在食品厂家原材料入库时，使用数据采集器读取二维码，取得到货原材料的原始生产数据，从该数据信息就可以判定交货的产品是否符合厂家的采购标准，然后将原材料入库。

（2）餐厅超市应用。为商家建立一个手机电子菜单，餐饮店可以很轻松地将餐饮文化、菜品介绍等信息按照相关的指引录入。用户通过扫码获得该手机网站的跳转链接获取商家相关信息，如各宣传海报、手册、餐桌牌。借助二维码作为通道，消费者可以随时随地快速浏览真实商品，快速购物，并且以简单、高效、安全、便捷的创新营销模式打破企业商家新客户开发、老客户维护、移动电子商务、会员营销、打折促销、新品推广、顾客和商家互动等传统营销困境，节约了企业成本，为商家提供了一体化的解决方案。

（3）农产品销售。二维码平台为合作者提供了从网络电商平台搭建、软硬件集成开发、开放接口、维护等全系统的方案，建立的电商平台直接接入各种网银平台，用户在线支付完成后，凭得到的电子凭证或票据即可到此电商平台的对应实体商家消费，无须排队、无须等待、无须烦琐的验证，让用户立即获得一系列完美的消费体验。

3. 无线射频

1）无线射频识别技术概述

无线射频识别技术是一种非接触式的自动识别技术，在阅读器和射频卡之间进行双向数据传输，以达到目标识别和数据交换的目的。无线射频识别技术相对于传统的磁卡及 IC 卡技术具有非接触、阅读速度快、无磨损等特点，基于无线射频识别技术的产品溯源服务，在溯源标签、溯源设备、溯源系统等方面与 ERP 的数据对接，让企业在最大化保护品牌价值的同时，建立产品生产管控体系，提高整体的农产品流转效率，建立农产品标准化体系，促进农产品电子商务的良性循环。无线射频识别技术的基本工作原理并不复杂：标签进入磁场后，接收解读器发出的射频信号，凭借感应电流所获得的能量发送出存储在芯片中的产品信息——无源标签或被动标签（passive tag），或者主动发送某一频率的信号——有源标签或主动标签（active tag）；解读器读取信息并解码后，送至中央信息系统进行有关数据处理。

一套完整的无线射频识别系统，由阅读器（reader）与电子标签（tag）也就是应答器（transponder）及应用软件系统三个部分所组成，其工作原理是阅读器发射一特定频率的无线电波能量给应答器，用以驱动应答器电路将内部的数据送出，此时阅读器便依序接收解读数据，送给应用程序做相应的处理。阅读器对无线射频识别系统至关重要，阅读器根据使用的结构和技术不同可以是读或读/写装置，是无线射频识别系统的信息控制和处理中心。阅读器通常由耦合模块、收发模块、控制模块和接口单元组成。阅读器和应答器之间一般采用半双工通信方式进行信息交换，同时阅读器通过耦合给无源应答器提供能量和时序。在实际应用中，可进一步通过以太网（ethernet）或 WLAN 等实现对物体识别信息的采集、处理及远程传送等管理功能。应答器是无线射频识别系统的信息载体，目前应答器大多是由耦合元件（线圈、微带天线等）和微芯片组成的无源单元。

2）无线射频识别技术分类

无线射频识别技术按照不同的分类标准分为以下几种。

（1）按供电方式分为有源卡和无源卡。有源卡是指卡内有电池提供电源，其作用距离较远，但寿命有限、体积较大、成本高，且不适合在恶劣环境下工作；无源卡内无电池，它利用波束供电技术将接收到的射频能量转化为直流电源为卡内电路供电，其作用距离相对有源卡短，但寿命长且对工作环境要求不高。

（2）按载波频率分为低频射频卡、中频射频卡和高频射频卡。低频射频卡主要有 125 千赫和 134.2 千赫两种，中频射频卡频率主要为 13.56 兆赫，高频射频卡主要为 433 兆赫、915 兆赫、2.45 吉赫、5.8 吉赫等。低频系统主要用于短距离、低成本的应用中，如多数的门禁控制、校园卡、动物监管、货物跟踪等。中频系统用于门禁控制和需传送大量数据的应用系统中；高频系统应用于需要较长的读写距离和高读写速度的场合，其天线波束方向较窄且价格较高，在火车监控、高速公路收费等系统中应用。

（3）按调制方式的不同可分为主动式和被动式。主动式射频卡用自身的射频能量主动地发送数据给读写器；被动式射频卡使用调制散射方式发射数据，它必须利用读写器的载波来调制自己的信号，该类技术适合用在门禁或交通应用中，因为读写器可以确保只激活一定范围之内的射频卡。在有障碍物的情况下，用调制散射方式，读写器的能量必须来去穿过障碍物两次。而主动方式的射频卡发射的信号仅穿过障碍物一次，因此主动方式工作的射频卡主要用于有障碍物的应用中，距离更远（可达30米）。

3）无线射频识别技术的应用

（1）超市零售。农产品零售行业中的无线射频识别应用主要集中在五个方面：商品供应链管理、店内商品管理、库存管理、客户关系管理和安全管理。

（2）图书应用。图书行业中的无线射频识别应用主要集中在七个方面，包括新书进入图书馆、放架、整理书架、对书籍进行盘点、自助借书和还书、门禁安全访问控制以及移动图书馆。

（3）农产品智能仓库。智能仓库行业中的无线射频识别应用主要集中在提高农产品仓储的利用率、提高仓储的交付效率、确保仓库货物存储的准确性、防伪可追溯性、改善品牌仓库的信息管理以及优化物流方面。

（4）固定资产管理。固定资产管理系统包括资产增加、变更、处置、损坏、折旧、借还、分配和使用，部门变更的使用，管理人员设置，部门间资产交换，打印各种报告和查询组合等。

6.2　农产品溯源技术的应用场景

6.2.1　食品安全

1）概述

食品溯源制度是食品安全管理的一个重要手段。现代食品种养殖、生产等环节繁复，食品生产加工程序多、配料多，食品流通进销渠道复杂，食品生产、加工、包装、储运、销售等环节都可能引起食品卫生安全问题，导致出现食品安全问题的概率大大增加。为了严格控制食品质量，发达国家的食品安全监管强调从农田到餐桌的整个过程的有效控制，并且在全程监管的基础上实行食品溯源制度。全球已有40多个国家采用相关系统进行食品溯源，特别是英国、日本、法国、美国、澳大利亚等国，均取得了显著成效。

按照《欧盟食品法》的规定，食品、饲料、供食品制造用的家畜，以及与食品、饲料制造相关的物品，在生产、加工、流通各个阶段必须建立食品信息可溯源系统。该系统对各个阶段的主体做了规定，以保证可以确认各种提供物的来源和去向。2000年起，英国全国农民联合会和全英4000多家超市合作，建立了食品安全一条龙监控机制。目的是对上市销售的所有食品进行追溯，如消费者发现购买食品存在问题，监管人员可以很快通过电脑记录查到来源。对于农产品，不仅可以查出源于哪家农场，而且使用的农药剂量都有据可查。西班牙政府对牲畜的养殖、屠宰、加工等建立了一套严格的识别和追踪机制，农场的每头牲畜自出生起便在耳上钉上识别牌，将信息录入电脑，建立档案，牲畜在屠宰时要调查原档案，并进行严格检疫，食品公司、超级市场所进的各种肉类均有产地证明，一旦发现质量等问题，均能迅速追溯其来源。澳大利亚建立了"国家畜禽识别系统"，在2002年给全国1.15亿只羊打上了产地标签，一年一换，当牧场主将羊出售给屠宰场或出口时，必须在申请表上填写标签号码，有关部门一旦发现某种疾病，便可以根据标签号码迅速查出该羊的产地和农场，并尽快采取相应措施。日本在2001年后加强了对食品溯源的监管，特别是在疯牛病危机之后。已经从牛肉推广到猪肉、鸡肉等肉食产业，牡蛎等水产养殖产业及蔬菜产业。2005年8月，美国农业部动植物卫生检验局（U.S. Department of Agriculture's Animal and Plant Health Inspection Service，APHIS）实施了牛及其他种类动物的身份识别系统。

我国主要采用基于GS1标准的食品追溯技术。GS1标准作为全球通用的商务语言，用于自动准确地标识、采集和共享信息，从而确保产品、服务和信息每天在世界各地的供应链中高效安全地移动，为互操作性提供了基础。目前GS1标准已在全球150多个国家和地区的200多万家企业成功应用50多年，全球有60多个国家和地区采用GS1标准进行追溯。基于GS1标准（区块链）的食品追溯技术，是采用GS1标准对追溯对象、追溯参与方和位置等进行编码和标识，并通过GDSN（global data synchronization network，全球数据同步网络）、EDI、EPCIS（electronic product code information service stardard，产品电子代码信息服务）等实现主数据、交易数据和物理事件数据的交换。

2）系统构成

食品安全溯源系统自下而上共分为六层，即作业层、数据采集层、数据层、共识及网络层、表示层和用户层。

第一层，作业层。食品供应链环节中需要开展信息采集工作，它是整个食品追溯体系的基础。

第二层，数据采集层。利用一维/二维码、无线射频识别等信息采集技术和各类传感器对作业层数据进行自动采集和传输，提高食品供应链的整体效率。

第三层，数据层。当食品相关信息采集完成后就需要传输到数据层进行存储，食品溯源系统采用关系型数据库和区块链双存储机制。前者存储食品的完整数据和经过摘要处理后返回的哈希值，而后者仅存储摘要信息。

第四层，共识及网络层。运行区块链系统的分布式网络管理、传输机制、网络节点共识算法等关键技术。

第五层，表示层。在系统设计和开发方面，后台采用 B/S 架构+SSM 框架，前端则采用 HTML5、CSS（cascading style sheets，层叠样式表）、Vue 等相关技术将数据按用户需求进行呈现。

第六层，用户层。它位于架构设计的最上层，包括 Web 后台管理系统和前端微信小程序两部分，主要面向食品供应链各参与方，其中消费者可通过微信小程序的扫码识别功能轻松实现食品溯源。

3）特点

食品溯源技术具有以下特点：第一，去中心化。没有中心节点，任意一个节点都可以保障系统的正常运行和安全。第二，不可篡改。数据一经上链，所有数据更新操作都将永久地记录在区块链上，实现责任主体有备案、生产过程有记录、主体责任可追溯，因此能够有效解决传统食品供应链各个环节可能发生的信息篡改问题。第三，多方所有。区块链写入数据不由单一主体所控制，而是经过多方验证达成共识，才能写入存储。在写入过程中，整合各环节信息形成共享信息链。第四，智能合约。智能合约基于代码指定规则，并通过共识机制保证计算严格按照合约执行，并产生可信的计算结果，可用于实现任何计算和交易逻辑的自动化和智能化，同时交易可追踪且不可逆转。

在食品供应链中，每个环节的对应主体可视作区块链系统中的服务器节点，而每个环节所产生的食品信息操作则可记录到一个相应的区块中，因此，区块链技术十分完美地解决了食品安全溯源工作的核心难题，保障了信息的安全可靠性。如果出现食品安全问题，能够快速准确查出食品问题出现的环节，直至追溯到生产源头，从而确保食品撤回和召回的高效性和准确性。为政府产品质量监管提供有效手段，最大限度地降低企业的损失，保护消费者利益。

6.2.2 地理标志品牌商标

1）概述

随着科技的发展，地理标志品牌商标的防伪也越来越完善，一物一码技术不仅具备防伪功能，而且能为品牌赋能。每件地理标志产品有一个二维码的防伪溯源码，消费者扫码后，可快速验证地理标志产品真伪，保护品牌权益，让消费者买得放心,提高消费者信任度。一物一码防伪溯源码,就是地理标志产品的身份证,通过赋予地理标志产品一个独一无二的防伪溯源码,可以保护自己的品牌,加强产品的信任度。消费者购买带有防伪溯源码的地理标志产品后,就可以通过标签进行真伪的查询,了解地理标志产品信息,保障消费者权益,此外,防伪溯源码上的防伪技术,是根据企业需求定制的,材质种类繁多、样式多样、功能齐全,可以起到防伪、经销商防窜货、地理标志产品质量追溯、一物一码数字化互动营销等作用。

2)系统构成

二维码的防伪追溯解决方案主要由标签设计、二维码生成与应用、移动设备查询系统和防伪追溯平台等部分组成。

(1)标签设计。将采用防伪标签加双二维码的方式进行防伪,标签采用雕版几何图案等印刷技术,具有一定的防伪能力。标签印制追溯信息二维码和涂层覆盖的防伪信息二维码,通过使用手机扫描,完成进入防伪平台进行产品质量追溯及真伪查询,查询结果直接反馈给消费者的手机界面。

(2)二维码的生成与应用。二维码是使用特定的几何图形按一定规律在二维方向上分布的黑白相间的图形,在现代商业活动中的应用十分广泛,智能手机的广泛应用使得二维码更加普遍。追溯防伪解决方案采用应用广泛的 QR 码作为信息载体,便于消费者使用手机进行快速识读。二维码明码链接至追溯查询平台中本企业的子平台,消费者通过扫描二维码接入平台进行产品质量追溯查询;暗码采用图层保护,承载产品防伪信息,该信息为分配给该产品单品的唯一性随机码标识,由生产企业在平台上对该信息进行登记备案,作为查询该产品的关键信息。

(3)移动设备查询系统。二维码的防伪追溯解冻方案支持消费者采用手机等移动设备进行信息查询,用户可利用手机扫描二维码明码进入查询系统并查看产品质量追溯信息,便于消费者了解该地理标志产品的生产环节。

(4)防伪追溯平台。防伪追溯平台以防伪平台和食品追溯平台为基础,经功能整合及升级开发,实现对项目的有力支撑。平台为生产企业提供标签管理、追溯信息管理、产品信息维护、厂商宣传推介等功能,并可以为消费者提供网络查询渠道,便于消费者用多种渠道查询相关信息。

6.2.3 动植物知识产权保护

1)概述

动植物由于自身独特的性质,存在知识产权界定不明确等种种问题,"我国目前植物新品种保护水平较低,品种权行使的环节少,使得植物新品种本身的价值没有得到法律的认可和切实的保护。在实践中，品种权人也没有意识到在品种权侵权诉讼中提供相应的证据来证明所育品种的价值及其受到的损害"[①]。生物技术对人类而言并非新生事物，人类自古就有制酱、酿酒、制醋等生物技术的应用。但真正意义上的现代生物溯源技术应用于动植物知识产权保护，则发端于20世纪中叶，以1953年建立在DNA双螺旋结构模型基础上的分子生物学的产生和1973年DNA重组技术的发明为标志，这使得基因溯源成为可能。从1973年至今，现代生物技术蓬勃发展，形成了以基因工程为核心，以细胞工程、酶工程、发酵工程、蛋白质工程为主体的现代生物技术体系。MNP（multiple nucleotide polymorphism，多核苷酸多态性）等标记新方法及其在动植物品种鉴定中的应用，填补了国内实质性派生品种DNA鉴定标准的空白，这些方法首次系统分析了我国1万多个授权水稻、玉米品种的实质性派生关系，累计覆盖3000万对遗传标记（如MNP位点），不仅可以有效保护动植物知识产权，也可以让先进品种更快转化为现实生产力。此外，海南自由贸易港正在建设全球动植物种质资源引进中转基地，建立国家授权品种DNA指纹库，用MNP标记技术及相关国家标准给予确权，可以让外国优异种质资源放心引进来。MNP主要应用于以下几个方面。

（1）植物品种保护。通过植物新品种的申请和注册，确保育种者对其创新品种的独占权。植物品种保护旨在鼓励育种创新和提高农作物的品种多样性。

（2）动物品种保护。类似于植物品种保护，对新的动物品种进行申请和注册，以确保育种者对其独特品种的独占权。这有助于推动畜牧业的发展和改进动物品种的质量。

（3）遗传资源保护。动植物遗传资源是农业和生物多样性的重要组成部分。保护动植物的遗传资源，包括野生物种和相关的基因资源，有助于维护生态平衡和保护物种多样性。

（4）专利保护。创新性的动植物研究和技术可以通过专利保护来确保知识产权的权益。例如，某些基因编辑和转基因技术可以通过专利保护，鼓励研究和发展。

（5）种质资源管理。对于动植物的种质资源进行合理管理和监控，防止非法获取、盗窃或滥用。建立种质资源库和相关数据库，促进信息共享和资源保护。

2）方法

动植物知识产权保护主要分为两种方法。

（1）数据编码技术，即人为地将动植物的相关信息通过特定的编码规则提取出来，再利用不同信息记录和承载技术，实现追溯查踪的目的，但在实际生产过

[①]《种业知识产权保护难？专家建议：多看案例》，https://www.chinanews.com.cn/cj/2021/03-23/9438310.shtml#:~:text=%E4%B8%93%E5%AE%B6%E5%BB%BA%E8%AE%AE%EF%BC%9A%E5%A4%9A%E7%9C%8B%E6%A1%88%E4%BE%8B[2024-09-26]。

程中，动植物要经过复杂的加工、运输、储藏、销售等程序，将产品的每一过程都记录在案很难实现，且数据编码技术无法识别原始数据的造假问题，给后续环节中溯源追责留下了很多隐患。

（2）生物鉴别技术，即通过物理、化学、生物等方法来获得食品本身的属性，通过与生产环节联系起来，实现真伪鉴别和食品溯源的目的，目前比较常见的生物追溯技术包括：矿物元素溯源、近红外光谱溯源、金属元素分析法、DNA技术溯源和稳定同位素溯源等。其中稳定同位素技术是近年来新兴的一种食品检测方法，以往多被用在地质勘测、环境监测和土壤成分研究领域，近来被应用在国内外的食品产地溯源中并取得了不错的成果，是目前被认为最有发展前景的食品产地溯源方法之一。

3）稳定同位素技术在动植物源食品溯源中的应用

同位素是指位于元素周期表同一位置，质子数相同，中子数不同的系列元素。在自然界中，生物体不断与外界环境进行物质交换，体内同位素组成受气候、环境、生物代谢类型等因素的影响而发生自然分馏效应，从而使不同来源的物质同位素自然丰度存在差异，这种差异携有环境因素的信息，可以反映生物体的环境条件。同位素的自然分馏效应是同位素溯源技术的基本原理与依据，利用同位素分析技术，可以鉴别食品成分掺假，追溯食品污染物来源及产地等。同位素可分为稳定同位素、天然同位素和人工放射性同位素三种。其中稳定同位素因其没有放射性，不会造成二次污染，国内外很早就对其进行了开发、研究和应用。碳（C）、氢（H）、氧（O）、氮（N）是食品产地溯源中最常见的四种稳定同位素，在受到不同因素影响后，如各种地球化学因素（气候、降水、海拔等）、农作物种植方式、动物养殖方式等，会发生不同程度的分馏作用，因此认为稳定同位素反映着不同的地域和农业信息。随着研究的不断深入发现还有一些稳定同位素如硫（S）、锶（Sr）、铅（Pb）等也能很好地进行同位素分析和地理位置溯源。

（1）植物。由于植物一般都固定生长，所以其体内同位素组成直接反映其生长地域和环境。作为粮食主产区的亚洲国家，特别是东南亚国家也开始了一系列稳定同位素的溯源研究。在谷物溯源分析中，$\delta 13C$、$\delta 15N$同位素应用最为广泛，且大跨度地区的谷物溯源准确率很高。通过对比不同国家大米中$\delta 13C$、$\delta 15N$同位素的差异，发现我国南北方地理纬度跨度约50°，大米中$\delta 13C$变化明显，而日本大米种植地区跨度小，$\delta 13C$比较接近，此外大米中$\delta 13C$、$\delta 15N$的差异还与不同国家的气温和施肥习惯相关。

（2）动物。动物产品中同位素既受动物饲料的影响，也受动物自身代谢过程中同位素分馏的影响，动物饲料来源不同且动物在饲养过程中可能会迁移，因此动物产品的产地溯源比较复杂。稳定同位素在畜禽方面的溯源研究较多，其中

$\delta 13C$、$\delta 15N$ 同位素应用最为广泛,但目前市面上对畜禽肉的溯源主要集中在生肉制品,而艾波娃(Epova)等研究了干腌火腿中 $\delta 87Sr$ 值的差异,发现产品中添加的盐是造成 $\delta 87Sr$ 值差异的主要原因,通过生肉和盐 $\delta 87Sr$ 值测定可以区分腌制火腿的地理起源,故对于简单的肉加工制品,可以通过添加非传统元素如 $\delta 87Sr$ 和 $\delta 204Pb$,统一量化加工过程中产生的元素变化,以达到产品溯源的目的。

6.3 农产品溯源技术的未来展望

6.3.1 区块链技术支撑下的溯源

1. 技术概述

区块链技术是数字加密货币体系中的核心支撑技术,通过运用数据加密、时间戳、分布式共识等技术,在无须节点互相信任的分布式系统中实现基于去中心化的点对点交易。最早描述区块链的文献是中本聪发表的一篇《比特币:一种点对点的电子现金系统》,到目前为止已历经四个阶段,即区块链 1.0 "可编程货币"、区块链 2.0 "可编程金融"、区块链 3.0 "可编程社会"、区块链 4.0 "万物互联"。区块链按应用场景的不同,分为公有链、联盟链和私有链三种类型。公有链中所有的节点可自由地加入或退出,不需要授权;联盟链适用于有限个主体间,需要提供成员管理服务对节点身份进行审核方可进入;私有链适用于企业内部,相当于企业内部的私有数据库,仅内部人员使用。

区块链技术平台大体可分为数据层、网络层、共识层、激励层、合约层和应用层等六个层次。区块链本质上是由多个独立节点参与的分布式数据库系统,集成了 P2P(peer-to-peer,对等网络)、密码学、智能合约、共识机制、时间戳、块链结构等多种技术,无须依赖第三方,就能实现数据的自我验证和管理。数据层为了实现数据的不可篡改,引入以区块为单位的有序链状数据块结构。每个区块由区块头和区块体组成,区块中利用梅克尔树(Merkle tree)结构的特性以及时间戳和区块之间的联系,确保每个区块是按时间顺序相连且数据不易被篡改,一旦篡改,也能快速定位,为溯源系统数据的可靠性和可信度提供了保证。网络层在构建的 P2P 中加入验证机制和消息传播协议等要素,验证网络中的每个节点。共识层通过共识机制可以高效得对区块数据达成共识,保证网络中的各节点分布式记账的一致性。激励层为激励参与者不断提供算力,通过设计分配机制和发行机制对参与者按照贡献来进行奖励。合约层里封装着区块链系统所需的各类脚本代码、算法以及智能合约,是系统应用实现的基础。应用层能够将区块链技术的去中心化、不可篡改、可追溯等特点广泛应用到各个领域中。

近年来,随着人们对食品质量安全要求的不断提高,催生了溯源系统的研究和应用。当前农产品质量安全领域溯源系统较普遍地存在系统实用性弱、柔韧性差、可信性不高等突出问题,以溯源模型为框架、以区块链技术为保障的集柔韧性、可信性、安全性及实用性于一体的农产品质量可信区块链溯源系统是溯源系统应用和推广的关键。

2. 技术要点

近年来,食品安全引起了学术界和商业界的极大关注。随着互联网技术的快速发展,许多新兴技术都被应用到可溯源系统中,如区块链技术因其具有去中心化的特点被应用到农产品溯源系统中,来实现追溯过程去中心化。与传统技术实现的农产品溯源系统相比,采用区块链技术实现的去中心化溯源系统在前端没有区别,都是依靠网络,借助射频装置、物品指纹及识别装置、各类应用传感器和信息采集终端等完成各类数据采集,二者的区别在于后端。传统的关系数据库管理系统、SQL(structured query language,结构化查询语言)数据库管理系统都是由单一机构进行管理和维护,单一机构对所有数据拥有绝对的控制权,其他机构无法完整了解数据更新过程,因而无法完全信任数据库中的数据。区块链技术用于存储数据和信息,这些数据和信息是各种行为者和利益相关者在农产品生产的整个增值过程(从种植到销售)中产生的,它确保数据和信息对相关参与者和利益者都是透明的,区块链溯源主要包括以下几点。

(1)农产品品质可信溯源技术。传统的农产品溯源系统普遍将数据存储在集中式数据库中,集中式数据库易遭受黑客攻击造成数据的丢失和篡改,并且无法防止企业为了自身利益篡改数据,无法确保数据的真实性和可信性。而区块链技术具有分布式容错、不可篡改与隐私保护的特点,利用区块链技术设计实现了农产品柔性溯源模型。利用区块链技术代替集中式数据库,遵循环节账本与多主链的存储结构,将不同环节、不同用途的数据分链存放,既保证了溯源数据的安全性与溯源结果的可信性,也简化了溯源系统的存储结构。

(2)产业链信息采集、链接、标识及安全保障技术。为实现农产品生产、加工、仓储、监测、物流及销售全产业链流程的准确追踪,提高溯源信息在环节对接中的有效传递,采用自主研发的基于时空信息的农产品溯源设备,实现农产品在各环节中的信息采集与链接。

(3)溯源系统大数据架构及实现技术。在原有的传统农产品溯源模型基础上,利用区块链技术代替集中式数据库,以超级账本(v1.1)作为区块链实现方式,以 Kafka 消息队列实现共识机制,设计了基于区块链的农产品柔性溯源系统架构。

3. 适宜区域

产品技术适应于农产品质量安全溯源及其他产品质量安全溯源,适宜于注重农产品品牌打造可信溯源的企业和政府部门,有利于提高质量安全管理水平,促进可持续发展。

6.3.2 全基因组序技术支撑下的溯源

DNA 溯源技术不但可以实现肉类食品从养殖到餐桌的全程溯源,且可以实现对个体及品种的准确鉴定。目前,研究应用较多的 DNA 标记技术包括限制性片段长度多态性（restriction fragment length polymorphism,RFLP）、扩增片段长度多态性（amplified fragment length polymorphism,AFLP）。

1）技术概述

DNA 溯源技术的产生源于 DNA 的遗传与变异。基因组 DNA 承担着物种延续的使命,其存在是相对稳定的,同时为了更好地适应环境的变化,它又必然要发生一定的改变。因此每个个体所拥有的 DNA 序列是独一无二的,通过分子生物学方法所显示出来的 DNA 图谱也就独一无二,于是可以把 DNA 作为像指纹那样的独特特征来识别不同的个体。DNA 指纹除了具有指纹所能行使的功能以外,还同样具有 DNA 的遗传性,因此通过对 DNA 指纹的鉴定就可以判断两个个体之间的亲缘关系,而不仅仅是分辨个体差异。针对这一特征,DNA 指纹鉴定早已作为一种法医学物证分析方法运用到人类的刑事案件侦破以及亲子鉴定中。同样,DNA 指纹鉴定也适用于肉制品的溯源乃至所有食品的溯源。

2）特点

（1）基因组数据获取完整。全基因组测序技术能够高通量地获取物种的完整基因组序列。通过对样本 DNA 的提取和高通量测序平台的运用,可以获取大量的基因组数据。

（2）数据分析和比对明显。获取的基因组数据需要进行高级的生物信息学分析和比对。这包括将样本的基因组序列与已知数据库中的参考序列进行比对,以确定物种的归属和亲缘关系。

（3）病原体溯源准确。全基因组测序技术可以用于追踪病原体的来源和传播路径。通过分析病原体基因组的变异和演化信息,可以确定不同病原体株系之间的关系,从而帮助追溯疫情的传播和源头。

（4）食品溯源科学。在食品安全领域,全基因组测序技术可以用于追踪食品的来源和处理过程。通过分析食品中的 DNA 序列,可以确定其原料的种类和来源,甚至检测到潜在的掺假或污染问题。

（5）物种识别范围广。全基因组测序技术可以用于物种识别和鉴定。通过对物种特定基因组特征的分析,可以准确鉴定出样本所属的物种,包括动植物、昆虫等各种生物。

3）技术要点

全基因组测序覆盖面广，能检测生物基因组中的全部遗传信息，准确率可高达 99.99%，技术要点有两点。

（1）限制性片段长度多态性。限制性片段长度多态性是采用的最早的分子标记技术，在长期的自然选择和进化过程中，生物体基因组中特定位点的碱基突变、插入、缺失，或者染色体结构改变、序列重排等现象导致限制性酶切位点的变化，进而造成酶切后片段长短、数目及种类的差别，再通过电泳及杂交等过程获得生物个体或种群特异性的限制性片段长度多态性图谱。

（2）扩增片段长度多态性。扩增片段长度多态性属于第二代分子标记技术，其原理是基因组 DNA 先经两种限制性内切酶切割，产生不同长度的酶切片段，然后与双链接头连接后作为扩增模板，利用带有选择性碱基的引物对该模板进行扩增，扩增片段的特殊性取决于选择性碱基的种类、数目以及顺序。扩增片段长度多态性结合了限制性片段长度多态性的可靠性和 RAPD（random amplified of polymorphic DNA，随机扩增多态性 DNA 标记）的灵敏性。

两种方法操作简单，不需要制备探针和进行分子杂交过程，与毛细管电泳技术联用使扩增片段长度多态性分型变得高效快捷，结果也更加精确。但是该标记是显性标记，无法分辨出纯合及杂合个体。全基因组测序技术的应用为溯源提供了前所未有的机会和挑战。它使我们能够更精确地追踪和识别样本的来源和演化历史，为食品安全、疫情防控、生态保护等领域提供了强大的支持和保障。然而，随着技术的不断发展，仍需解决数据分析和解读的挑战，并加强国际合作和数据共享，以进一步推动溯源技术的应用和发展。

4）适宜区域

从动植物的产地到产品的加工，直到终端消费者，包括养殖、运输、屠宰、分割、销售等各个环节。

6.4 典型案例

6.4.1 阳澄湖大闸蟹二维码防伪溯源

1. 阳澄湖大闸蟹概况

阳澄湖大闸蟹，江苏省苏州市特产，中国国家地理标志产品。阳澄湖大闸蟹又名金爪蟹，产于苏州市阳澄湖。蟹身不沾泥，俗称清水大闸蟹，体大膘肥，青壳白肚，金爪黄毛，肉质膏腻。农历九月的雌蟹、十月的雄蟹，性腺发育最佳。

煮熟凝结，雌者呈金黄色，雄者如白玉状，滋味鲜美。

阳澄湖大闸蟹先后获得了绿色食品、江苏名特优新农产品博览会最佳产品奖、全国水产业质量放心国家标准产品、中国十大名蟹、全国知名大闸蟹十佳名优品牌等荣誉称号。2019年12月23日，第五届中国农业品牌年度盛典在成都通威国际中心开幕，会上正式发布了"中国农产品百强标志性品牌"。江苏阳澄湖大闸蟹等品牌入选。2020年7月27日，阳澄湖大闸蟹入选《中华人民共和国政府与欧洲联盟地理标志保护与合作协定》第二批保护名单。阳澄湖大闸蟹是苏州的一张亮丽名片，于2020年被授予中华人民共和国农产品地理标志登记证书。阳澄湖大闸蟹主要采用电商销售和线下销售相结合的生产经营模式，具有较强的品牌效应。品牌实施登记以来，相关单位严格按照《农产品地理标志管理办法》和《中华人民共和国阳澄湖大闸蟹农产品地理标志质量控制技术规范》相关要求，建立质量追溯平台，加强产品质量追溯体系建设，推动产品优质优价。

2. 质量技术要求

（1）品种。中华绒螯蟹，别称河蟹、毛蟹，属于节肢动物门软甲纲十足目弓蟹科绒螯蟹属。

（2）蟹种培育。亲本为长江水系中华绒螯蟹，由长江水域自然生长或从国家原种场及阳澄湖亲本基地培育而成；大眼幼体经由专业中华绒螯蟹育苗场繁育而成。

（3）成蟹养殖。水质清新无污染，pH值为7.0至8.5，溶解氧稳定在5毫克/升以上。水深1.5米至2.0米，透明度40厘米以上，水位落差≤150厘米，湖底平坦，底质硬，淤泥厚度<30厘米，上市规格特级雄蟹≥200克，雌蟹≥150克；一级雄蟹≥150克，雌蟹≥125克；二级雄蟹≥125克，雌蟹≥100克。

（4）质量特色。阳澄湖大闸蟹主要特征是青背白肚、金爪黄毛、蟹脚坚硬结实、橙黄色的蟹黄、白玉似的脂膏、洁白细嫩的蟹肉、口感微甜、味道鲜美。雌蟹粗蛋白含量≥15.1%，雄蟹粗蛋白含量≥15.4%；雌蟹粗脂肪含量≥9.5%，雄蟹粗脂肪含量≥7.1%。

（5）专用标志使用。在阳澄湖大闸蟹原产地域范围内的生产者，如使用原产地域产品专用标志，须向设在当地质量技术监督局的阳澄湖大闸蟹原产地域产品保护申报机构提出申请，经初审合格，由国家市场监督管理总局公告批准后，方可使用阳澄湖大闸蟹地理标志产品。

3. 阳澄湖大闸蟹质量可信追溯体系的构建

溯源是指对农产品、工业品等商品的生产、加工、运输、流通、零售等环节的追踪记录，它通过产业链上下游各方广泛参与来实现。针对阳澄湖大闸蟹而言，其主要是由消费者、供应商、经销商、第三方平台、政府监管机构来共同维护，防止"洗澡蟹"问题的发生和扩大，阳澄湖大闸蟹追溯环节主要从养殖、加工、运输、仓储、销售等五个环节来进行运作。

1）养殖环节

在水产品质量追溯体系中，养殖环节是源头把控的关键环节。它有五个质量安全关键控制点，分别为种苗选购、饲料供应、水质和水源、养殖场所、养殖生产。

第一，种苗选购：养殖场根据育苗场资质情况以及所提供种苗的质量水平，将采购的时间、地点、数量和供应商资质，交易双方操作人员，以及养殖区域编号记录在系统中。第二，饲料供应：大闸蟹的主要饲料包括玉米粒、螺蛳、小鱼等为主要的饲料，蟹农将需要购买的数量、饲料种类、购买时间、购买地点、供应商信息、交易双方操作人员、养殖区域编号等信息记录在系统中。第三，水质和水源：蟹的养殖最重要的一环就是水质，水质的好坏直接决定阳澄湖大闸蟹质量的优劣，为保障阳澄湖水质，苏州市生态环境局工作人员需对其水域水质进行不定期的监测，将监测报告、测量时间、工作人员、养殖区域编号等信息上传到系统中。第四，养殖场所：阳澄湖大闸蟹的养殖因其拥有得天独厚的水域环境和地理位置，使其味道甘甜、肉质鲜美且富有弹性。当地养殖户须向当地有关部门进行养殖申请，经过资质审核批准得到养殖区域编号和养殖许可证，并将其上传到系统中。第五，养殖生产：种苗在育苗网中进行集中培育时，养殖户需要对养殖水域进行水草种植，营造一个良好的生活环境。养殖户根据日常投放饲料的实际情况，将投喂时间、投料数量、饲料名称、养殖区域编号、投料人以及养殖过程中大闸蟹死亡数量等信息上传到系统中。

在阳澄湖大闸蟹养殖过程中，养殖户将养殖生产资料信息输入到系统中，区块链根据养殖区域编号和时间自动生成唯一的追溯码，同时在围网上安装摄像头，数据实时传输到系统后台的数据库中，实现养殖过程全程追溯。系统平台在阳澄湖大闸蟹进入市场时都会为之自动生成附带有时间戳的商品信息电子档案，每一只大闸蟹都拥有自己唯一的追溯码。为保障进入市场的每一只阳澄湖大闸蟹货真价实，通过对系统中种苗的购买数量、养殖过程中死亡的数量以及捕捞过程中受损的数量对产量进行预测，如果最终该养殖区域流入市场的大闸蟹数量远远高于预测值，系统的内部机制将会进行预警。由于系统中上传的视频和数据信息不可更改，因此，若存在造假问题，有关部门一查便知，可及时进行处理。

2）加工环节

养殖户通过订单信息将大闸蟹从养殖区域捕捞上岸并运输到加工厂，整个过程实时监控。供应商将每只大闸蟹的重量、运输路线、收货人等信息上传到系统中,系统平台结合养殖区域对应的追溯码更新商品信息电子档,同时为每只大闸蟹自动生成唯一的身份码。通过防伪蟹扣和无线射频识别身份码双重验证,可查清每只大闸蟹的来源。

3)运输环节

阳澄湖大闸蟹装箱上车阶段,运输司机需将车辆信息录入追溯平台,包含司机基本信息、车辆型号、大闸蟹的订单号、行驶路线、运输日期等。由于阳澄湖大闸蟹是鲜活水产品,因此,为保障物流过程中的成活,需要进行低温冷链运输,并对大闸蟹存放环境的温度进行实时监测。同时,为保证数据上传的准确性,需要对冷链温控设备进行身份审核,防止数据造假、监管脱节等问题。

4)仓储环节

仓储环节是生鲜水产品最后一公里冷链配送的关键环节,需将每一只阳澄湖大闸蟹到货后的健康状况、到货日期、收货人、大闸蟹数量和重量等信息进行记录,并对从入库到出库全过程的温湿度实时监控,确保温度可控、品质可控,尽量避免积压,以保证消费者买到的是新鲜正宗的阳澄湖大闸蟹。

5)销售环节

销售环节是消费者进行售后维权的重要环节。为了界定责任主体,销售人员进行销售时,需将大闸蟹的信息、消费者信息、销售人员、购买时间和地点等上传到追溯平台。消费者可扫描无线射频识别标签来查看供应链过程的环节数据,辅助防伪标识来验证真伪。

4. 阳澄湖大闸蟹二维码溯源技术运用

(1)阳澄湖大闸追溯体系建设情况。阳澄湖大闸蟹的农产品地理标志登记范围为阳澄湖湖区、阳澄湖沿岸的相城区太平街道、相城区阳澄湖镇、相城区阳澄湖生态休闲旅游度假区、常熟市沙家浜镇、昆山市巴城镇、苏州工业园区唯亭街道区域,区域面积为 516.04 平方公里,生产面积为 18 408 公顷(276 120 亩),登记申请人为苏州市阳澄湖大闸蟹行业协会。2020 年,阳澄湖大闸蟹湖区养殖户 2229 户,高标准池塘养殖户 7822 户,苏州市阳澄湖大闸蟹行业协会授权企业 710 家,年产量为 10 260 吨。

(2)建立阳澄湖大闸蟹质量追溯平台。2020 年,阳澄湖大闸蟹质量追溯平台建成并投入使用。平台建设采用 5G 网络、区块链、人工智能等新技术手段,推动实现智能养殖、质量安全、智能执法和水产品销售等养殖过程中所有质量安全相关的信息和大数据管理。平台分为四个部分:质量安全追溯分平台、智能养殖分平台、智慧执法分平台和水产品销售分平台。通过创新智慧监管手段,把阳澄湖湖区和周边乡镇标准化池塘逐步纳入统一监管范围。在农产品地理标志保护区域范围内安装监控设备，设立 23 个监管点实行远程监控。

（3）开展阳澄湖大闸蟹质量追溯示范。选取苏州市阳澄湖镇苏渔水产有限公司、昆山市巴城镇阳澄湖蟹鑫园蟹业有限公司、常熟市长虹阳澄湖大闸蟹有限公司 3 家企业作为质量追溯监管示范点，分别安装人脸识别设备、视频监控设备、尾水监控设备，并连接阳澄湖湖区养殖范围内的另外 13 个监管点共同发挥监管作用。目前，阳澄湖大闸蟹智慧管理平台由苏州市阳澄湖大闸蟹行业协会运营，苏州捷安信息科技有限公司维护，全市 600 家用标企业已全部入网。

（4）建立以蟹扣管理为抓手的追溯推进机制。阳澄湖大闸蟹质量追溯实行一蟹一扣管理，通过规范蟹扣管理推动生产经营者入网追溯，每只阳澄湖大闸蟹必须在沿湖生产者和经营公司发货地进行蟹扣佩戴，并建有完整的追溯信息档案，通过扫码，可以看到大闸蟹的品牌介绍、品类介绍、公司信息、捕捞信息、责任人信息、检验信息、渠道信息、发货门店信息、终端消费者营销信息等多维度内容。苏州市阳澄湖大闸蟹行业协会设立五个蟹扣委托发放点，委托发放点对生产者、经营者的数据信息进行收集、统计、分析和汇总，将经营者提供的养殖、转租水面合同以及收购大闸蟹的协议上传溯源系统。根据阳澄湖大闸蟹生产者的养殖面积，按每亩 600 只回捕率的标准发放蟹扣，生产者携带相关证件签字确认，养殖、转租水面合同不在名单内的不予申请蟹扣。为区分不同的养殖区域，2020 年苏州市阳澄湖大闸蟹行业协会将蟹扣分为红色蟹扣和绿色蟹扣，红色蟹扣代表阳澄湖围网养殖区域，绿色蟹扣代表池塘高标准养殖区域。据统计，2020 年全市共发放蟹扣数量为 3200 万只，用扣后扩大了阳澄湖大闸蟹的销量，保护了阳澄湖大闸蟹的品牌，提升阳澄湖大闸蟹的品牌价值。

（5）强化阳澄湖大闸蟹防伪追溯管理。通过大数据、信息化等手段，消费者可以查询到每只阳澄湖大闸蟹的生产产地、销售企业、养殖户、生产管理等信息，从而实现防伪。防伪标签正反面均为镭射材料，具有金属感和光泽；正反面底纹为防伪逻辑结构；正面测光查看，字体会根据不同角度显示彩色效果；反面数码和二维码根据逻辑变色显示。消费者可以通过扫码查询、网站查询和公众号查询防伪码真伪。标签反面加载语音矩阵，并进行专版加密，即用专版专用语音点笔读取专版内容，播报验证语音。为防止外地大闸蟹假冒阳澄湖大闸蟹，苏州市阳澄湖大闸蟹行业协会要求线上、线下销售阳澄湖大闸蟹必须实行"一蟹一扣一标志"使用原则，每只阳澄湖大闸蟹必须在沿湖生产者、经营者发货地及苏州市阳澄湖大闸蟹行业协会授权企业的备案门店进行蟹扣佩戴，并在其外包装上必须标有鲜明的农产品地理标志图案。线下市场、门店销售阳澄湖大闸蟹必须用标识标示，门店销售其他大闸蟹实行分类存放，明确文字标示。同时，苏州市阳澄湖大闸蟹行业协会设立经营监督办，配合农业执法部门和市场监管部门在阳澄湖大闸蟹上市期间不定期地对沿湖大闸蟹交易市场和商家进行督查。

6.4.2 五常大米区块链防伪溯源

1）五常大米概况

五常市位于黑龙江省南部，占地面积 7512 平方公里，下辖 24 个乡（镇），人口 86.13 万人，先后获得国家现代农业示范区、国家农业科技创新与集成示范基地、国家农业综合标准化示范市、全国农业综合标准化示范县、国家现代农业产业园、中国优质稻米之乡等多项国家级荣誉。现有耕地面积约 504.5 万亩（2022 年末），其中，水田 285 万亩（2022 年末），年产优质大米约 14 亿斤（2023 年末），接近全国人民每人每年 1 斤的量。

五常市历史悠久，清咸丰四年，在五常市设"举仁、由义、崇礼、尚智、诚信"五个甲社，取其"三纲五常"礼仪之邦，"五常"由此得名。五常大米以其得天独厚的生态环境，独一无二的水稻品种，领先行业的技术优势，无与伦比的口感品质和众人皆知的品牌形象，备受广大消费者青睐，被称为"五好"大米，先后荣获中国地理标志保护产品、原产地证明商标、中国名牌产品、中国名牌农产品、中国驰名商标等桂冠。2022 年，在中国品牌价值评价榜单中，五常大米以 703.27 亿元，连续五年蝉联地标产品大米类全国第一；在中国·黑龙江第二届国际大米节上，五常大米再次荣获金奖，闪耀世界舞台。2022 年 12 月，五常大米在《中国品牌》杂志社、中国品牌网主办的"2022 中国区域农业品牌发展论坛暨中国区域农业品牌年度盛典系列活动"中获评"新时代区域农业品牌十年·卓越影响力品牌"。作为中国唯一集"中国地理标志保护产品、原产地证明商标、中国名牌产品、中国名牌农产品、中国驰名商标"五项桂冠于一身的大米品牌，五常大米已成为高品质、高端化、国际化的代名词。

2）质量技术要求

（1）原料稻谷：种子选用五优稻系列、松粳系列及通过审定并符合五常种植条件的其他粳稻品种。种子品质应符合《粮食作物种子 第 1 部分：禾谷类》（GB 4404.1—2008）要求。

（2）栽培技术：应用具有五常特色的一段超早育苗及大棚旱育苗、旱育稀植等栽培技术。

（3）加工工艺：采用清理、砻谷、碾米、白米分级、包装等，亦可有抛光或色选。大米加工中除添加符合《生活饮用水卫生标准》（GB 5749—2022）要求的水外，不添加任何物质。

（4）感官指标：应有五常大米固有的气味，没有异味。米粒半透明，色泽青白有光泽。蒸煮时应有特有的米香味，饭粒表面有油光。口感绵软略黏、微甜、略有韧性，冷却后仍能保持良好的口感。

（5）专用标志使用：2020年1月3日，国家知识产权局核准五常市玉源谷物有限公司、五常市绿山川米业有限公司、五常市金财米业有限公司使用"五常大米"地理标志产品专用标志。2020年3月9日，国家知识产权局核准五常市乔府大院农业股份有限公司、五常市睿向米业有限公司、黑龙江中农裕邦绿色农业发展股份有限公司、五常市卫国乡明发米业使用"五常大米"地理标志产品专用标志。

3）五常大米质量可信追溯体系的构建

（1）区块链溯源体系机制。五常大米区块链运用双链存储机制，双链存储机制以链式结构为基础，凭借链上区块中交易的无序特性构建各项交易的链式结构，进而解决数据溯源过程中的信息存储问题。双链存储机制分为数据溯源信息存储及数据溯源信息查询两部分，具体是利用交易中的附加字段，将交易散列作为附加数据添加到区块的交易中，这样才能在数据信息查询时按照链式结构对链上的全部数据进行查询。

（2）安全模型机制。在数据溯源过程中，数据溯源信息易被恶意篡改，导致数据溯源信息面临较大的信息安全隐患。因此，为了保证数据溯源信息的真实性、完整性与可靠性，五常大米建立数据溯源安全机制，从多个方面保证数据溯源的信息安全。针对数据溯源的潜在威胁，凭借安全可信源机制可以对数据溯源信息进行监测，由此判定数据溯源信息是否完整，是否遭到破坏，从而保障其安全性。

（3）逆向溯源机制。五常大米为解决数据溯源效率不高的弊端，运用逆向溯源机制，该机制对于目标数据的追踪较为简单，且只需要存储较少的元数据就可以实现有效的追踪，不需要耗用多余的空间来存储溯源过程中的中间处理信息、溯源全过程的注释信息等，因此在很大程度上可以规避数据存储缺陷问题。

4）京东农场助力五常大米源头溯源

京东农场携手合作五常大米，以"生态农业，健康餐桌"为使命，按照京东农场的管理标准进行科学种植、规范生产、高效运输，共同打造精准化、智能化、品牌化的现代农业基地。五常大米在种植过程中保持了其特有的古法施肥，氮素含量为0.66%，有机质高达30%。经科学配方生物发酵，与大米生长周期完美契合，提高大米品质的同时，改良土壤结构，修复土壤微生物种群，增加有机质含量。一般大米的成长周期大约为2~3个月，而五常大米的生长周期长达5个月左右，米粒色泽金黄透亮，颗粒饱满，米油多，口感黏稠，蛋白质含量多。米饭黏糊性强、绵甜喷香，蛋白质含量高达19%、植物脂肪、赖氨酸等含量远高于其他优质大米。

京东农场还利用科技手段和标准化管理，通过搭建可视化溯源管控体系，不仅能对五常大米产地的水源、土壤、气象、病虫害等自然环境进行监控，还可以对化肥等投入品及除草、施肥等农事行为进行监管，帮助五常大米实现精准化操作及科学种植管理。另外，还搭建预警模块、管控模块、区块链防伪追溯模块、云端管理模块，为五常大米生长的全流程配置二维码终端系统，实现防伪加密"一物一码"，整个生产过程透明化，让五常大米成为真正安全、放心的大米品牌。在新基建大潮下，京东农场正化身"数字农业引擎"，助力中国农业进入数字化时代。从农产品生产、加工、流通，到终端销售各环节，京东农场将自身物联网、人工智能、区块链等技术的积累向传统农业开放赋能，用数字化技术手段深刻变革农业产销模式，推动传统农业向数字化智能化转变。京东农场联合多个行业权威专家制定了一整套的质量管理体系，运用物联网、区块链等技术从京东农场的准入、产地环境质量、投入品、农事行为、加工仓储、物流配送等全过程进行规范管理，通过科学种植，减少人为干预，保证农产品的安全和质量，同时还可以提升农产品的品牌价值，进一步增加经济效益，自主创立"京品源"品牌，"京品源"是京东农场的统一销售平台和关联品牌，依托京东集团在商城、物流、大数据、供应链等方面的优势资源，为优质农产品建立专属的上行通路，从产品设计到销售运营，全流程为合作项目提供最畅通、优质的营销运营服务。

五常市人民政府还联手京东集团向假冒五常大米发起收复战，从 2020 年数据结果来看，京东双十一，五常大米取得了亮眼的成绩，全网销量创新高，五常大米整体成交额同比增长 180%。作为五常市人民政府指定的官方溯源产品主销渠道——五常大米官方自营旗舰店的整体成交额同比增长 249.85%，官方溯源产品稳居全网销量第一，且 1 小时完成去年全天订单数。据了解，每年五常大米产量仅 70 万吨的大米，但市场销售量却达千万吨。这就代表着，消费者买到的五常大米有 90%概率是假货。在此情况下，黑龙江省五常市人民政府与京东集团合作，在京东超市搭建五常市人民政府官方主销渠道——五常大米官方自营旗舰店，销售正宗五常大米，同时五常市人民政府还推荐五常大米溯源防伪体系企业及产品入驻京东集团。不仅如此，五常市人民政府与京东集团一起制定五常大米地标使用标准和地标产品管理规范，完善溯源体系；共建五常大米官方监管仓，为五常大米企业提供仓储、运输、配送、客服、售后一体化的物流解决方案，实现库存共享及订单集成处理，并提供仓配一体、快递、冷链等多种服务，从而降低企业配送成本，提高配送效率。京东集团与五常市人民政府，联合打造中国优质稻米之乡·五常（京东）大米节提升五常大米品牌价值，推动五常大米产业带高质量发展，打造高质量农产品，推动正向循环。自五常大米入驻京东集团后，市场份额提升 500%，产品销量提升 150%，农户收入提升 200%，五常大米品牌价值提升至 703.27 亿元，连续五年蝉联地标产品大米类全国第一。

5）五常大米区块链防伪溯源运用

五常因米而兴，米因五常而名，五常大米颗粒饱满，质地坚硬，色泽清白，呈半透明状，饭粒油亮，香味浓郁，饭后不回生，为日常生活中做米饭之佳品。五常大米口感独特，备受广大消费者青睐，但市场上销售的五常大米鱼目混珠，真假难辨，让消费者无所适从。为了保护五常大米品牌，促进五常大米产业健康可持续发展，2015年，五常市委、市政府投入3200余万元建成了五常市农业信息和物联网服务中心，建设了五常大米网和五常大米溯源防伪查询平台，对五常大米实行"三确一检一码"溯源防伪，实现从地块、水稻播种、田间管理、生产加工到餐桌全程管控，并进行信息反馈和质量追溯，形成完整的五常大米溯源防伪体系，有效地保护了五常大米地域品牌。

基于区块链开发的五常大米溯源防伪系统，通过物联网覆盖大米从种植、收割、检验、加工、仓储物流到终端销售整个生产链，每个环节信息都能被实时传输记录到区块链上，信息一旦记录便无法更改，实现"数字大米"生产可记录、信息可查询、流向可追踪、质量可追溯的目的。如果发现了问题，企业根据链上信息，能够快速精准找出问题环节，进行更改、追责。在品牌农业方兴未艾的时代背景下，"智慧农田"出产的"数字水稻"，数据公开透明、真实地展示给消费者，使品牌的口碑和竞争力得到提高，增强农业附加值。五常大米主要从三方面进行溯源。

（1）一是"三确"，即确地、确种、确投入品。确地，就是结合运用农村产权制度改革成果，将五常市水田信息全部录入系统，定位到农户、地块和边界，实现对水稻产量的分户核算和总量控制。确种，就是将全市15家有五优稻四号（稻花香二号）繁育资质的企业纳入系统管理，对种业基地进行总量、地块、品种控制。确投入品，就是采集了全市3000多个地块的土壤有机质含量信息，根据购药购肥凭证及土壤氮、磷、钾含量，确定地块农药、化肥施用量，来划定无公害、绿色、有机和欧盟四个生产标准。2021年8月19日，五常市235.5万亩水稻种植地块全部联网监控，其中欧盟标准1万亩、有机标准30万亩、绿色标准150万亩、无公害标准30万亩。

（2）二是"一检"，指质量检验，采取企业自检、监督抽检和平台检验相结合的方式对五常大米进行检验，未经检验的产品严禁出厂销售。此外，通过搭建可视化溯源管控体系，不仅能对五常大米产地的水源、土壤、气象、病虫害等自然环境进行监控，还可以对化肥等投入品及除草、施肥等农事行为进行监管，帮助五常大米实现精准化操作及科学种植管理。

（3）三是"一码"，即溯源防伪码，运用最新的溯源防伪技术，将溯源防伪码直接印制在五常大米包装物的指定位置。一物一码，外包装喷A码，内包装喷B码，经过溯源认证、检验合格后才能激活。消费者通过扫描溯源防伪码，可以查询企业信息和产品信息，辨别真伪。目前，五常大米溯源防伪体系开户企业累计414家，其中171家企业的10 101个批次16.7万吨产品激活投放市场。通过不断完善五常大米溯源防伪体系和五常大米标准体系，五常大米品牌建设与保护工作取得了初步成果，"农民增收、企业增效、财政增税、消费增信、品牌增值"初步显现，大米价格连年增长，品牌价值不断攀升。

参 考 文 献

蔡立. 2012. 基于RFID技术的智能馆藏管理系统构建. 无线互联科技, (1): 46-47.

曹裕, 李青松, 胡韩莉. 2020. 基于消费者行为的食品溯源信息监管策略研究. 运筹与管理, 29(8): 137-147.

陈华. 2010. 食用油产品溯源查询系统的建立与应用. 长沙: 湖南农业大学.

葛宏义, 吴旭阳, 蒋玉英, 等. 2023. 基于区块链技术的粮油食品溯源研究进展及展望. 农业工程学报, 39(5): 214-223.

李建军, 苏芳媛, 杨玉, 等. 2022. 基于区块链技术的有机食品溯源体系. 食品与机械, 38(3): 71-74, 109.

梁建伟. 2017. 论产品质量（食品安全）溯源体系建设：以广东（南沙）自贸区为例. 广东经济, (12): 40-43.

林志杰. 2013. 二维条码的发展与应用. 中国标准化, (6): 78-81.

刘宗妹. 2020. "区块链+射频识别技术"赋能食品溯源平台研究. 食品与机械, 36(9): 102-107.

宋雪健, 钱丽丽, 张东杰, 等. 2017. 近红外光谱技术在食品溯源中的应用进展. 食品研究与开发, 38(12): 197-200.

王虹, 王成杰, 杨旭, 等. 2021. 进口食品追溯体系的现状及发展趋势. 食品与发酵工业, 47(13): 303-309.

肖蓉. 2017. 分析农产品质量快速溯源系统的现状、问题及对策. 中国农业信息, (20): 23-24.

邢平立, 白惠艳. 2013. 二维码概述及应用. 网印工业, (7): 47-50.

许江军. 2010. 射频识别（RFID）技术及在公交行业的应用. 城市公共交通, (3): 33-35, 1.

张传山. 2013. 条形码采集识别技术应用解析. 民营科技, (2): 32, 292.

张海波, 曹钰坤, 刘开健, 等. 2023. 车联网中基于区块链的分布式信任管理方案. 通信学报, 44: 148-157.

张学旺, 林金朝, 黎志鸿, 等. 2023. 基于新型公平盲签名和属性基加密的食用农产品溯源方案. 电子与信息学报, 45(3): 836-846.

赵训铭, 刘建华. 2019. 射频识别（RFID）技术在食品溯源中的应用研究进展. 食品与机械, 35(2): 212-216, 225.

第 7 章　智慧果园

目前，我国果园农业生产仍存在生产效率低、机械化水平不高、管理粗放等诸多问题，如何提高果园生产机械化水平、提升果园作业装备的智能化水平仍是农业农村现代化过程中亟须解决的问题之一（兰玉彬等，2022）。现代化农业必将是集机械化、数字化、信息化和智能化于一体的智慧农业。发展智慧果园，推进信息化、自动化、智能化技术与水果产业的深度融合，是果园产业转型升级的重要契机，更是推进乡村振兴战略的重要抓手。本章将从智慧果园的模式概况、关键设备、系统组成、应用与展望和应用案例五个方面，对智慧果园进行介绍。

7.1　智慧果园的模式概况

7.1.1　智慧果园的概念与特征

智慧果园是一种将物联网、云计算、大数据等新型信息技术与地理学、农学、生态学、植物生理学、土壤学等基础学科有机结合后形成的全新果园管理模式（兰玉彬等，2022）。

智慧果园中通常包含多套智能化果园管理系统，如大数据应用分析系统、环境监测系统、病虫害防治系统、水肥一体化智能灌溉系统、生产过程管理系统、质量安全监督溯源系统、智能专家指导系统等。通过这些果园管理系统，可以实现产品溯源，生产管理的精准化、标准化、远程化和自动化，加快推进果树生产智能化、经营网络化、管理高效化、服务便捷化，从而全面提高水果产业现代化水平（刘君玲，2021）。

7.1.2　智慧果园的典型功能

1）环境监测与控制

智慧果园能够通过传感器和监测设备对果园的环境因素进行实时监测，并基于监测数据进行自动控制，以优化果树生长环境（韩欢，2022）。以下是环境监测与控制功能的具体内容。

(1) 温度监测与控制：利用温度传感器监测果园内外的温度变化。通过实时监测和数据分析，可以控制温室通风、加热和降温系统，维持适宜的温度范围，促进果树生长和果实发育。

(2) 湿度监测与控制：使用湿度传感器监测果园的湿度水平，包括空气湿度和土壤湿度。根据监测数据，可以自动控制灌溉系统，实现精确的水分供应，避免水分过量或不足对果树生长的影响。

(3) 光照监测与控制：通过光照传感器监测果园的光照强度和光周期。基于监测结果，可以自动控制遮阳网、光照补光等设备，确保果树获得适当的光照条件，促进光合作用和植物生长。

(4) CO_2 浓度监测与控制：利用 CO_2 传感器监测果园中的 CO_2 浓度。根据监测结果，可以调节通风系统和 CO_2 补充装置，维持适宜的 CO_2 水平，提供充足的 CO_2 供果树光合作用使用。

(5) 土壤 pH 值和 EC 值监测：通过土壤传感器监测土壤的 pH 值和 EC 值，评估土壤的酸碱度和盐分含量。根据监测数据，可以进行土壤调理和施肥管理，维持土壤的理想化学特性，提供良好的生长环境。

(6) 自动控制系统：基于环境监测数据，智慧果园配备自动控制系统，可以自动调节温室通风、灌溉系统、光照设备等，实现对果园环境的精确控制。这些系统可以根据预设的参数和算法进行自主决策，保证果树在最适宜的环境条件下生长。

通过环境监测与控制功能，智慧果园能够实现对果树生长环境的精细化管理，提高果实品质和产量，并节约资源的使用，降低环境对果树生长的不利影响。

2）水肥一体化管理

通过智能化技术和系统，智慧果园可实现对水分和肥料的精确供应和管理，提高水肥利用效率、减少浪费，并优化果树的生长和果实的品质。以下是水肥一体化管理功能的主要内容。

(1) 水分监测与控制：利用土壤湿度传感器，实时监测果园土壤的湿度水平。根据监测结果，智能系统可以自动控制灌溉设备，精确调节灌溉量和灌溉时间，以满足果树的水分需求，并避免水分过多或不足。

(2) 肥料施用监测与控制：结合土壤肥力测试和作物需求，智能系统可以根据果树的生长阶段和养分需求，精确计算肥料的施用量和施用时机。通过肥料施用机和智能控制系统的协同作用，精确控制肥料施用，避免过量或不足的情况发生。

(3) 数据分析与决策支持：智慧果园的水肥一体化管理系统可以收集、存储和分析大量的水肥管理数据，包括土壤湿度、气象信息、作物生长情况等。基于这些数据，系统可以进行数据分析和模型建立，为决策提供科学依据，优化水肥管理策略，提高水肥利用效率。

（4）远程监控与调整：通过物联网和云平台的支持，智慧果园的水肥一体化管理系统可以实现远程监控和远程调整。果农可以通过手机应用或电脑客户端随时监测果园的水肥状态，并进行远程调整，确保水肥管理的及时性和准确性。

（5）节水节肥技术支持：智慧果园的水肥一体化管理系统还可以整合节水节肥技术，如滴灌、微喷灌、肥料缓释剂等。这些技术可以有效减少水肥的损耗和浪费，提高资源利用效率，同时降低对环境的污染。

通过水肥一体化管理功能，智慧果园可以实现对水分和肥料的精确管理，减少资源浪费，提高果树的生长质量和产量，并降低对环境的负面影响。图 7-1 展示了智慧果园中应用的智能水肥一体化设备。

图 7-1　智慧果园中应用的智能水肥一体化设备

3）病虫害监测与防控

智慧果园的病虫害监测与防控功能是指利用智能化技术和系统，对果园中的病虫害进行实时监测、预警和有效防控，以保障果树的健康生长和果实的品质。以下是病虫害监测与防控功能的主要内容。

（1）病虫害监测系统：智慧果园配备了病虫害监测设备，如虫情监测传感器、病害监测摄像头等，能够实时监测果树周围的害虫数量和病害发展情况。这些设备通过物联网连接到数据处理平台，传输监测到的数据并进行分析。

（2）数据分析与预警：通过对病虫害监测数据的分析和处理，智能系统可以实现病虫害的预警功能。基于历史数据和模型算法，系统能够判断病虫害的发生概率和严重程度，并提供预警信息给果农。果农可以及时采取相应的防控措施，以减少病虫害对果树的损害。

（3）防控措施推荐：智慧果园的系统还可以根据病虫害的类型和严重程度，推荐相应的防控措施给果农。这些推荐措施可以包括合适的化学药剂、生物防治方法、物理防护措施等。通过智能系统的指导，果农可以选择最合适的防控方式，降低对环境和果实品质的影响。

（4）防治作业优化：智慧果园可以根据果园的病虫害情况和作业需求，优化防治作业的安排和实施。智能虫情监测系统可以提供作业路线规划、药剂用量计算、作业时间调度等支持，以提高防治作业的效率和准确性。

（5）远程监控与管理：智慧果园的病虫害监测与防控系统支持远程监控和管理。果农可以通过手机应用或电脑客户端随时查看果园的病虫害监测数据、预警信息和防控措施，进行远程管理和调整。通过病虫害监测与防控功能，智慧果园可以及时发现病虫害的存在，并采取相应的预警和防治措施，最大程度地保护果树的健康和果实的品质，提高果园的产量和经济效益。

4）数据分析与决策支持

利用大数据分析和人工智能技术，智慧果园可对果园中的各项数据进行收集、整合、分析和处理，以提供决策支持和优化果园管理的指导（王天腾，2021）。以下是数据分析与决策支持功能的主要内容。

（1）数据收集与整合：智慧果园通过各种传感器、监测设备和物联网技术，实时收集果园中的环境数据、生长数据、气象数据等多种信息。这些数据包括土壤墒情、气温、湿度、光照强度、果树生长状态等，通过系统的数据整合，形成全面的果园信息数据库。

（2）数据分析与预测：利用数据分析技术和机器学习算法，对果园数据进行处理和分析。通过对历史数据和实时数据的比对和挖掘，可以发现数据之间的关联和规律，预测果树生长趋势、果实产量、病虫害发生概率等。这些预测结果能够为果园管理者提供决策参考。

（3）决策支持系统：基于数据分析的结果，智慧果园构建了决策支持系统。该系统能够根据果园的特定情况和管理需求，为果农提供智能化的决策支持。比如，根据果树生长状态和病虫害预测结果，系统可以推荐适当的施肥和喷药方案，优化水肥管理和防控措施。

（4）实时监控与报警：智慧果园的数据分析系统可以实时监控果园中各项指标的变化，并设定相应的阈值和报警机制。当某些指标超出设定范围时，系统会发出报警信号，提醒果农注意问题和采取相应的措施，以及时调整管理策略。

（5）精细化管理和资源优化：通过对果园数据的精细化分析和决策支持，智慧果园能够优化资源利用和管理策略。例如，在施肥和灌溉方面，系统可以根据土壤墒情和植物需求，精确控制水肥供给量，减少浪费和环境污染。此外，系统还可以优化种植布局、作业调度和资源配置，提高果园的效益和可持续发展性。

通过数据分析与决策支持功能，智慧果园能够实现精细化管理、资源优化和决策智能化，帮助果农更好地掌握果园的运行情况，提高果树的生长质量和产量，并有效应对病虫害等问题。

5）自动化作业

智慧果园的自动化作业功能是指利用先进的技术和设备，实现果园作业的自动化和智能化。以下是智慧果园的自动化作业功能的主要内容。

（1）自动化植保作业：智慧果园采用无人机或智能植保机等自动化设备，实现果树的喷洒、施肥和病虫害防治等作业。通过预先设定的航线和作业参数，自动化设备能够高效地完成植保作业，提高作业效率，减少人工成本，并避免对环境和作物造成过度的药物使用。

（2）自动化收获作业：智慧果园利用智能收割机或采摘机器人等自动化设备，实现果实的自动收获。这些设备通过图像识别和机器视觉技术，能够准确地识别和采摘成熟的果实，避免人工收获中的误伤和损失，提高采摘效率和果实品质。

（3）自动化灌溉作业：智慧果园利用自动化灌溉系统，根据土壤墒情传感器和气象数据，自动调节灌溉水量和频率，实现精准的灌溉作业，从而避免水分浪费和过度灌溉，确保果树的水分供应合理，并提高水资源利用效率。

（4）自动化施肥作业：智慧果园利用自动化施肥系统，根据土壤分析和作物需求，精确地施加适量的肥料。自动化设备能够根据预设的施肥方案和作业参数，自动完成施肥作业，并实时监测施肥效果和土壤养分状况，以实现精准施肥和养分管理。

（5）自动化巡检作业：智慧果园利用巡检机器人或无人机等设备，实现果树的定期巡检和监测。这些设备能够自动巡视果树的生长状况、病虫害情况和果实成熟度等指标，提供详细的巡检报告和数据，帮助果农及时发现问题和采取措施。

通过自动化作业功能，智慧果园能够减轻人工劳动负担，提高作业效率和质量，减少资源浪费和环境污染，并为果农提供更精确的数据和决策支持，实现果园管理的智能化和可持续发展。

7.1.3 智慧果园模式的优势

1）建设标准化

在传统果园中，果农通常凭借经验和感觉来进行浇水、施肥和打药等管理活动。然而，在智慧果园生产基地中，得益于大量智能控制系统与传感器的应用，果树的浇水、施肥和打药都能够实现精准化的操作。此外，智慧果园中配备了整形修剪、除草、土壤改良、收获、搬运以及病虫害防治等全生产过程所需的设备。基于作业数据采集、任务收发、统计分析、绩效管理、安全防盗和运行状态监测等应用，智慧果园实现了生产种植的标准化。

2）管理信息化

智慧果园将果园的生产、管理、经营、服务等看成一个有机联系的系统，把数字技术综合、全面、系统地应用到果园生产经营系统的各个环节，实现了管理的信息化，全面提高了种植全流程管理服务和经营效益水平，从而达到了合理利用农业资源、降低生产成本、改善生态环境、提高果品产量和质量的目的。

3）生产智能化

智慧果园利用全面感知、可靠传输、先进处理和智能控制等技术的优势，实现精确、集约、可持续生产，通过物联网技术长期收集有效数据，结合数据平台分析，用科学数据反馈果园种植，逐步实现种植标准化、自动化、智慧化，积极发挥智能化生产引领作用。

7.2 智慧果园的关键设备

7.2.1 关键无人农机设备

1）空中无人机

根据第 5 章所述，空中无人农机是智慧农业中的重要设备，按照其功能不同，可分为植保无人机、监测无人机、投料无人机等。在智慧果园中，无人机也有广泛的应用。具体而言，借助空中无人农机，智慧果园可以实现以下功能。

（1）植物健康监测：无人农机配备高分辨率摄像头和多光谱传感器，可以进行植物健康监测。通过拍摄植物图像或获取植物的光谱数据，无人农机可以提供关于植物健康状况、营养状态和病虫害情况的信息。这有助于果农及时发现植物问题，并采取相应的措施。

（2）灌溉和施肥管理：通过搭载传感器和相机，无人农机可以对果树进行实时监测和图像分析，评估作物的水分和营养状况，并根据需要调整灌溉和施肥策略，进行灌溉和施肥的精准管理。

（3）害虫防治：无人农机可用于害虫的监测和防治。通过红外热成像技术，无人农机可以监测害虫的活动和分布情况，帮助果农定位害虫的热点区域并及时采取相应的防治措施。

(4) 地形测绘和规划：无人农机配备航空摄影设备，可以进行果园的地形测绘和规划。通过获取高精度的地形数据和三维模型，无人农机可以帮助果农进行果园设计、土地利用规划以及地形分析。

(5) 智能喷雾和施药：无人农机可以进行智能化的喷雾和施药。通过配备喷雾设备和传感器，无人机可以精确控制药剂的喷洒量和喷洒位置，实现精细化的病虫害防治。

2）地面无人农机

智能植保机、智能收割机、采摘机器人、巡检机器人等地面无人农机在智慧果园中同样有广泛的应用，包括以下内容。

(1) 农田巡查和监测：巡检机器人搭载了各种传感器和相机，可以自主导航并用于巡视果园和农田。它们能够收集高分辨率的图像数据、视频以及环境信息，帮助果农监测作物生长情况、土壤水分状况、病虫害情况等。

(2) 作物识别和分类：通过搭载图像识别技术，巡检机器人可以对果树进行自动识别和分类。它们能够识别不同种类的果树，判断果实的成熟度，并帮助果农进行准确的果实采摘和分类。

(3) 植物保护和病虫害防治：智能植保机搭载喷洒系统和传感器，可以对果园进行植物保护和病虫害防治。它们能够精确喷洒农药或植物保护剂，根据作物的生长状态和病虫害情况进行定点喷洒，提高防治效果并减少农药的使用量。

(4) 自动化种植作业：地面无人农机可以执行自动化的种植作业，如自动播种、自动施肥等。它们能够根据预定的模式和间距，自动进行作业，提高种植的效率和准确性。

(5) 自动化果实采摘：智能采摘机器人可以根据事先编程或通过实时感知果实位置和成熟度信息，准确定位并采摘果实。它们配备了灵活的机械臂或机械手，能够轻松处理不同大小和形状的果实，实现高效的采摘操作。

(6) 数据采集和分析：地面机器人能够收集大量的农田和果园数据，包括图像数据、环境数据、作物生长数据等。这些数据可以用于农田管理、决策支持和精准农业等方面的分析和应用。

7.2.2 关键环境监测设备

1）多要素气象传感器

多要素气象传感器包含风速、风向、温湿度、气压、降水等气象信息的测量功能，可以实时获取多种气象要素的数据，并将其上传到后台存储服务器进行分析和利用。以下是多要素气象传感器常用的功能和应用。

（1）风速和风向测量：传感器可以测量风的速度和方向，帮助农场管理者了解风的强度和风向对作物生长的影响。

（2）温湿度测量：传感器可以测量空气的温度和湿度，提供关键的气象信息。这对于作物的生长和发育非常重要，可以帮助管理者调整灌溉和温室环境，以提供最适宜的条件。

（3）气压测量：传感器可以测量大气压力，帮助预测天气变化和监测气候的稳定性，帮助管理者对农业生产进行合理安排。

（4）降水测量：传感器可以测量降水量，包括降雨量和降雪量。辅助农场管理者合理安排灌溉和排水系统，以确保作物得到适量的水分供应。

通过多要素气象传感器不间断地获取气象信息，并将其与其他传感器数据融合，智慧农场可以实现精细化的水肥一体化管理和植物保护作业。利用这些数据，农场管理者可以根据实际的气象条件和作物需求，调整灌溉计划、施肥方案和农药使用，以提高生产效率、减少资源浪费，并保护环境的可持续性。

2）土壤墒情传感器

智慧果园中的土壤墒情传感器可以测量多个关键指标，以提供详细的土壤墒情信息，帮助果园管理者更好地了解土壤水分状况、作物的生长需求以及土壤的肥力情况，从而制定科学的灌溉和施肥策略，提高果园的产量和质量。以下是一些常见的土壤墒情传感器可以测量的土壤墒情指标。

（1）土壤水分含量：土壤墒情传感器可以直接测量土壤中的水分含量，以表示土壤的湿度水平，通常以体积水分含量或质量水分含量的形式呈现。

（2）土壤水势：土壤水势是指土壤中水分的势能，反映了土壤中水分的可利用程度和植物对水分的吸收能力。

（3）土壤温度：土壤墒情传感器具有土壤温度测量功能，能够提供完整的土壤热态信息，这些信息对于理解作物生长和土壤活动有着非常重要的作用。

（4）盐分含量：一些土壤墒情传感器还可以测量土壤中的盐分含量，即土壤的电导率。盐分含量对作物的生长和土壤的肥力有重要影响，因此监测土壤盐分可以帮助调整施肥策略。

（5）土壤 pH 值：部分土壤墒情传感器还能够测量土壤的 pH 值，即土壤的酸碱度。土壤 pH 值对于作物的养分吸收和土壤微生物活动具有影响，因此了解土壤 pH 值有助于调整土壤环境和施肥计划。

3）植物生理量传感器

植物生理量传感器在智慧果园中被用于监测植物的生理参数，提供关于植物生长和健康状况的信息。以下是一些常见的植物生理量传感器可以测量的指标。

（1）光合有效辐射（photosynthetically active radiation，PAR）：光合有效辐

射传感器可以测量光合作用所需的可用光线能量,即光合有效辐射。光合有效辐射是植物进行光合作用的关键因素,可以帮助评估光合速率、光合能力和光合产物的积累。

(2)叶面积指数:叶面积指数传感器可以测量植物叶面积的密度,即单位地表面积上的叶片面积。叶面积指数是评估植物生长状况、光合能力和生产力的重要指标。

(3)蒸腾速率:蒸腾速率传感器可以测量植物叶片的蒸腾作用速率,即水分从植物体蒸发进入大气中的速率。蒸腾速率反映了植物的水分利用和调节能力。

(4)叶片温度:叶片温度传感器可以测量植物叶片的温度。叶片温度对于评估植物的水分状态、热量交换和生理反应具有重要意义。

(5)气孔导度:气孔导度传感器可以测量植物叶片上气孔的开放程度,即气体交换的速率。气孔导度可以用于评估植物的水分胁迫状况和气体交换效率。

(6)叶绿素含量:叶绿素含量传感器可以测量植物叶片中叶绿素的含量,反映叶绿素的积累和叶绿素光合能力。

通过监测这些指标,植物生理量传感器可以提供关于植物生长、光合作用、水分利用和胁迫情况的信息。这些数据对于优化灌溉、施肥、植物保健和生长调控策略至关重要,帮助果园管理者更好地了解植物的生理状态,并采取相应的管理措施,以提高果园的产量和质量。

7.2.3 关键病虫害管理设备

1)物联网虫情测报灯

物联网虫情测报灯是一种用于监测和报告害虫活动情况的智能化设备,可以实现害虫的实时监测和报警。其主要特点和功能如下。

(1)虫情监测:虫情测报灯通过内置的光源和传感器,能够吸引和捕捉害虫,并监测害虫的数量、种类、活动模式等信息。

(2)实时报警:当害虫靠近或聚集在灯具周围时,虫情测报灯会自动发送报警信号。这样果园管理者可以及时得知害虫的活动情况,采取相应的防治措施。

(3)数据传输和远程监控:虫情测报灯通过内置的通信模块,可以将采集到的虫情数据实时传输到物联网平台或相关的数据中心。果园管理者可以通过远程监控系统随时获取害虫活动的数据和报警信息。

(4)数据分析和统计:通过物联网平台或相关的数据分析软件,虫情测报灯可以对采集到的虫情数据进行分析和统计。这样可以了解害虫的分布规律、活动趋势等,为制定防治策略提供依据。

(5)防护设计:虫情测报灯通常具有防水、防尘和抗震设计,能够适应户外环境的恶劣条件。

2）物联网杀虫灯

物联网杀虫灯是一种基于物联网技术的智能设备，用于吸引、捕获和消灭害虫。它结合了灯具、传感器、通信模块和智能控制系统，可以实现远程监控、自动控制和数据分析等功能。主要特点和功能如下。

（1）吸引害虫：物联网杀虫灯采用特定的光谱和光强，能够吸引各种害虫。光源的选择和调节能够根据不同害虫种类和活动习性进行优化，提高捕获效率。

（2）智能控制：杀虫灯内置智能控制系统，可以根据害虫的活动规律和时间段进行自动开启和关闭。通过预设的控制策略，可以实现节能、高效的杀虫操作。

（3）物联网连接：杀虫灯内置通信模块，可以与物联网平台或相关的数据中心进行连接。它可以将实时的杀虫数据、工作状态和报警信息传输到云端进行监控和管理。

（4）远程监控：通过物联网平台，果园管理者可以远程监控杀虫灯的工作状态、能耗情况以及害虫捕获量等数据。这样可以及时了解害虫的活动情况，并根据实际情况进行调整和优化。

7.2.4 其他关键设备

1）智能热雾机

果园冻害会极大地影响果园产量，在花期发生的"倒春寒"如果持续时间过长，会造成花序冻伤甚至冻死，严重时会造成果园绝产。智慧果园内接入的智能热雾机可以有效地避免这一问题（韩冷等，2022），以下是智能热雾机的一些功能和应用。

（1）远程监测和控制：智能热雾机通常与气象传感系统和物联网系统相连，能够监测果园的温度变化。一旦气象传感系统监测到温度低于作物的耐受阈值，物联网系统将远程激活智能热雾机的工作。

（2）热雾释放：智能热雾机通过电加热产生热雾，并通过送风系统将其释放到果园中。热雾的释放可以在地表附近形成一层细小的水滴，减缓降温的速度，减少寒冷空气对果树的直接影响。

（3）升温防冻：热雾的释放可以在一定程度上提供热量，并改变果园内的微气候条件。通过智能热雾机的工作，果园内的温度可以得到一定程度的提升，避免过低的温度对果树花序的冻害。

智能热雾机的引入为果园的防冻提供了一种智能化的解决方案。通过实时监测和控制，果园管理者可以根据实际情况远程操作智能热雾机，及时采取防冻措施，减少冻害对果园产量和质量的不利影响。

2）开沟施肥机

开沟施肥机是一种用于果园管理中的机械设备，用于施行底肥和追肥的作业（韩冷等，2022）。传统果园管理过程中水肥管理需要人工进行大水漫灌和开沟施肥机施底肥和追肥，劳动强度大，需要人力多。而开沟施肥机通过机载终端接入物联网，实现了智能化的管理和监控。它可以实时上传机具位置、动力输出装置动力轴转速等作业状态数据到物联网后台。通过物联网后台监控和评估，管理者可以了解施肥作业的质量、作业面积等重要信息，实现对作业过程的监控和管理。

开沟施肥机具有以下特点和优势。

（1）一次性作业：开沟施肥机可以一次性完成施肥作业，不需要多次操作。这样可以节约时间和人力成本，并提高作业效率。

（2）智能化管理：通过机载终端和物联网技术，开沟施肥机能够实时上传作业状态数据。管理者可以通过物联网后台对施肥作业进行监控和评估，及时调整作业策略和施肥量，提高施肥的准确性和效果。

（3）重心低矮、操作灵活：开沟施肥机的设计使其重心较低，具有较好的稳定性与灵活性，能够适应不同地形和土质条件。

3）多功能升降作业平台

多功能升降作业平台是一种小巧灵活的作业设备，可以提高作业效率、减小劳动强度，并适应不同种植模式和作业阶段的需求，为智慧果园的管理和运营提供便利和支持，在智慧果园中具有重要的应用价值（韩冷等，2022）。多功能升降作业平台具有以下特点和功能。

（1）尺寸小巧：多功能升降作业平台体积较小，可以适应狭窄的行距和有限的空间，在果园通道中灵活作业。

（2）履带式底盘：该平台采用履带式底盘设计，能够适应不平整的地面、湿滑的土壤等各种复杂的地形条件，这使得平台可以在果园中自由移动。

（3）一机多用：多功能升降作业平台具有多种作业功能，可以应用于疏花疏果、树体管理、采摘运输等多个作业阶段。它可以根据需要进行高空作业、伸缩工作位、平台升降等操作，满足不同作业需求。

（4）适应不同种植模式：多功能升降作业平台的升降平台和左右伸缩的工作位可以根据果园的行距和种植模式进行调整，确保作业的灵活性和适应性。

7.3　智慧果园的系统组成

7.3.1　中央控制系统

中央控制系统是智慧果园的核心，负责整个果园的集中管理和控制。该系统利用物联网技术将果园内的各种设备和系统进行连接，包括传感器、执行器和自动化设备等，能够实时监测和控制果园的温度、湿度、光照等环境参数，并根据需求进行相应的调整，以创造最佳的生长条件。

除了环境参数的监测和调控，中央控制系统还能够收集和处理果园生产过程中产生的各类数据，如果树的生长数据以及病虫害的监测数据。这些数据能够为果农提供决策支持和管理指导。通过对数据的分析和应用，中央控制系统可以帮助果农优化果园的生产流程、预测病虫害的发生风险、调整灌溉和施肥计划等（刘君玲，2021）。

总之，中央控制系统在智慧果园中发挥着重要的作用，其通过物联网的连接和数据处理能力，实现了对果园环境和生产过程的集中监控和控制，为果农提供了更精确、高效的管理手段，进而提升了果园的产量和质量。

7.3.2 网络系统

网络系统是维持智慧果园正常运行的基础。为了确保智慧果园内各个系统中的设备能够实现实时无障碍的互联互通，智慧果园建设中应包含有一个完善的网络覆盖系统。智慧果园的网络系统可以采用有线或无线的方式进行布设。考虑到智慧果园内存在大量物联网设备，并且需要传输的数据量较大，对网络的延时和传输速度有着较高的要求。因此，5G 和 IPv6（internet protocol version 6，第 6 版互联网协议）技术在智慧果园的系统中被广泛应用。

5G 具备高速、低延迟和大容量的特点，能够提供更高效的数据传输和通信连接。在智慧果园中，5G 可以支持大量设备之间的实时通信，以及快速传输传感器数据、监控图像和决策指令等。另外，IPv6 技术是下一代互联网协议，相比于 IPv4（internet protocol version 4，第 4 版互联网协议）具有更大的地址空间和更好的网络安全性。在智慧果园中，通过采用 IPv6 技术，可以为每个物联网设备分配独立的 IP 地址，实现设备间的直接通信，提高网络的稳定性和可靠性。

7.3.3 视频监控系统

智慧果园可在全园区范围内构建视频监控系统，实现多种功能。

首先，视频监控系统在智慧果园中可以用于安防监控，确保果园的安全。通过安装摄像头和监控设备，可以对果园内的各个区域进行实时监测和录像，以防止盗窃、破坏和其他安全问题的发生。这有助于保护果树和农作物免受损害，并确保果园的整体安全。

其次，视频监控系统也可以用于监测作物的生长状态。通过在关键位置安装摄像头,可以实时拍摄和记录作物的生长过程。这些监控数据可以帮助园区管理人员监测作物的健康状况、生长速度和果实成熟度等指标。基于这些数据,管理人员可以及时采取措施,如调整灌溉、施肥和病虫害防治措施,以提高作物的产量和质量。

最后,视频监控系统还可以在园区整体展示方面发挥作用。通过将摄像头安装在景点或重要位置,可以实时展示果园的美景和特色景点。这样的展示有助于吸引游客和潜在客户的注意,促进果园旅游和销售业务的发展。

综上,通过建立视频监控系统,智慧果园可以实现安防监控、作物生长状态监控以及园区整体展示等多种功能,有助于提高果园的管理效率和安全性,同时也能够促进果园的发展和推广。

7.3.4 智能水肥一体化系统

智慧果园内广泛应用了智能水肥一体化系统。该系统搭载了中央灌溉控制器,实现了智能化的灌溉控制。在将果园划分为不同的灌溉分区后,每个分区都可以安装一定数量的交流电磁阀、流量监测设备和灌溉远程控制终端。与传统的水肥一体化设备的定时定量供给不同,智慧果园通过大量植物生长状况监测设备和完善的网络系统与控制系统,实现了智能水肥一体化系统的高级功能。

智慧果园的智能水肥一体化系统能够根据土壤和气象环境监测信息,实现对果园各个灌溉分区的远程、分区、按需控制,并进行实时调整。该系统通过监测土壤湿度、作物水分需求、降水情况、气温等要素,利用数据分析和决策算法,自动调节灌溉水量和施肥量,以满足作物生长的需求。这种智能化的水肥供给方式可以提高灌溉效率,减少水肥浪费,节约资源成本。

同时,智慧果园的智能水肥一体化系统具有远程控制和实时监测的能力。通过中央控制系统和互联网连接,果园管理人员可以远程监控和控制每个灌溉分区的灌溉和施肥情况,并根据实时的作物生长状况和环境变化,随时调整灌溉和施肥策略,确保作物得到最佳的水肥供给,提高产量和质量。

智能水肥一体化系统的应用使智慧果园的灌溉管理更加精确、高效和可持续。它能够根据实际需要进行灵活的水肥供给,避免了过度灌溉和过量施肥的问题,有利于减少土壤盐渍化和环境污染问题。此外,该系统的自动化和远程监控特性也降低了人工操作的工作量和成本,提高了果园管理的效率和便捷性。

7.3.5 温室智能监控系统

温室智能监控系统是智慧果园的重要组成部分,该系统包括温室环境感知系统和温室设施控制系统两个部分，可实现对温室内环境的精准感知和设施的远程控制。

1）温室环境感知系统

温室环境感知系统通过安装空气温湿度、土壤水分、土壤温度、二氧化碳和光照强度传感器等设备，实现温室内部环境参数的实时监测和感知。上述传感器能够实时获取温室内的温度、湿度、土壤水分、二氧化碳浓度和光照强度等关键指标，基于该系统收集到的数据，园区管理人员可以实时了解温室内部环境的变化情况，及时调整温室设施和控制参数，从而提供作物最适宜的生长环境条件。

2）温室设施控制系统

温室设施控制系统的主要功能是通过远程控制终端来实现对日光温室、玻璃温室、塑料避雨棚和大田灌溉设施等各类温室设施内部状态、参数的实时监测与远程控制。例如，可以通过远程控制终端控制内外遮阳、水泵、通风电机、湿帘、翻窗、风机、内循环、顶部通风、卷膜机等设备的开关、调节和定时操作。管理人员无须亲自到温室现场，就能够灵活地控制温室设施，保持温室内的理想环境条件。通过温室智能监控系统，智慧果园能够实现温室内环境的精准感知和设施的远程控制，提高温室作物的生长质量和产量。同时，远程控制功能也提高了管理的便捷性和效率，节省了人力资源和能源消耗。

7.3.6 果园农情远程监测系统

果园农情远程监测系统，包含自动气象监测系统、土壤墒情监测系统、植物生理量监控系统、智能虫情监测系统四大子系统，通过各种监测设备和传感器，实时监测和采集园区内的农情信息，为果园管理提供准确的数据支持和决策参考。

1）自动气象监测系统

智慧果园内部配备了自动气象监测系统，这个系统由数据采集器、传感器、无线传输设备、安装支架和数据接收软件等组成。这些设备能够实时采集果园内的气象信息，包括空气温度、空气湿度、土壤温度、土壤水分、二氧化碳浓度、光照强度、风速、风向和降水量等。通过这些信息的准确采集和传输，果园管理者可以精确感知园区内部的小环境气象状况（李皓等，2020）。

数据采集器负责收集传感器所获取的气象数据。多种类型的传感器（如空气温度和湿度传感器、土壤温度和水分传感器、二氧化碳浓度传感器、光照强度传感器等）分布在不同的位置，用于测量不同的气象指标。无线传输设备负责将采集到的数据传输到数据接收软件中进行处理和分析。数据接收软件负责接收、存储和处理来自传感器的数据。

整个自动气象监测系统为果园管理者提供了重要的参考和依据，帮助他们进行科学的决策，如灌溉调度、施肥管理、病虫害防治等，从而实现果园的优质生产和高效运营。

2）土壤墒情监测系统

智慧果园内部还部署了土壤墒情监测系统，用于测量土壤的墒情状况，主要包括土壤温度和土壤水分。通过安装在不同深度的传感器，这个系统可以监测土壤的温度变化，提供土壤的热态信息；水分传感器则可以测量土壤的水分含量，帮助判断土壤的湿度状况（王天腾，2021）。这些传感器可以长时间连续地采集土壤墒情数据，为大田的自动灌溉提供依据和指导。

通过土壤墒情监测系统，果园管理者可以了解土壤的墒情状况。通过分析土壤墒情数据，可以确定果树的灌溉需求，合理安排灌溉计划；此外，土壤墒情监测系统还可以与大田的自动灌溉系统进行连接，实现智能化的灌溉调控，根据实际需求自动进行灌溉，不仅可以减轻果园管理者的工作负担，还可以有效节约水资源，并提高果树的生长质量和产量。

3）植物生理量监控系统

智慧果园的植物生理量监控系统具备实时采集果树生长过程中的生理信息的能力。该系统可以准确地测量叶片温度、叶片结露时长、果树茎秆流量和果实膨大生长过程等重要生长参数。为果园管理者提供了科学分析作物生长状态以及制定灌溉和施肥决策所需的有力支持（王天腾，2021）。

4）智能虫情监测系统

智慧果园的智能虫情监测系统包含有物联网虫情测报灯、物联网杀虫灯、虫情信息采集分析系统等设备，能够实现虫情的预警和自动处理。具体来说，物联网虫情测报灯和物联网杀虫灯利用害虫的趋光天性，吸引害虫接近并将其诱杀。当害虫被吸引到设备附近时，周边的摄像头会拍摄害虫图像，并通过 Wi-Fi 网络将图像发送至远程信息处理平台。远程信息处理平台接收到摄像头发送的照片后，利用图像分析和识别技术对害虫进行计数和识别。通过这些处理，管理者可以获得害虫的数量以及害虫种类的信息。果园管理者可以根据害虫数量和种类的数据制定相应的防治策略，以减少害虫对果园的损害。此外，得益于园区内的高速网络与视频监控系统，害虫的照片可以快速、准确地发送至远程信息处理平台，不需要人工收集和传输数据，从而节省了大量的时间成本和人力成本。

7.3.7 无人机高清图像采集系统

智慧果园中的无人机高清图像采集系统通过使用无人机平台，定期巡航整个园区，采集果树在不同物候期的高清视频图像。该系统利用无人机的机动性和灵活性，能够在园区内高空俯瞰和低空悬停，捕捉果树生长的全景图像。根据果树的物候期特征，无人机定期执行巡航任务，记录下不同作物在不同生长阶段的视频图像。系统采集到的视频图像具有高清晰度和全景视角，能够提供详细的果树生长信息。园区管理人员可以利用这些图像进行远程病虫害诊断和生产指导。通过对视频图像的分析，及时发现果树的病害和虫害情况，为果树的防治提供准确的数据支持。同时，这些图像也可以用于果树的生长监测和评估，帮助制定科学的生产管理措施和决策。此外，无人机高清图像采集系统还可以通过无线数据传输模块将采集到的高清视频实时传输至控制中心的大屏幕显示。

无人机高清图像采集系统为智慧果园提供了一种高效、全面的数据采集方式，能够实时捕捉果树生长情况，支持病虫害诊断和生产指导，并提升果园管理的科学性和效率。

7.3.8 专家远程诊断系统

专家远程诊断系统是智慧果园中的一项重要功能，它通过利用现代信息技术，将农户与专家之间的交流和服务进行远程化。该系统允许农户通过上传文字、图片等方式向专家提问，向专家咨询关于果树生长、病虫害防治、农业技术等方面的问题。农户可以在系统中描述问题的具体情况，并上传相关的照片或图像，以便专家能够更好地理解问题。专家收到农户的提问后，可以登录远程诊断系统，基于农户提供的信息，结合自己的专业知识和经验，通过文字、图片等方式向农户提供具体的建议、指导或解决方案。这种一对一的远程服务，能够帮助农户解决问题，提供实时的专业支持。专家远程诊断系统消除了专家与农户之间的空间和时间上的阻隔，提高了专家的服务效率和扩大了其工作范围，也为农户提供了更方便、及时的专业支持。此外，专家远程诊断系统还可以对农户提问和专家回答的内容进行记录和存档，方便后续查询和参考。系统还可以提供数据分析和统计功能，帮助专家和农户了解常见问题和解决方案的趋势和模式，以提高农业生产的整体水平和效益。

7.3.9 自助观光服务系统

为充分发挥智慧果园的多功能性，部分智慧果园内设置了自助观光系统。通过自助观光系统，智慧果园能够提供个人自助导览和散客导览等服务，为参观者提供更加丰富和有趣的观光体验。果园内的不同果树品种、设施类型、技术装备等区域旁均悬挂有二维码标签，参观者可以通过扫描这些二维码标签来获取详细的介绍内容，内容的展现形式包括图片、文字、语音或视频等，参观者可以根据自己的喜好和需要选择合适的展示方式（李皓等，2020）。

自助观光系统的优势在于它使得参观者可以在适合自己的节奏下探索果园，深入了解不同品种的果树以及果园的农业技术和设施。此外，自助观光系统还提供了方便的信息获取途径，提高了观光的灵活性和便利性，使参观者能够更好地探索果园和了解农业知识。

7.4 智慧果园的应用与展望

7.4.1 智慧育种公共服务平台

务农重本，国之大纲。一直以来，"三农"问题都是关系国计民生的根本性问题。现如今在全球范围内，育种模式正在从基于基因分析的"分子育种"向综合各类数据进行预测优选的"智慧育种"升级。为了确保"中国碗主要装中国粮、中国粮主要用中国种"，在此背景下，"3T 智慧育种"创新模式，3T 就是指这一模式的重要技术支撑——生物技术（biotechnology，BT）、信息技术（information technology，IT）与人工智能技术（artificial intelligence technology，AIT）。通过科研机构与互联网企业合作的形式，依托农作物基因资源与基因改良国家重大科学工程等基础条件，借助互联网企业在大数据处理、存储和分析等方面的经验和优势，可以构建覆盖作物育种全链条、智能化的"智慧育种公共服务平台"。

"智慧育种公共服务平台"就像一个"中央厨房"，提供多样化的"食材"和"配料"，而育种专家就是其中的"厨师"，可以根据作物基因型、表型、栽培措施、气候环境数据和育种过程中相关图像数据的查询和联合分析，模拟孕育出他们想要的种子。如此一来，不仅可以有效提高作物育种的效率，还能为新品种选育提供强有力的支持。

在未来，随着"智慧育种公共服务平台"的发展，智慧果园可以获得更多具有优良特性的种苗，进一步实现农产品产量与质量的增长，也使得农产品种类的多样化、口味的个性化、需求的定制化成为可能，实现农产品的消费升级。

7.4.2 智慧种植与仓储

通过引入新型的种植技术与智能设备，智慧果园实现了种植过程的精细化和科学化，从而缩短了果树的生长周期，节省了大量的培育时间。这使得果园能够实现月月有果熟、天天有果采的目标，增加果园的年产值。然而随着产量的增加，水果的保鲜问题成为巨大挑战。建造冷链仓储中心，能够保证成熟水果的食品安全性，保持产品的良好品质。此外，冷链技术的应用还能够实现水果的反季节销售，带来更高的价格和品牌效应。

通过将新种植技术与冷链产业相融合，智慧果园能够极大地促进农业的产业升级，并增加农产品的附加值。新种植技术的运用提高了水果的质量和产量，而冷链技术则确保了水果的保鲜和品质，使其能够在市场上获得更好的竞争力和更高的价格。这种结合为果园提供了更广阔的发展空间，同时也推动了整个农业产业的发展。

7.4.3 智慧果园观光

"农业+休闲"是提高农民收入、拓展农业功能、推动农业现代化的重要发展方式。地理位置临近市区的智慧果园，可以为周边县市区提供一定的旅游休闲功能，智慧果园的现代化设施与精美的景观，使其成为周边城市居民周末、短假期间"逃离城市"短途旅游打卡的好去处。

通过将农业与休闲旅游结合起来，可以大幅提升水果本身的附加值，平时市场价4~5元一斤的水果，在智慧果园内价格可以卖到10~15元一斤，同时，吸引来的游客还能给周边的农家乐、景区等带去很多的人气，进一步赋能发展乡村旅游。

通过在智慧果园内引入自助观光服务系统，可实现个人自助导览、散客导览等功能。参观者用手机浏览器、微信等方式启动二维码扫描功能，扫描在需讲解的不同果树品种、设施类型、技术装备等区域旁边悬挂的二维码标签，就可获得果树的详细介绍内容，内容的展现形式包括图片、文字、语音或视频，改变了传统的介绍模式，更具趣味性与科技感。

在未来，智慧果园还可以深入拓展"观光、采摘、餐饮、体验、拓展、培训、休闲、加工、新品研发"为一体的发展模式，大力发展休闲观光、农耕体验、深加工为一体的智慧果园特色产业，促进农业和农村由单纯提供农产品向提供生态产品、农耕文化体验的转化升级，促进第一、第二、第三产业相互融合，为农村的产业发展注入新活力。

7.4.4 实践教育基地

在城市里上学的孩子平常鲜有机会去接触农业生产，体验农耕文明，感受大自然的气息。智慧果园可作为学校的实践教育基地，通过开展丰富多彩的实践教育活动，可以让久在书桌前的同学们走入田间地头进行深度体验，零距离接触各类农作物、尝试农耕劳动、体验农耕文化、切身感受劳动带来的巨大收获与快乐。

相较于传统的果园，智慧果园先进的农业装备也可以让参加活动的学生感受到科技发展为农业带来的改变，打破学生对农业生产的刻板印象，培养学生对于农业和科学的热爱。在未来，智慧果园将继续充分发挥自身优势，更深入地开展劳动教育及相关研学活动。

7.5 典型案例

7.5.1 西安 A 果业展示中心

2019 年，《中共中央 国务院关于坚持农业农村优先发展做好"三农"工作的若干意见》和中共中央办公厅、国务院办公厅的《关于促进小农户和现代农业发展有机衔接的意见》相继印发，分别指出"实施数字乡村战略。深入推进'互联网+农业'，扩大农业物联网示范应用。推进重要农产品全产业链大数据建设，加强国家数字农业农村系统建设"和"实施互联网+小农户计划。加快农业大数据、物联网、移动互联网、人工智能等技术向小农户覆盖，提升小农户手机、互联网等应用技能，让小农户搭上信息化快车"。在实践方面，2018 年 11 月，盒马鲜生与阿里云发布了物联网有机蔬菜安全溯源项目，京东、网易和腾讯等互联网巨头也都先后宣布将物联网技术应用于种植业与养殖业。可见，随着移动互联网、物联网和大数据等技术在我国农业农村中的普及应用，新的农业种植与经营模式会不断涌现（李皓等，2020）。

考虑到 A 果业生产对智能化管控技术的数据需求以及都市生态旅游的兴起，项目团队以建成集果业生产技术科学研究、生产管理技术应用示范、都市果业生态旅游、果业知识科普教育于一体的综合性现代化园区为根本目标，采用物联网、遥感、信息通信、无人机、智能装备、云服务、专家建模等先进技术与理念，对设施果业智能管控系统进行分析与设计，并以 A 果业展示中心智慧果园推广集成示范项目为例，进行了系统实施与示范。在园区内部署环境监测、实景监测、虫情监测、物联网远程控制、LED 集中展示屏等技术装备，开发智慧果园物联网服务平台及智能手机 APP 等软件系统，通过系统集成、数据融合、专家模型、智能决策技术手段，全力打造出全国领先、引领西安的 A 果业展示样板与通用复杂管理应用方案。

1. 项目背景

西安 A 果业展示中心是西安市农业委员会 2010 年重点建设的三个现代农业展示中心之一。西安 A 果业展示中心位于 107 省道长安段鸭池口村，占地 180 亩，是秦岭北麓生态旅游板块，该板块以沿山旅游公路为连线，以秦岭野生动物园、南五台、翠华山等风景区为依托，生态环境优越，地势平坦，土壤肥沃。目标是建成水电、道路、绿化等基础设施完备，科研、示范、推广、培训功能齐全，集果树资源收集保护、良种良法试验示范区和新优品种苗木繁育、果业文化展示等于一体的现代果业示范园区。2017年，西安市果业技术推广中心通过了西安A果业展示中心智慧果园推广集成示范项目的审批，2018年完成项目实施。

该项目以创新、协调、绿色、开放、共享的新发展理念为引领，以推进信息化与农业现代化融合发展为方向，主动顺应创新驱动以及未来智慧驱动的产业趋势，积极探索"互联网+"现代农业的实现路径，推动信息化技术加速应用于农业现代化建设的全领域、全方位、全过程，为加快陕西果业发展增添生机和活力。

2. 需求分析

根据对设施果业的调研分析，我们设计了由综合管理云平台、数据中心和多个应用子系统构成的设施果业智能管控系统。以"数字化、信息化、专业化、标准化"高度融合为目标，以实现工程管理一体化、信息集成化、应用展示多样化为原则，构建出一个智慧农业管理云平台和数据中心，进而设计了具体的应用子系统，包括中央控制中心、Wi-Fi覆盖及视频监控系统、水肥灌溉远程控制系统、温室智能监控系统（包括连栋温室与日光温室）、果园农情远程监测系统（包括自动气象监测、土壤墒情监测、植物生理量监控、智能虫情监测）、无人机高清图像采集系统、专家远程诊断系统、自助观光服务系统。这些子系统通过网络与平台进行信息交互，平台通过数据中心完成各类信息组织管理，在融合处理的基础上实现信息综合展示、统计分析、预警预报、远程控制与生产指导等功能。

依据对云平台和各子系统的具体分析，形成的功能需求如下。

（1）物联网综合管理云平台下含有八个子系统，每个子系统都可以成为一个独立运行的分系统。所有系统所采集的数据信息和视频信息都会在管理云平台中进行处理，通过展示中心在显示屏上呈现出来。

（2）全园区将铺设光纤，利用视频监控、无人机的巡航以及各种传感器，对大气环境、土壤及果树进行监测，实时通过手机终端、计算机、液晶拼接展示屏等信息终端向监管者推送实时监测信息、报警信息。

（3）水肥灌溉远程控制系统帮助园区对作物按需灌溉、定量施肥，降低了生产原料和人工成本，提高了效率，从而实现高效高产，增加收益。

（4）温室智能监控系统可以实现温室大棚信息化、智能化远程管理，确保温室大棚内环境最适宜作物生长。同时它还能实现精细化的管理，为作物的高产、优质、高效、生态、安全创造条件，并实现果品生产过程的全程追溯和标准化管理。

（5）果园农情远程监测系统将对果园小气候、墒情、虫情及时进行预警和监测,达到提早预警、及时防控的目标,能增加果品的产量,提升品质。

(6) 采用无人机定期巡航园区,收集不同作物不同物候期视频,用于远程病虫害诊断、生产指导。

(7) 专家远程诊断系统可以为果业专家和果业种植户提供一个交流的平台。在果业种植过程中所遇到的各种问题,都可以通过这个系统进行咨询和视频交流。

(8) 自助观光服务系统为游客提供快速了解园区新品种、新技术的渠道。

3. 总体功能设计

根据需求分析和园区现有的设施条件,结合农业信息化、物联网、智能装备的最新技术成果,项目设计一个智慧果园物联网服务平台+八大应用管理与功能展示子系统,实现园区环境信息精准感知、设施环境智能调控、遥感信息专题展示、灾害预警预报、园区观光与集中展示等多个维度的提升,利用新技术、新思路、新模式强力打造出一个国内领先的都市、休闲、科研、观光的应用示范典型。

4. 模块设计与实施

1) 中央控制中心

搭建的智慧果园云平台将在展示中心控制中心呈现,包括一套物联网服务管理平台软件,12 块 55 英寸、1.7 毫米边框、3.5 毫米拼接缝的液晶拼接屏,中央控制中心大屏配置为 12 块 55 英寸的液晶拼接屏,中央控制中心配备 43 英寸的触摸一体机一台,实现控制信号切换,西安市果业技术推广中心会议室配备 70 英寸的落地触摸一体机,实现专家远程监管。

2) Wi-Fi 覆盖及视频监控系统

项目在全园区范围内构建完善了视频监控系统,用于园区安防监控、作物生长状态监控、园区整体展示及 Wi-Fi 无死角全覆盖,其中包含:400 万像素星光级红外筒型网络摄像机、300 万像素星光级红外智能网络高清球机、1600 万像素 360°鹰眼全景网络高清摄像机、2.4 吉字节/5.8 吉字节双频 Wi-Fi 室外无线接入点(wireless access point,WAP)等。

3) 水肥灌溉远程控制系统

在园区已经建成的水肥一体化控制系统基础上加以改造,使用中央灌溉控制器实现灌溉的智能控制,根据灌溉面积划分为 10 个灌溉分区,安装 10 套交流电磁阀、4 套流量监测设备、1 套灌溉远程控制终端,可以根据土壤气象环境监测信息实现果园 10 个灌溉分区的远程、分区、按需控制。

4) 温室智能监控系统

(1) 温室环境感知:在园区的两个日光温室各安装一套环境监测设备,玻璃温室安装两套环境监测设备，5 连栋、15 连栋分别安装一套环境监测设备，共计 6 套监测设备。配备空气温湿度、土壤水分、土壤温度、二氧化碳、光照强度传感器，实现了设施内环境的精准感知。

（2）温室设施控制：针对园区内的日光温室、玻璃温室、15 连栋塑料避雨棚、5 连栋塑料避雨棚、大田灌溉设施，分别部署安装了日光温室远程控制终端 2 套、玻璃温室远程控制终端 1 套、15 连栋塑料避雨棚远程控制终端 2 套、5 连栋塑料避雨棚远程控制终端 1 套、大田灌溉远程控制终端 1 套。玻璃温室远程控制终端控制内外遮阳、水泵、顶侧通风电机、湿帘、翻窗、风机、内循环等共计 21 路设备。15 连栋塑料避雨棚安装物联网远程控制终端设备 2 套，分别实现 6 路顶部通风的远程控制和 32 路卷膜机的远程控制，5 连栋塑料避雨棚安装远程控制终端设备 1 套，实现 10 路卷膜机的远程控制。

5）果园农情远程监测系统

（1）自动气象监测：在园区开阔位置安装了一套自动气象监测设备，由数据采集器、传感器、无线传输设备、安装支架、数据接收软件等部分组成，可采集到空气温度、空气湿度、土壤温度、土壤水分、二氧化碳浓度、光照强度、风速、风向、降水量等信息，由此实现了园区内部小环境气象信息的精准感知。

（2）土壤墒情监测：在园区资源区、葡萄二区、葡萄四区各部署安装了一套土壤墒情监测设备测量土壤墒情。该系统能够实现对土壤墒情（土壤温度、土壤水分）按照 10 厘米、20 厘米、30 厘米、40 厘米四个深度的长时间连续采集，从而为大田自动灌溉提供依据。

（3）植物生理量监控：实时采集果树生长过程生理信息，包括采集叶片温度、叶片结露时长、果树茎秆流量、果实膨大生长过程等生长过程信息，为科学分析作物生长状态提供灌溉、施肥决策数据。

（4）智能虫情监测：智能虫情测报设备能够利用害虫的趋光天性，对害虫进行诱杀，并利用内置超高清摄像头对储虫盒的虫体进行拍照，通过 Wi-Fi 网络即时将照片发送至远程信息处理平台。远程信息处理平台可利用图形分析、识别技术实现害虫的计数、识别等后期处理。

6）无人机高清图像采集系统

根据园区内栽种果树的物候期特征，采用大疆创新无人机平台，定期巡航园区，收集不同作物不同物候期视频，用于远程病虫害诊断、生产指导。同时，无人机视频可通过无线数据传输模块实时传输高清画面至控制中心大屏，提升应用示范展示度。

7）专家远程诊断系统

项目开发了专家远程诊断系统，包括微信公众号及后台的应用服务程序，农户可以通过在"西安果业"公众号上上传文字、图片等方式向专家提问，专家可登录远程诊断系统以文字、图片等方式回复农户提问，农户在微信公众号中就能收到专家具有针对性的回复，展开一对一的服务，从而解决了专家与农户之间空间、时间上的阻隔。

8）自助观光服务系统

为发挥园区都市农业旅游观光的功能定位作用，支持个人自助导览、散客导览，项目开发了自助观光服务系统，在需讲解的不同果树品种、设施类型、技术装备等区域旁边悬挂了 230 余个二维码标签，参观者用手机浏览器、微信等方式启动二维码扫描功能，扫描果树的二维码标签（有明显标识），就可获得果树的详细介绍内容，内容的展现形式包括图片、文字、语音或视频，改变了传统的介绍模式，更具趣味性与科技感。项目在后台开发了知识维护系统，系统管理员可以登录系统修改浏览者扫码获取的信息。

5. 项目意义

基于物联网、大数据、云计算等最新技术，采用系列化技术装备，开发配套的智能管控系统，实现多类别技术的复杂集成，能够满足果业生产园区现代化管理需求，是 A 果业发展的必然方向。通过构建服务平台、开展典型应用案例示范，有利于降低普通农户应用新技术的成本、提高应用意愿、形成规模化应用效益，从而加快物联网环境下的 A 果业管理技术、方法的应用进程。

7.5.2 陕西省现代化果园

近年来，陕西省依托自然禀赋，大力发展苹果产业，以苹果为主的果业成为陕西省的优势特色产业。进入"十四五"新发展阶段，陕西省苹果产业发展重点从传统的以扩大面积壮大产业，转向以提质增效强产业。随着果农老龄化、果园老化以及果园用工成本上涨，果园栽植模式不断向现代化变革，省力化栽培模式成为当前苹果产业发展的重点。秉持"改、推、淘"的原则，陕西省已改造乔化老园，并建成了全国最大矮砧苹果基地。随着种植模式的改变，果园生产由分散经营逐步转变为规模化经营，管理模式也由粗放型向精细化发展。对于现代化果园，传统的人工管理模式不再适用，机械化生产技术和装备的重要性越来越突出，果园生产机械化逐渐成为突破现代果业管理技术瓶颈的重要手段。因此，分析适宜现代化果园的生产技术，对推进陕西省果业高质量发展及构建果园生产机械化标准体系具有重要意义（刘东琴等，2022）。

1. 现代化果园发展模式

陕西省目前果业农艺发展方向为省力化栽培,其采用的主要方式为矮砧密植栽培技术和乔化改造技术。建园模式也由分散密植逐步发展为宽行定植模式,果树行距一般为3.5~4米,树高2.5~3.5米,为规范化生产提供了发展条件。

陕西省内果园机械化发展趋势为依托矮化密植、生草栽培、水肥一体化自控灌溉、病虫害生物防治、简化修剪等园艺手段,充分利用果园割草、中耕、施药、修剪、采收等机械设备高效管理,降低果园用工率,以实现果树优质高产。

2. 现代化果园生产技术

1)果园全程机械化技术

果园全程机械化是在果树栽培管理及果品生产各项作业中,用机械代替人力操作的过程。随着农业机械化的不断普及发展,果园全程机械化装备也逐渐完善。

陕西省内果园机械化作业装备应用较多的有果园拖拉机、果园多功能管理机、中耕除草机、植保喷药机、开沟施肥机等。现代化果园除基础机械设备外,还配备有水肥一体化设备、枝条粉碎机、果园作业平台、平板运输车、果园叉车、同轨运输车等。

动力机械方面,现代化果园均购置36.77千瓦以上的动力机械,如东方红SG604G轮式拖拉机、道依茨法尔CD904F轮式拖拉机、东风704轮式拖拉机等。中耕施肥设备方面,涉及机械设备包括开沟机、撒肥机、整地机,如中农博远1S-264整地机、中农博远2FY-2.7牵引式撒肥机、中农博远3GP-160果园机等。

除草机械方面,受果园地域气候和果园不同种类杂草的影响,各地除草方式不尽相同,现代化果园多采用果园生草法以草治草,但在果园周年管理过程中,还是需要多次进行果园除草作业。作业装备包括悬挂式除草机、圆盘式除草机和乘坐式除草机,行间除草多配置AC92-23中农博远多功能割草机和9GT-1220中农博远调幅割草机。树间除草采用拓荒者果园避障割草机和9GY-50中农博远液控果园割草机。

植保机械是目前果园管理中应用最为广泛的设备之一,结构形式包括背负式、喷杆式、牵引式等。现代化果园多配置牵引式风送喷雾机,如中农博远3WFQD-1600风送喷雾机、法美特1000升喷雾机等。随着科技的发展,无人植保技术和对靶变量喷雾技术在果园精细化管理中崭露头角,成为果园病虫害防治的新兴设备。

目前,国内疏花授粉及疏果套袋尚无成熟的自动化机械设备,但其辅助设备发展应用较为成熟,如自走式果园升降平台、手持式电动套袋机、电动授粉机等。为解决苹果大面积集约栽培中疏花疏果费、人工成本高的问题,陕西省内已经有部分大型集团化果园,采用化学疏花疏果技术,由施药装置来完成疏花疏果药剂的喷洒作业。

果品收获方面，我国先后研制出与手扶拖拉机配套的机械振动式山楂采果机、气囊式采果器、手持电动采果器和采摘机器人，但其技术均不够成熟，实际应用较少。果园采摘辅助设备相对成熟，现代化果园一般配置有中农博远3GP-155自走式果园机、果园叉车、平板运输车、同轨运输车等。

2）果品商品化处理技术

规模化种植后，随着果品产量的剧增，为延伸产业链，果品的采后商品化处理、储藏、加工及包装成为现代化果园提升果品增值率和市场竞争力，以及扩大知名度和品牌影响力的关键环节。苹果采后商品化技术主要包括预冷、清洗分级、包装等。陕西省现代化果园商品化处理技术主要涉及果品机械化储运和数字化分级技术。机械制冷与恒温贮藏是目前苹果贮藏保鲜的最基本方法，应用较为广泛。气调保鲜技术是通过机械制冷和气体成分调节，实现果品的存贮，其特点是获得了果蔬保鲜温度、湿度和气体成分等的多因素控制，能够有效延长果品贮藏期，适宜全年供应和出口果品的贮藏。由于气调保鲜冷库建造成本高，运行维护难，目前只有较大规模的果园建设有气调保鲜冷库或由果业相关企业独立运营。

数字化苹果分级技术，利用数字化技术，实现苹果内外品质精准分选，陕西省内应用较多的设备有绿萌4.0智能选果线、泰禾果蔬分选线和迈夫诺达机械设备有限公司生产的智能果蔬分选线，也有引进的国外选果线。2020年，由陕西果业科技集团有限公司自主研发的"陕果智能"选果线在杨凌上线，成为陕西省首条自主研发的果品智能分选装备。

目前陕西省内苹果冷库保鲜和数字化分级技术装备应用较为广泛，截至2018年，仅延安市就建成安装智能选果线50条，建成冷气库容量达10.6万吨。其中洛川美域高生物科技有限责任公司建设有万吨气调库及自动化选果线，其气调库在气调保鲜、库体安装及气密处理方面引进意大利先进、成熟的工艺和技术。自动化选果线项目是引进法国的技术和设备，运用电子通道分选机和分光仪对果品的糖度和霉心病进行监测，用红外线可以分选多种颜色及有外部瑕疵和形状不同的水果。陕西果业集团志丹有限公司引进的绿萌智能选果线可以完成清洗、烘干、外观分选、称重、内部品质分选、包装等6个步骤。

智能选果线的应用不仅提高了工作效率和入库苹果的品质，对推动产地苹果品牌化、标准化，扩大苹果产业链也具有重大意义。

3）智慧果园大数据应用技术

智慧农业的兴起，给现代果业带来了新的发展机遇。发展智慧果园，推进信息化、自动化、智能化技术与水果产业的深度融合，是果业产业转型升级的重要契机。智慧果园是将现代信息科技和智能化的装备与果园生产的各个环节深度融合，实现定量决策、精准投入和数字化、智能化管理的一种新型的生产方式。

现有智慧果园主要涉及水果生长环境在线监测系统、无线水肥灌溉系统、可视化管理系统、防控系统、大数据管理中心、云端平台等。目前，陕西省富县北道德乡东村智慧果园、陕西省黄土高坡生物科技有限公司智慧果园、陕西省宜川县百丰果业专业合作社智慧果园和渭南市白水县智慧果园已建成运营。其中陕西省富县北道德乡东村智慧果园运用农业智能监控系统，打造了智能高效水肥一体化灌溉，农药、沼液自动喷洒，实时气象和土壤信息记录以及全程视频监控四大系统，达到了科学增产、改善品质、提高品牌形象、提高经济效益的目的。陕西省宜川县百丰果业专业合作社智慧果园配置的智慧农业设备包含物联网杀虫灯、自动虫情测报灯、视频监控系统、户外果园智能气象站，硬件设备配置了风速、风向、空气温湿度、光照度、二氧化碳、雨雪传感器，以及土壤温湿度电导率，土壤pH传感器；操作者可通过手机APP或电脑端，远程实时监控果园气象站环境数据及土壤墒情数据，并根据监测数据控制智能灌溉、自动杀虫、自动喷施等机械设备，从而实现园区智能化管理。

陕西省在提出打造"千亿"级苹果产业后，运用大数据等现代信息技术，形成数据驱动型创新体系和发展模式。现已建成国家级苹果大数据中心。该中心通过对苹果产量、供需、价格、市场交易等生产交易数据和流通溯源等多维数据进行分析和建模，为农户提供精准服务，气象、金融、管理、市场等信息可以统筹管理，可提供更精准的市场预测。

4）果园生态循环技术

随着人们环保健康意识的提高，健康的有机绿色食品深受大众青睐，生态果园应运而生。生态果园是在生态学和系统学原理的指导下，通过植物、动物和微生物种群结构的科学配置，以及园区光、热、水、土、养分和大气资源等的合理利用而建立的一种以果树产业为主导、生态合理、经济高效、环境优美、能量流动和物质循环通畅的能够可持续发展的果园生产体系，有利于生态环境发展的新型的现代果园经营模式。生态果园的基本模式有以沼气为纽带的生态果园模式、果园种养复合模式和观光果园模式。

3. 现代化果园未来展望

陕西现代果业的高质量发展以及陕西省苹果产业技术体系的确立，都离不开先进生产技术的支持。目前，陕西省内规模化果园生产中应用较多的技术有果园全程机械化技术、果园生态循环技术、智慧果园大数据应用技术和果品商品化处理技术。目前果园全程机械化技术的覆盖链尚不完整，中耕植保机械化设备和部分作业辅助机械装置相对完备，但疏花疏果及采摘自动化设备的应用基本处于空白。智慧果园和生态循环果园是实现农业生产高集约化、工厂化和可持续化的先进技术手段，是现代果业发展的新趋势。

7.5.3　Y 智慧果园

在湖南省西部怀化市的芷江侗族自治县，一个名为 Y 的高标准精细化智慧农业水果公园中，种植着早红蜜桃、金脆黄桃、早美脆桃、青秋脐橙、黄金蜜李等 20 余个品种的水果，园内树木错落有致，果香四溢，每棵果树上都挂着"身份证"，拥有自己独一无二的"二维码"，可以说是名副其实的"智慧树"。

园内的工作人员，只需打开手机软件按下相关指令，果园内的水肥、农药喷头便自动喷洒。同时，每棵果树的农事情况都能记录在云端，通过手机的智能调控，便能完成对果园的全过程管理。

"最近有 4 个品种的水果都陆续成熟了，黄金蟠桃、脆枣桃、金脆黄桃、黄金蜜李的采摘期可以到 9 月。现在每天采摘、发货量在 300 斤到 1.5 万斤左右，3 月以来平均每天的收入有 8000 多元。"作为 Y 智慧果园的打造者，也是湖南省禹佑农业综合开发有限公司（简称禹佑农业）联合创始人的王洪元表示。

通过在独创的果树栽培技术模式中融入智慧农业的理念，Y 智慧果园能够保证月月有果熟、天天有果采，也成为南方地区第一个 365 天都有水果的绿色可持续的智慧水果公园。2021 年底，仅创办两年时间的 Y 智慧果园就实现营收约 60 万元，也是目前国内最快盈利的智慧果园示范基地。

在禹佑农业智慧果园的实践中，藏着农业科技的"全局思维"。除了自主研发栽培技术、引入智能科技外，禹佑农业还注重冷链仓储、市场销售等各个流程环节，打造水果的品牌效应，而在商业模式上，除了农业种植，还探索出包括观光、采摘、体验、研学、休闲等在内的现代智慧休闲农业综合体，极大丰富了农业科技的商业形态。

如何将传统的生产模式，转化为新型的商业模式，这也是未来农业科技的发展命题。

1. 亩产增收超过 3 万元，智慧果园两年盈利"出果"

Y 智慧果园所处的芷江侗族自治县，位于云贵高原东缘，素有"滇黔门户、黔楚咽喉"之称，属武陵山脉，昼夜温差大，雨热同季，光照充足，土壤、气候环境独特，是怀化市优质的水果种植大县。

拥有非常好的地理环境，但如何保证水果高品质、好口味的同时，又是安全和新鲜的，而且能最快实现高产挂果、创收盈利？禹佑农业采用的是"高标准、高密植、高效益、短周期"的智慧果园创新模式，破解了传统农业的痛点、难点，具有复制性强，适宜推广的特点。

2020年4月，50亩连片的Y智慧果园完成了苗木种植，并在12月建设完成各项智能、智慧设施，建园以及管理成本大概一共投入了200多万元的资金。目前，智慧果园内建立了物联网农业大数据信息中心，完成了水肥一体灌溉、可视溯源追溯、轨道运输车体系等六大智慧农业体系，同时建立了完善的产业生产、管理和销售等六大标准体系。

通过运用先进的农业科技，这个智慧果园的水肥头会自动喷洒；果品成熟采摘后不需要人工搬运，水果由轨道直接输送到仓库；园区月月有果熟，天天有果摘，不用进果园，管理人员可以根据土壤监测仪收集的数据进行研判并远程调整水肥配比，对病虫害进行实时监测，甚至可以解决水果产业"大小年"问题，所有数据传输至数据中心，经过精准、科学、有效的决策分析后，利用智慧化水肥补给系统进行智慧化管理，给果园装上一个囊括智慧农业、美丽乡村、农业直播带货的"数字乡村大脑"，助力果园开启智慧模式。

而Y智慧果园开创的智慧果园模式，不但减少了农业投资成本，且极大程度上缩短了农业周期，让农业投资者快速回本盈利，真正做到了提质、增产、增收。

"我们独创的高密速效核心栽培技术，能够将传统模式下柑橘七年盈利周期高效缩短为三年盈利，把传统桃类等落叶类水果五年盈利周期高效缩短为15个月，相比于传统种植的水果亩产1.7万元的营收，智慧果园的年产值最低可达5万元/亩，相当于用过去养一头猪的时间，就能种好一棵果树并实现挂果盈收。"王洪元介绍道，为了保证成熟水果的食品安全性，保证消费者在购买时产品仍具有良好的品质，智慧果园还自行建造了100立方米的冷链仓储中心。"冷链技术的使用，除了让我们能够保证水果的高品质、好口味，还能够让我们反季节出售水果，保障好高品质高价位水果的品牌效应。"

目前，Y智慧果园已经是一家集农业+观光、采摘、体验、研学、拓展、培训、休闲、新品种研发于一体的现代智慧休闲农业综合体，同时，Y智慧果园还建设了集果蔬科研、生产、推广于一体的无病毒果蔬苗木繁育基地和水果新品种种子资源库，用实践探索新型农业转型升级。

王洪元表示，和传统农业模式相比，智慧果园也为年轻人提供了农业创业的新模式，解决了农业的时间与风险的问题，破解了传统农业不可规避的四大风险，让未来的农业收入稳定可持续发展。"禹佑农业的智慧果园可在全国推广和复制，根据不同的气候环境、海拔、土壤等搭配不同的品种和设施。截至2021年底，我们已签约扶持9个基地，计划帮扶22个村集体产业经济，意向洽谈基地26个。"

2. 从"科技种植"到"基建赋能"的全局思维

随着新一代数字技术的发展，以及乡村振兴战略的提出，不仅有像禹佑农业这样的农业企业开始在农业科技和智慧农业上做出实践、尝到甜头，还有更多的互联网企业也扎根于此，农业也正在被互联网、大数据、人工智能等新科技进行重构和升级，并且赋能到从种植到销售的整个产业链条中。

但在智慧农业的探索中，由于智慧农业技术型人才缺乏，且缺乏专业的培训，培养力度也比较低，因此我国当前的智慧农业体系有待健全。

深耕农业 40 多年的王洪元也指出，目前我国农业农产品主要是销的问题制约了农业现状的发展，解决销的问题首先得解决产的问题，最好的销售模式就是"减规模、做精品"。而其中，如何用农业科技做出革新性成果，以及如何让成果实现商业化的落地，就显得至关重要。

2022 年，拼多多与光明母港（上海）种业科技有限公司及中国农业大学、浙江大学再次联合启动第三届"多多农研科技大赛"，广邀全球的科学家团队，利用最前沿的人工智能、算法种植、合成生物等跨学科技术，挑战种出高品质、高产量的生菜。此前举办的两届"多多农研科技大赛"，拼多多与全球顶尖农研团队合作，分别做了人工智能种植草莓以及种植高品质、高产量樱桃番茄这两大技能的比拼，这两届大赛的结果，也验证了数字技术和人工智能能够切实有效赋能农业，智慧农业大有可为。

目前，首届"多多农研科技大赛"获奖团队"智多莓"就尝试将科研成果应用于广袤的田间地头，帮助中小种植者提升效益。其开发的人工智能种植系统曾向云南昆明滇池西岸的 100 余户草莓种植户提供服务。有农户将自家的两亩草莓接入该系统后，不仅实现了单产季增收三四万元，还节省了近 4000 元的肥料成本。而在第二届"多多农研科技大赛"期间，参赛选手创造了智慧番茄数字管控云平台、番茄生长状态识别模型、新型轻简温室二氧化碳加富技术、病害管理系统等一系列成果，目前正在探索将比赛积累的算法模式进行小范围商业试点，为后续向全国推广做好充分的准备。

拼多多方面表示，举办农研大赛的目的，在于与各方共同打造更开放、更前沿、更实用的"产学研用"一体化农业科技创新平台，让更多地区借助农业科技实现致富和振兴。

农业要发展，除了需要提高生产端的农户种植水平、田间地头智能化水平外，还需要在消费端与生产者之间形成高效的需求对接。简言之，只有在生产、流通、消费等环节均实现效率提升，农业才能真正获得整体增量。近年来，电商、直播等多种互联网技术越来越多地应用在农业农村领域，积极带动传统农业升级，并在短短几年内推进实现农业科技化、智能化、信息化进程。但如果只是提供线上销售渠道，那是远远不够的。其中还涉及生产、流通、消费等农业基础工程，也需要进行大规模投入。

据了解，拼多多对供应链生产和销售环节进行了改造，包括推出针对农产品上行的"农货智能处理系统"及"山村直连小区"模式，"互联网+农业+消费"

产业链，以"拼购+产地直发"为核心模式，匹配中国较分散的小规模耕作农业现状，创造了一条"农产品上行"的高速路。不仅帮助农民"卖得好"，而且让消费者"买得好"，拼多多更注重利用资本和技术优势，进一步上溯源头，打造智慧农业，构建一体化的产业带，促进产、销一条龙建设。

可以说，农业科技以及智慧农业的发展，需要各方的持续探索，扶贫助农不只是单一技术创新，而是商业模式创新，在技术、产品、运营、生态等维度全面发力，形成一套独特的体系。正如禹佑农业以及拼多多所做的，在生产端大力布局前沿技术，在流通环节加强实体设施投入，在销售端建立沟通渠道和扶持体系，这一套环环相扣的思路，才能真正促进农民稳定增收，助力乡村振兴。

3. 农业科技的未来：把生产模式转化为商业模式

与荷兰、美国等发达国家相比，我国的智慧农业发展还处于成长初期，细分领域众多，全方位政策红利催生农业生产企业、互联网巨头、地域性新生企业和行业资本进入智慧农业领域，无论是人才、技术还是市场，都还有很大的发展空间。包括禹佑农业、拼多多等在内的众多企业，也在引领着越来越多的年轻人，运用科技改变农业生产，让更多前沿的农业科技从实验室走向田间地头、结出成果。

正如王洪元所说，未来农业只有科技赋能，把手机与产业融合、让消费与生产互动，把农业生产模式转化为农业商业模式，发展智慧农业才能吸引部分年轻人回乡创业，乡村才能振兴，农业才有希望。随着技术的进步，未来全球从事农业的人员会变得越来越少，农业产值占 GDP 的比例越来越低，但农业总产值却在不断增加。因为未来的农民，不再是传统时代面朝黄土背朝天的劳动者，而是掌握着现代技术的生产者。

众所周知，智慧农业属于技术密集型产业，通过引入 5G、云计算、人工智能、大数据、互联网、物联网等新兴智能技术，提升现代农业的生产能力。新兴智能技术在经历概念驱动、示范应用引领之后，技术实现显著进步、产业应用更加成熟，在与农业的融合发展中，实现智慧农业技术的快速突破。比如，在农业科研领域，拼多多已经先后与国内外多个顶级科研机构、院士专家等科研团队展开深度合作，在科学种植、农业机器人、智慧农业、未来食品等领域持续投入。

2021 年，农业农村部印发《"十四五"全国农业农村科技发展规划》，明确"到 2025 年，力争突破一批受制于人的'卡脖子'技术和短板技术，农业领域原始创新能力大幅提升，农业科技整体实力稳居世界第一方阵""农业科技进步贡献率达到 64%"。相关统计数据显示，我国智慧农业行业正在不断发展，市场规模持续增长，2024 年中国智慧农业市场规模预计达 1000 亿元的说法是准确的。尽管不同机构对具体数值存在细微差异（如 1050 亿元、924 亿元等），但均围绕"千亿级"形成共识，且增长趋势（年均增速 11%～12%）高度一致。这一规模反映了政策、技术、市场三重驱动下的行业爆发力，也为未来几年智慧农业的持续扩张奠定了基础。

农业作为支撑国民经济发展的基础产业，未来的出路要藏粮于地、藏粮于技。在技术普惠万物的时代，全球开启了新一轮智慧农业发展的"比拼"，传统农业转型升级正在提速。在这个过程中，需要更多人围绕场景化的需求，实实在在地参与到智慧农业各个环节的解决方案里，要有更多科技力量投入，探索和持续输出更好的软硬件产品，共同把产业做大，未来才会涌现出越来越多 Y 智慧果园这样的智慧农业园区。

参 考 文 献

韩欢. 2022. "种植大脑+未来农场"：数字赋能共同富裕的海曙探索. 宁波经济(三江论坛), (4): 8-11.

韩冷, 何雄奎, 王昌陵, 等. 2022. 智慧果园构建关键技术装备及展望. 智慧农业(中英文), 4(3): 1-11.

兰玉彬, 林泽山, 王林琳, 等. 2022. 基于文献计量学的智慧果园研究进展与热点分析. 农业工程学报, 38(21): 127-136.

李皓, 阮俊虎, 胡祥培, 等. 2020. 基于物联网的设施果业智能管控系统与示范工程. 复杂科学管理, (1): 62-74.

刘东琴, 杨震, 邹超, 等. 2022. 陕西省现代化果园生产技术应用概述. 农业技术与装备, (9): 70-72.

刘君玲. 2021. 基于物联网的现代农业智慧园管理系统的设计分析：以龙眼果园智慧园建设为例. 东南园艺, 9(3): 24-28.

王天腾. 2021. 基于农业物联网的樱桃树干蒸发量预测研究. 大连：大连理工大学.

第8章 植物工厂

8.1 植物工厂概况

8.1.1 植物工厂的定义

植物工厂（plant factory）一词是日本提出来的，由日本的专业学会和媒体最早开始使用，随后逐渐被中国和韩国等一些东亚国家采用。2009年以后，植物工厂的概念开始被欧美一些国家接受并采用，目前已经成为约定俗成的专业名称。根据日本植物工厂学会的解释，植物工厂是通过设施内高精度环境控制，实现作物周年连续生产的系统，是利用计算机对植物生长的温度、湿度、光照、CO_2浓度以及营养液等环境条件进行自动控制，使设施内植物生长不受或很少受自然条件制约的省力型生产。

植物工厂以设施园艺、建筑工程、环境控制、材料科学、生物技术、信息学和计算机（网络通信、人工智能、模拟与控制）等学科为基础，是知识与技术密集的集约型农业生产方式。随着国家农业高技术水平的发展，如今的植物工厂是指在完全封闭或半封闭条件下通过高精度环境控制，实现作物在垂直立体空间上周年计划性生产的高效农业系统。

8.1.2 植物工厂的分类及特点

因出发角度不同，划分植物工厂的方式也有所不同。下面分别从植物工厂使用的光源、建设规模、栽培植物和用途方面介绍几种典型分类方法。

1. 按采用光源分类

目前比较习惯的分类方法是按照植物生长中光能的利用方式不同来划分，可分为人工光利用型植物工厂（plant factory with artificial light）、太阳光利用型植物工厂（plant factory with solar light）和人工光与太阳光兼用型植物工厂（plant factory with artificial light and solar light）。这种分类方式也是目前在日本、韩国使用最广泛的一种。需要特别指出的是，狭义的植物工厂只有人工光利用型植物工厂，而广义的植物工厂才能包括上述三种类型。

1)人工光利用型植物工厂

人工光利用型植物工厂简称人工光植物工厂(图 8-1),是一种在完全封闭、环境精确可控的条件下,采用人工光源与营养液立体多层栽培,在几乎不受地理位置和外界气候影响的条件下,进行植物周年计划性生产的高效农作方式。

图 8-1 人工光植物工厂

人工光植物工厂的主要特征为:①建筑结构为全封闭式,密封性强,顶部及墙壁材料(硬质聚氨酯板、聚苯乙烯板等)不透光,热绝缘性好,不受室外条件的影响;②仅利用人工光源,如高频荧光灯和 LED 等;③室内光环境、温度湿度、CO_2 浓度以及营养液等要素均可进行精准调控,可实现周年计划性稳定生产;④采用营养液立体多层栽培,单位土地面积产出率高;⑤室内无病原菌与病虫害的入侵,不使用农药,产品安全无污染;⑥采用植物在线动态监测、信息实时传输与网络化管控,可实现远程监控;⑦建造成本和运行成本偏高。

2)太阳光利用型植物工厂

太阳光利用型植物工厂简称太阳光植物工厂,是一种在半封闭的温室环境下,利用太阳光(或短期人工补光)以及营养液栽培技术,进行植物周年连续生产的农作方式。

太阳光植物工厂主要特征为:温室结构为半密闭式,覆盖材料多为玻璃、聚碳酸酯板或塑料膜(氟素树脂、薄膜等);光源主要为自然光,适当采用人工光源补光,常用的补光光源有高压钠灯和 LED 等;温室内备有多种环境因子的监测和调控设备,包括温度、湿度、光照、CO_2 浓度等环境数据采集以及顶开窗、侧开窗、通风降温、喷雾与湿帘降温、遮阳、加温、补光、防虫等环境调控系统;栽培方式以水耕栽培和基质栽培为主;与人工光植物工厂相比,生产环境较易受季节和气候变化的影响，冬季加温和夏季降温能耗较高；设施建设成本较人工光利用型植物工厂低，运行费用也相对低一些。

2. 按建设规模分类

按照建设规模，可将植物工厂分为大型≥1000平方米、300平方米≤中型＜1000平方米、5平方米≤小型＜300平方米、微型＜5平方米等4种类型。

1）大型植物工厂

大型植物工厂的建设规模一般在1000平方米以上，通常用于商业化生产。

2）中型植物工厂

中型植物工厂的建设规模一般在300~1000平方米，主要以商业化生产为主，也有部分用于科研展示与示范。

3）小型植物工厂

小型植物工厂的建设规模一般在300平方米以下，主要用于科学研究或技术展示与示范，也有部分与商场、超市、餐厅等场所结合进行即摘即食果蔬的商业化生产。近年来逐渐被推广应用的集装箱式植物工厂也属于这种类型。

4）微型植物工厂

微型植物工厂建设规模一般较小，不超过5平方米，是针对家庭、学校、办公区域、空间站等特殊场所设计的，人工光与营养液栽培相结合的植物生产装置。

3. 按栽培植物分类

按照栽培植物的种类不同，可将植物工厂分为育苗、叶菜、果菜、花卉、药用植物等类型。

4. 按用途分类

按照用途的不同可以将植物工厂分为：用于植物规模化生产的生产型植物工厂；用于科学试验与创新研发的科研型植物工厂；用于科普教育、技术展览展示与观光休闲的示范型植物工厂。

8.1.3 植物工厂的技术

1. 营养液栽培技术

1）营养液栽培技术的概念

营养液栽培是一种不用一般的有机肥和无机肥，而是依靠提供营养液来代替传统的农业施肥技术的栽培植物方法。这种模式不用土壤作为培养基质,而是将作物直接种植在装有一定量培养液的栽培装置中,或是种植在以砂、砾石、蛭石、珍珠岩、稻壳、炉渣、岩棉、蔗渣等非天然土壤为基质材料,并采用营养液灌溉的栽培床上。由于营养液栽培完全与土壤条件无关,也称无土栽培。这种栽培方式避免了土壤栽培经常出现的土传病害和盐类堆积,以及由此引起的连作障碍和各种病害,因此生产过程中不使用农药或少用农药,保证产品清洁无污染。而且,营养液栽培还可实现省工、节水、省肥,免去了土壤耕作的繁重劳动,改善了农业生产的劳动条件,实现了轻型农业和省力化栽培。因此,营养液栽培已经成为植物工厂重要的技术支撑。

2)营养液栽培技术的发展

人类对植物矿质营养的探索,可以追溯到公元前四世纪的亚里士多德时代。但是目前比较公认的,有关植物矿质营养研究的最早科学报告是 1642 年海尔蒙特发表的著名的柳树实验。19 世纪中叶(1842 年)维格门(Wiegmen)和波尔索夫(Polsloff)第一次用重蒸馏水和盐类成功地培养植物,并证明了水中溶解的盐类是植物生长的必需物质。这一时期最杰出的代表人物是李比希(1803~1873 年),他证明了植物体中的 C、O 来自空气中的 CO_2,H 来自 H_2O,其他一些矿质元素均来自土壤环境。他的工作彻底否定了当时流行的腐殖质营养理论,建立了矿质营养理论的雏形,也奠定了现代"营养耕作"理论的基础。

1838 年德国科学家斯鲁兰格尔,鉴定出植物生长发育需要 15 种营养元素。1859 年德国著名科学家萨克斯(Sachs)和克诺普(Knop),提出了直到今天还在沿用的、用矿质营养溶液培养植物的方法,并逐步演变和发展成为今天的实用化营养液栽培技术。

1920 年营养液的制备达到标准化,但这些都是在实验室条件下进行的,尚未应用于生产。1929 年美国加利福尼亚大学的格里克(Gericke)教授,利用营养液成功培育出一株高 7.5 米的番茄,采收果实 14 千克,引起人们的极大关注,被认为是无土栽培技术由试验转向实用化的开端。

1935 年一些蔬菜和花卉种植者,在 Gericke 的指导下,进行了大规模的生产实践,首次把无土栽培发展成具有商业规模的应用,面积最大的达 0.8 公顷。同时美国中西部发展了一些砂培和砾培的技术,水耕栽培技术也很快传到欧洲、印度和日本等地。Gericke 教授把无土栽培定义为"Hydroponics"(hydro 是"水"的意思,ponics 意为"耕作")。

第二次世界大战期间,水耕栽培在生产上起了相当大的作用。在 Gericke 教授指导下,泛美航空公司在太平洋中部荒芜的威克岛上用无土栽培种植蔬菜,解决了航班乘客和部队服务人员吃不到新鲜蔬菜的问题。此后,英国农业部也对水耕栽培作物产生了浓厚的兴趣，1945年英国空军部队在伊拉克的哈巴尼亚湖和波斯湾的巴林群岛开始进行无土栽培种植，解决了吃菜靠飞机空运的问题。几乎在同一时期，科威特石油公司等单位也在圭亚那、西印度群岛、中亚等不毛沙地上运用无土栽培技术解决了其雇员吃新鲜蔬菜的难题。

在无土栽培技术研发方面，1961年开始山崎等人在与津园艺试验场开发出一种叫山崎小石耕法的栽培模式，但由于在实际操作中难以找到合适的小石头，以及小石头的价格暴涨、处理十分困难（清洗、消毒、残根的处理等）、人工处理成本过高、根腐病易于发生等现实问题，这种栽培法一直未能很好推广。随后，山崎等人吸收了山崎小石耕法的教训，开发出了不用固体基质的循环式溶液栽培法，1969年市场上开始出售塑料压制成型的营养液栽培设备，到1979年溶液栽培面积已达262公顷。这一时期，日本还研究出了小石耕与溶液栽培并用型、喷雾耕种法、喷雾耕种与溶液耕种并用型、熏炭栽培法等多种栽培方法；1980年以后，从欧洲引进了NFT（nutrient film technique，营养液膜栽培技术）和岩棉培的新型基质栽培方法，并不断获得推广。近年来，随着农业从业人员减少、高龄化等问题的日益突出，营养液栽培法在生产自动化、机械化、节约劳动力、提高产量等方面的优势引起了人们的关注，推广面积迅速扩大。

3）营养液栽培技术的分类

营养液栽培的方法很多，分类方式也各不相同，一般来说，会根据有无固体基质来分类，可分为无基质栽培和固体基质栽培。

无基质栽培就是没有固定根系的基质，根系直接和营养液接触，主要包括以下几种：DFT（deep flow technique，深液流水培）、NFT、浮板毛管栽培（floating capillary hydroponics，FCH）、喷雾栽培等。

固体基质栽培，即采用固定根系的基质材料，根系直接扎在基质上，依靠营养液灌溉施肥的栽培方式，主要有以下几种。①无机基质：包括岩棉、砂、石砾、蛭石、珍珠岩、炉渣等。②有机基质：包括锯木屑、蔗渣、草炭、稻壳、熏炭、树皮、麦秆等。

在人工光植物工厂中以无基质栽培较为普遍，其中又以NFT、DFT和喷雾栽培为典型代表；在自然光植物工厂中无基质栽培和固体基质栽培均有使用，其中叶菜类作物常采用水耕栽培或雾培，果菜类作物则主要采用岩棉、椰糠等固体基质栽培模式。

2. 固体基质栽培技术

1）固体基质栽培技术的特点

固体基质栽培是通过固体基质支持作物根系并给作物提供一定水分和营养元

素的栽培模式，是营养液栽培的重要方式之一。它的主要形式有槽培、袋培、岩棉培等，供液方式主要为滴灌，供液系统根据其营养液是否循环利用分为开路系统和闭路系统两种。这几种方式各有特点，在实际应用中要根据自己的技术水平、管理水平和经济发展的实际情况选择不同的系统。图 8-2 为固体基质下栽培的作物。

图 8-2　固体基质下栽培的作物

相对而言，闭路系统的设施投资较高，营养液管理复杂，技术难度较大，所以，发展中国家和经济欠发达地区应选择开路系统。

2）对基质的基本要求

（1）具有一定大小的粒径，粒径大小不同，其容重、孔隙度、空气和水的含量也不相同，可以根据栽培作物种类、根系生长特点、当地资源状况加以选择。

（2）具有良好的物理性状，基质必须疏松、保水、保肥又透气。

（3）具有稳定的化学性状，本身不含有害成分，不使营养液发生变化。

3．水耕栽培技术

1）水耕栽培技术的特点

水耕栽培技术简称水培，是营养液栽培技术中的一种方式，因植物的生长周期一直是在水中完成，所以称为水培技术。

水培的主要特征是植物的根系不是生长在固体基质中，而是生长在营养液中，确切地讲是一部分根系悬挂生长在营养液中，而另一部分根系则裸露在潮湿的空气中。因此，水培的设施必须具备四项基本功能：①种植槽能装营养液而不渗漏；②能锚定植株并事先将根系浸润进营养液；③营养液和根系处于黑暗之中；④根系能获得足够的氧气。

2）水培技术的分类

目前，人们按照这些基本要求创造出的水培设施中，应用比较广泛的主要是两大类型：一是深液流技术，即 DFT。二是营养液膜技术，即 NFT。这两大类型的主要区别在于，前者所用的营养液的液层较深，植株悬挂于液面上，其重量由定植网框或定植板块所承载，根系浸入营养液中；后者所用液层很浅，植株放置于盛液槽的底面，其重量由槽底承载，根系平展于槽的底面，让营养液以很薄的一层流过。

（1）DFT。DFT 是在比较深的培养床内注入定量的培养液，进行间歇、多次的循环，营养液在曝气的同时进行定时循环，或是在栽培床之间进行循环移动，以保持足够的溶氧量。其显著优势是：设施内营养液总量较多，营养液的组成和浓度变化缓慢，不需要频繁地调整浓度；窗体中的热容量高，作物根圈温度变化不大，可以比较容易地进行温度调节；营养液循环系统中有空气混入装置，很容易调节溶存氧，根部对养分的吸收率高；可以在营养液循环过程中，对营养液浓度、养分、pH 值等进行综合调控，保持营养液的稳定性；营养液仅在内部循环，不会流到系统外，因此不会或很少对周围水体和土壤造成污染；适生作物的种类较多，除了块根、根茎作物外，生长期长的果菜类和生长期短的叶菜类作物皆可种植。但由于需要的营养液量大，贮液池的容积也要加大，成本相应增加；营养液经常处于循环状态，水泵运行时间长，动力消耗大；营养液循环在一个相对封闭的环境之中，一旦发生病原菌危害就有可能迅速传播甚至蔓延到整个种植系统。

（2）NFT。NFT 是将排水槽或水道倾斜，从上部流下少量培养液，使培养液呈薄膜状覆盖于水槽上，并与贮液箱来回循环。这种栽培方法种植的作物，作物根系只有一部分浸泡在浅层营养液中，绝大部分的根系裸露在种植槽潮湿的空气里，这样由浅层的营养液层流经根系时可以较好地解决根系的供氧问题，也能够保证作物对水分和养分的需求。同时，NFT 生产设施中的种植槽主要是由塑料薄膜或其他轻质材料做成的，使设施的结构更为简单和轻便，安装和使用更为便捷，大大降低了设施的基本建设投资，更易于在生产中推广应用。

4. 喷雾栽培技术

喷雾栽培是利用喷雾装置将营养液雾化后直接喷洒到植物根系以提供其生长所需的水分和养分的一种营养液栽培技术，由于根部一直处于空气中，根部的养分吸收充分且易于控制，也不存在缺氧的问题。这项技术用于生产是在营养液栽培技术普及的初期，当时温室环境控制的自动化程度不高，在营养液供给方面还不能适应从地下部向地上部的快速变化，很容易造成生长不良的情况，因此未能迅速应用到大规模生长之中。

后来，随着植物工厂的兴起，日本研制开发出 A 型和移动式喷雾栽培设备，在使用这些设备时,作物根部没有基质,也不浸没于营养液之中。由于植株很轻,也很容易实现立体化和移动式栽培,温室空间利用率提高很大。但这种方法和 NFT 一样无法应对停电或水泵发生故障等突发情况,需要进行更精细的管理。为此,近年来发展起来一种将喷雾栽培与 DFT 相结合的栽培模式,即将植物的一部分根系浸没于培养液中,另一部分根系暴露在雾化的营养液环境之中,所以又叫半喷雾栽培。喷雾栽培技术较好地解决了营养液栽培技术中根系的水气矛盾,特别适宜于叶菜类作物的生产。

5. 光环境及其控制技术

植物的生命活动与光照密不可分,其赖以生存的物质基础是通过光合作用获得的。光不仅是植物进行光合作用等基本生理活动的能量源,也是花芽分化、开花结果等形态建成的动力源。利用太阳光或人工光源进行设施栽培的光照调节、补光或形态调节是植物工厂内环境调控的重要措施之一。设施内的光照环境要素包括光照强度、光照周期和光谱分布,它随着地理位置、季节、时刻和气象条件的变化而变化。

1)植物工厂内的自然光环境

太阳辐射的透过特性是设施内最重要的自然光照环境。入射到设施内的太阳辐射被作物、地面及设施结构吸收,引起气温上升和蒸发的发生,到达地面的太阳辐射的一部分被用于地面蓄热,到夜间又辐射到设施内部。因此,太阳辐射首先是设施内的能量源,其次是作物的光合作用、形态建成等生理活动的动力源。设施内的光照环境随着室外太阳辐射的变化而变化,太阳辐射到达设施内部后,在设施内重新分布形成其独特的光照环境。

2)光环境调控技术

光照是作物生命活动的能量源泉,又是某些作物完成生命周期的重要信息。无论是弱光、短日照或强光、长日照都可能成为某些作物生长、发育的限制因子。因此,对植物工厂内的光照环境进行调节控制是十分必要的。

光照环境的调节,是根据作物的种类及生育阶段,采取一定的措施,调节光照条件,创造良好的光照环境,以提高作物的光合效率。

3)光合补光

在高纬度地区或连阴天,光强和光照时长不足,或整体作物具有较高的光照强度要求时,进行光合补光是必要的。

利用人工光源补充照明是行之有效的方法。目前使用的人工光源仅限于电光源一种,通常使用高强度放电灯进行补光。由于成本太高,大面积应用还难以做到,但在蔬菜育苗工厂中应用则较为经济且能育出壮苗。冬季温室内进行蔬菜育苗，每天日照时数不足 8 小时，不能满足幼苗的生育需要，如果每天补光 2～4 小时，使总的光照时数达到 10～12 小时，可缩短育苗时间，使幼苗健壮，促进早熟。而且在阴、雨、雪天，适当补充光照，可以抑制幼苗发生病害。

为促进生长和光合作用，补光量应依据植物种类和生长发育阶段来确定。通常低强度光照时，光合强度较低，光能利用率却很高。所以，在考虑人工补光的光照度与光照时间时，应通过试验以单位面积的经济效益最大时所需的光照度及光照时间为依据。生产中，采用适当降低光照度以提高光能利用率、适当增加光照时间以补偿光合产物不足的方法，可以获得较大的经济效益。

4）光周期补光

对于光周期敏感的作物，特别是在光周期的临界期，当暗期过长而影响作物的生长发育时，应对作物进行人工光周期补光。光周期补光是作为调节生长发育的信息提供的，需用的光照度较低，一般为 22 勒左右。补光时间因植物种类、天气状况、地理条件而变化。为抑制短日照植物开花，一般在早晚补光 4 小时，使暗期短于 7 小时；也可进行深夜间断暗期补光 2～5 小时，间断暗期也能起到早晚补光，抑制短日照植物开花的效果。另外，研究证明，有些作物生长控制机理与瞬时的补光（闪光）有关。美国康涅狄格大学的试验表明，白桦树苗在每分钟闪光 1 秒的光照机制下的生长速度与连续光照条件下相同，而前种光照机制可大大节能。在商业生产中，为延迟菊花等作物的花期，采用间歇补光的方式，以深度强光（>220 勒）光照 1～4 秒/分或光照 1～4 分/时，可起到与连续补光 5 小时的效果，节能达 80%以上，光能利用率大为提高。

5）光合遮阳

光合遮阳的主要目的是降温和减弱光照强度，四周不需严密搭接，因此也叫部分遮阳。在夏季高温季节，或幼苗移植、某些蔬菜扦插后的缓苗阶段以及喜阴植物（如兰科、天南星科、蕨类等）的生长期，遮阳调节是必要的。目前，生产上比较实用的遮阳方法是采用黑纱网、无纺布或缀铝遮阳网进行内遮阳或外遮阳。对于玻璃温室，还可在玻璃表面上刷一层白灰或在玻璃表面喷水，达到遮阳降温的效果。

6）光周期遮光

光周期遮光的目的是延长暗期，保证短日照作物对最低连续暗期的要求，这种方法多用于进行花期调控。延长暗期要保证光照强度低于临界光周期强度（约 22 勒以下），通常采用黑布或黑色薄膜在作物顶部和四周严密覆盖，因而光周期遮光又叫完全遮光。根据地点不同，遮光时间也不完全相同，一般选择在下午 16:00～18:30 至第二天上午 7:00～9:30，保持暗期不小于 14～16 小时。在遮光期间，应加强通风，防止黑膜下面出现高温高湿，危害植株。

7）人工光源的选择依据

人工光源的选择取决于不同的使用目的，选择时应遵循合理和经济的原则。人工光源在植物工厂和温室环境中发挥着积极的作用，已成为农业生物综合环境控制的一个重要组成部分。在选择和设计光照系统时需要考虑许多要素，其中包括：①作物对光的响应；②其他环境因素的影响；③作物对光强度、光照时间和光谱成分的要求；④可产生最佳效果的光源；⑤最均匀光照系统的设计；⑥系统的投资及运行费用等。

8）植物工厂的主要人工光源

到目前为止，植物工厂所使用的人工光源主要有高压钠灯、荧光灯和 LED 等。

（1）高压钠灯。高压钠灯是在放电管内充高压钠蒸气，并添加少量氙和汞等稀有气体和金属的卤化物帮助降低击穿电压、辅助电离启动的高效光源。它的特点是发光效率高、功率大、寿命长，但其光谱分布范围较窄，以黄橙色光为主。由于高压钠灯单位输出功率成本较低，可见光转换效率较高（可达 30%以上），基于经济性考虑以及其他节能光源（如荧光灯、LED 等）尚未开发，早期的人工光植物工厂，尤其是小型植物工厂（如艾斯贝克公司的植物工厂）主要采用高压钠灯。

（2）荧光灯。低压气体放电灯的玻璃管内充有水银蒸气和惰性气体，管内壁涂有荧光粉，光色随管内所涂荧光材料的不同而异。荧光灯光谱性能好，发光效率较高，功率较小，寿命长，成本相对较低。此外，荧光灯自身发热量较小，可以贴近植物照射，在植物工厂中可以实现多层立体栽培，大大提高了空间利用率。但荧光灯的缺陷是无论哪种类型的荧光灯都缺少植物需要的红色光，为了弥补红色光谱的不足，通常在荧光灯管之间增加一些红色 LED 光源。而且直管型荧光灯中间的光照强度较大，因此还要设法通过荧光灯管的合理布局，使光源尽可能做到均匀照射。同时，荧光灯管一般不带有灯罩，照射时会向灯管顶部和栽培床侧面散射出较多的光，相应地减少了照射到植物体的光源能量。目前，国际上比较常用的方法是增设反光罩，尽可能增加植物栽培区的有效光源成分。

（3）LED。其发光核心是由Ⅲ-Ⅳ族化合物如砷化镓（GaAs）、磷化镓（GaP）和磷砷化镓（GaAsP）等半导体材料制成的 PN 结。它是利用固体半导体芯片作为发光材料，当两端加上正向电压时，半导体中的载流子发生复合，放出过剩的能量而引起光子发射，产生可见光。与荧光灯相比，LED 具有节能、环保、寿命长、单色光、冷光源等显著优势。因此，LED 被认为是人工光植物工厂的理想光源。它的应用能够降低人工光植物工厂的能源消耗和运行成本，提高光能利用率和光环境的控制精度，促进植物工厂的普及与推广。同时对解决环境污染，提高植物工厂的空间利用率，减少温室效应都具有十分重要的意义。当前，LED 正在成为人工光植物工厂的主流光源。

6. CO_2 环境及其控制技术

1) 植物工厂内的 CO_2 环境

CO_2 是作物生长的重要原料。绿色植物在光照条件下,由叶绿体将 H_2O 和空气中的 CO_2 合成有机质并释放 O_2 的过程称为光合作用。植物通过光合作用将光能转变为贮藏在有机质中的化学能,又通过呼吸作用,即碳水化合物的氧化作用,为植物体内各种生物或化学反应过程提供能量。

用于作物光合作用的 CO_2 有三种来源,即叶片周围空气中的 CO_2、叶内组织呼吸作用产生的 CO_2 及作物根部吸收的 CO_2,作物根部吸收的 CO_2 仅占作物吸收 CO_2 总重的 1%~2%,绝大部分 CO_2 来自叶边界层和叶内组织的呼出,并通过扩散途径由表皮或气孔进入叶肉细胞的叶绿体。在光合作用过程中,CO_2 因不断被叶绿体消耗,浓度不断降低,并与周边环境形成 CO_2 浓度梯度,导致 CO_2 向叶绿体扩散。

2) CO_2 环境调控技术

人工光植物工厂 CO_2 的增施方法主要采用液态 CO_2(或干冰)。而太阳光植物工厂可以采用液态 CO_2、通风换气、碳水化合物燃烧产生 CO_2 等多种方法。不当的 CO_2 施肥方法会对植株造成伤害,如出现徒长、营养缺乏、加速老化,有时甚至会造成减产。在进行施用方法选择时,应充分考虑设施栽培条件、栽培作物、环境控制条件、经济条件等因素,以取材方便、操作简单、安全可靠、无污染物影响生长和便于控制等为原则,合理选择一种或几种可以协同利用的方法,提高增施 CO_2 的利用效率和经济效益。

(1) 液态 CO_2。可以从酒精酿造等工业的副产品中获得纯度 99% 以上的气态、液态和固态 CO_2。将气态 CO_2 压缩于钢瓶内成为液态,打开阀门即可使用,方便、安全,浓度容易调控,且原料来源丰富。

(2) 通风换气。在太阳光植物工厂中,植物进行光合作用会消耗大量的 CO_2,若室内 CO_2 得不到及时补充,CO_2 浓度会迅速下降。在不通风情况下,CO_2 浓度会降低到植物 CO_2 补偿点以下。因此,通常需要打开天窗或侧窗进行通风换气来补充室内 CO_2,减少室内外 CO_2 浓度差。此方法的优点是操作简单,无成本。缺点是即使在通风的情况下,室内 CO_2 浓度也可能低于室外 CO_2 浓度,即使室内 CO_2 浓度能达到室外的浓度水平,也远低于植物的 CO_2 饱和点,且受到季节限制,如在冬季为避免设施内温度过低,不宜开窗通风。

(3) 碳水化合物燃烧产生 CO_2。煤油、液化石油气、天然气、丙烷、石蜡等物质燃烧,可生成较纯净的 CO_2,通过管道送入植物工厂内。燃烧释放的热量还可用于植物工厂加温。燃烧后气体中的 SO_2 及 CO 等有害气体不能超过对植物产生危害的浓度，因此要求燃料纯净，并采用专用的 CO_2 发生器。这种方法便于自动控制，但运行成本相对较高，在国外的温室采用较多，一般不在人工光植物工厂应用。

7. 温度环境及其控制技术

1）植物工厂内的温度环境

温度与植物生长的关系极为密切，植物的生长、发育和产量均受温度的影响。植物必须在一定的温度条件下才能进行体内的生理活动（光合作用、蒸腾作用、呼吸作用、矿物质的吸收同化以及有机物的转化与运输等）及其生化反应，当温度低于或高于植物生理极限时，其发育就会受阻甚至死亡。与其他环境因子相比，温度是较容易进行人为调控的一个环境参数，温度调控对植物的产量与品质影响也相对较大。因此，温度环境的调控对保障植物的高效生产极为重要。

2）温度环境调控技术

植物工厂内温度调控是通过一定的工程技术手段进行室内温度环境的人为调节，以维持植物生长发育过程的动态适温，并实现在空间上的均匀分布、时间上的平缓变化，以保持室内作物的高效生产。

3）人工光植物工厂温度调控

与太阳光植物工厂不同，人工光植物工厂主要是以不透光的绝热材料为围护结构，气密性好，室内外进行交换的热量很少，而室内由于人工光源的利用、水泵等设备的运行、工作人员的活动，植物进行光合作用、蒸腾作用和呼吸作用等生命活动会产生大量的热量，为了使植物工厂内温度维持在适宜的目标范围，大部分时间需要进行降温，尤其是在光期。

人工光植物工厂一般采用空气源热泵进行室内温度调控，其主要优势在于：由于植物工厂大部分时间都需要进行降温管理，当热泵用于植物工厂冬季降温时，蒸发器在高温侧吸热，冷凝器在低温侧放热，此时热泵的运行效率会显著提高，一般冬季降温的性能系数会达到加温性能系数的 2.5 倍。但暗期热泵的低效率运行状态不仅会造成热泵的频繁启停，增大压缩机的磨损程度，会增加热泵在降温时的电力消耗，造成能源的浪费，长期运行还会减少热泵的使用寿命。为了避免热泵频繁启停，尽量减少热泵在低降温负荷下的运行时间，提高热泵运行性能系数，可以考虑以下措施。

（1）利用可以变频调控的热泵，并采用 PID（proportional-integral-derivative control，比例–积分–微分控制）控制，而不是 ON/OFF 控制。

（2）根据室内降温负荷来精准确定热泵运行台数。

(3) 明暗期交错运行,使室内全天的降温负荷分配均匀,既减少了导入热泵的功率,也减少了前期的投入成本。

(4) 引进室外冷源协同热泵降温。当植物工厂室外温度低于室内温度并且可以将室内温度控制在目标范围时,充分利用室外冷源,通过风机引入室外大量免费的自然冷源来降低室内温度,以低功率的风机减少高功率的热泵对植物工厂进行降温的运行时间,来减少降温耗电量。

4) 太阳光植物工厂温度调控

太阳光植物工厂的围护结构主要以塑料薄膜、玻璃等透光保温材料为主体,与人工光植物工厂相比,密闭性较差,室内外经常会存在围护结构热传导和冷风渗透等热量交换。我国冬季大部分地区室外温度较低,难以维持植物生长的适宜温度,因此必须采取加温措施;而在夏季,由于太阳辐射和室外较高温度的共同作用,温室内温度较高,有时甚至会超过植物生长的最高温度(35℃以上),因此需要进行降温。

在冬季加温时,可以考虑以下措施。

(1) 热泵。空气源热泵安装简单、投资少、运行易受环境影响、能效高但易发生结霜;水源热泵安装复杂、投资相对较高、运行受环境影响小、受水源限制且对水质有要求。二者消耗能源皆以电力为主。

(2) 燃气锅炉。消耗天然气等,通过热风加温,安装简单、投资少、能效低、能源消耗高且温室气体排放易污染环境。

(3) 热水锅炉。通过燃烧煤炭提供热水和热风进行加温,能效低、能源消耗多、产生的温室气体会污染环境。

在夏季降温时,可以考虑以下措施:①热泵。当室内高于室外温度时降温,运行效率很高。②通风。消耗电力进行自然通风或强制通风,特点是运行费用低、无法保障植物工厂的密闭性、换气次数变多、无法进行高浓度的 CO_2 施肥、病虫害的发生概率增加,条件是室外温度低于室内时才有效。③蒸发。运用湿帘风机和喷雾通过消耗电力和水达到蒸发降温的目的。特点是运行费用低、使室内温度增大、病害发生概率增加、只有在室外温度低时效果较好。

8. 湿度环境及其控制技术

1) 植物工厂内的湿度环境

植物工厂环境下,植物的蒸腾作用、栽培基质和营养液的蒸发等使得空气湿度较大,这种情况尤其容易发生在冬季的傍晚。太阳光植物工厂由于空气温度的降低会使相对湿度增大,有时可达到100%。饱和空气可在植物叶片和设施围护材料上凝结形成露水,设施内高湿环境或低湿环境极易引起植物病害。

植物工厂内空气湿度还会影响到植物叶片和周围空气之间的水蒸气饱和压力差,进而影响植物蒸腾作用和光合作用。不同的植物对空气相对湿度的要求也不尽相同,应根据不同的植物品种及生长期对空气湿度进行调节。

2)湿度环境调控技术

人工光植物工厂除湿调控一般采用热泵除湿,而太阳光植物工厂除湿调控可采用加温、通风换气、热泵和物理化学除湿等方法。

(1)加温除湿。在一定的室外气象条件与室内蒸腾蒸发及换气条件下,室内湿度与室内温度呈负相关。因此,适当提高室内温度也是降低室内相对湿度的有效措施之一。加温的高低,除植物需要的温度条件外,就湿度控制而言,一般以保持叶片不结露为宜。加温除湿的方法尤其适用于冬季。

(2)通风换气除湿。植物工厂较高的密闭性是造成高湿的主要原因之一。为了防止室内高温高湿,可采取强制通风换气的方法,将室外干燥的空气送入室内,排出室内的高湿空气,以降低室内湿度。室内相对湿度的控制标准因季节、植物种类不同而异,一般控制在 50%~85% 为宜。通风换气量的大小与植物蒸发、蒸腾的大小及室内外的温度、湿度条件有关。

(3)热泵除湿。当热泵用于降温时,其蒸发器在室内,由于蒸发盘管的温度可降到 5℃ 左右,远低于室内空气的露点温度,室内空气中的水蒸气会在热泵蒸发盘管上冷凝,从而降低空气湿度。热泵的冷凝水几乎不含离子,可进行回收再利用。

(4)吸湿材料除湿。采用吸湿材料,如氯化锂等,吸收空气中水分以降低空气中绝对湿度,从而降低空气的相对湿度。

(5)空间电场除湿。利用电场驱动离子系统的上悬电极与植物工厂壁面或栽培基质之间建立的电场,在电场作用下,空气被电离成许多自由离子和电子,空气中的水汽被高速运动的离子和电子碰撞后获得电荷,在电场库仑力的作用下发生聚水作用,迅速将室内水蒸气除去而降低空气空间电场的湿度。

(6)加湿调控。当室内相对湿度低于 40% 时,就需要加湿。在一定的风速条件下,适当增加湿度可增大气孔开度,提高植物的光合作用强度。人工光植物工厂常用超声波加湿,而在太阳光植物工厂中一般采用喷雾加湿等方法。

8.1.4 植物工厂的国内外发展历程

1. 国际植物工厂发展历程

1)试验研究阶段

20 世纪 40 年代前,以"矿物质营养学说"为理论基础的营养液栽培技术的应用和推广，为植物工厂的发展提供了重要的栽培技术基础。1949 年美国植物生理和园艺学家温特（Went）在加利福尼亚州帕萨迪纳建立了第一座人工气候室，并把营养液栽培与环境控制有机地结合起来。人工气候室的出现引发了"模拟生态环境"研究领域的一场革命。1953 年和 1957 年日本和苏联也相继建成了大型人工气候室，并进行了人工可控环境下的栽培试验。人工气候室的出现以及北欧在同一时期发展起来的设施园艺技术为植物工厂的出现奠定了技术基础。

植物工厂的发展始于 20 世纪 50 年代的欧美发达国家。1957 年世界上第一家植物工厂诞生在丹麦的克里斯滕森农场，占地面积 1000 平方米，是人工光和太阳光兼用型植物工厂，种植作物是水芹，从播种到收获都采用全自动传送带来完成流水作业。1960 年美国通用电气公司开发成功第一座完全利用人工光的植物工厂，随后陆续有美国通用磨坊食品公司、塞纳拉鲁米勒斯公司及依法德法姆公司等多家公司开始进行相关研发。美国犹他州立大学试验用植物工厂种植小麦，全生育期不到 2 个月，一年可收获 4～5 次。20 世纪 60 年代初次进行植物工厂的试验，并开始推广。1963 年奥地利的卢斯那公司建成了一座高 30 米、面积 5000 平方米的塔式人工光植物工厂，利用上下传送带旋转式的立体栽培方式种植生菜，光源采用人工光源。该塔式植物工厂即使运行成本比较高，仍然在北欧、俄罗斯、中东国家等被采用。

2）示范应用阶段

20 世纪 70 年代以来，随着水培技术的不断创新与突破，植物工厂的发展有了重要动力。1973 年英国温室作物研究所库珀（Cooper）教授提出了 NFT 水培模式，大大简化了栽培结构，降低了生产成本。同一时间段，日本研制出了 DFT，并形成了 M 式、神园式、协和式、新和等量交换式等水培模式，大大推进了植物工厂栽培技术的发展。

1971 年丹麦建成了绿叶菜工厂，快速生产独行菜、鸭儿芹、莴苣等。1974 年日本建成一座电子计算机调控的花卉蔬菜工厂，该厂由一栋 2 层的面积为 830 平方米的楼房和两栋面积共 1600 平方米的栽培温室构成，在一年内生产两茬金香、两茬垄民花、一茬番茄，做到周年生产。同年日本日立制作所中央研究所高迁正基所在的研究组开始进行人工光植物工厂的研究，对生菜所需的环境因子进行了前期探索。1980 年美国波里达卡农场建立的太阳光植物工厂同样种植莴苣，规模为 3000 平方米，种植方式是 NFT 式水培，特征是采用立体多层栽培，并应用到了自动播种机和收获机。直到 1983 年静冈三浦农场推出了平面式和三脚版型植物工厂，日本真正用于生产的第一个人工光植物工厂由此诞生，当时该植物工厂采用的光源是高压钠灯，栽培方式采用气雾栽培和水培。日本植物工厂从此进入高速发展阶段：1985 年日本三菱重工和九州电力公司建立的人工光植物工厂做到了完全智能化控制并开始让机器人参与生产流程。同年日立制作所中央研究所建立了占地面积为660平方米的人工光植物工厂，实现了大面积规模化平面式栽培。在这一时期，除了日本发展较快外，其余国家大多停留在示范和小规模应用阶段。

随后，荷兰、美国、奥地利、挪威等国家，以及一些著名企业如荷兰的飞利浦、美国的通用电气公司、日本的日立电力中央研究所等也纷纷投入巨资与科研机构联手进行植物工厂关键技术的研发，为植物工厂的快速发展奠定了坚实的基础。

3）推广普及阶段

虽然植物工厂起源于欧美的一些国家，但在推广普及方面日本发挥了重要作用。1989年4月，日本专门成立了植物工厂学会，每年定期召开植物工厂研讨会，有力地推动了植物工厂产业的发展。1990年之后，日本一些专业学会，如日本营养液栽培研究会、日本园艺学会等也定期开展植物工厂研讨与技术普及工作。至1998年，日本已有用于研究展示、生产的植物工厂近40个，其中生产用植物工厂17个。2008年，日本植物工厂学会与生物环境调节学会合并为日本生物环境工程学会，但仍定期举办相关学术交流活动。

2009年，针对本国土地资源少、年轻人不愿务农、食品自给率低、居民对高品质农产品需求旺盛的现实，日本农林水产省和经济产业省分别启动了"示范性植物工厂实证、展示、培训事业"和"植物工厂核心技术研究据点事业"项目，共投入研发经费150亿日元。除了日本政府资助的植物工厂项目以外，一些地方政府和大学等公立机构也纷纷投入经费开展植物工厂技术研究。同时，为了抢占国际农业高端技术市场，一些大学与知名企业（如三菱、丰田、松下等公司）开展合作，研发植物工厂配套技术产品，计划出口到中国、中东、欧美等国家和地区。2009年，日本约有34所人工光植物工厂和30所太阳光植物工厂进行商品菜生产。

2011年，由于日本东北地区大地震，作为灾区复兴项目的一部分，植物工厂得到政府的进一步资助，加速了产业快速发展。2015年，日本人工光植物工厂数量已达185所，其中位于宫城县多贺城市的占地面积为2300平方米、15层立体栽培架、日产叶菜10 000棵的LED植物工厂，以及大阪府立大学的占地面积为550平方米、18层栽培架、日产叶菜5300棵的LED植物工厂最具代表性。至2018年，日本人工光植物工厂的数量已达250所。

2009年以来，韩国的植物工厂技术也得到了快速发展。至2010年，韩国已建成了20余所试验研究型人工光植物工厂，人工光源均采用LED，面积大多在300平方米以下。以首尔大学为首的一些大学和研究机构，如全北大学、庆尚大学、农村振兴厅等，也陆续开展了植物工厂方面的研究。由于2009年韩国政府把"发展低碳绿色产业"列入国家发展战略规划，植物工厂研发与产业发展受到高度关注，一些知名企业，如 LG 集团、乐天集团等也纷纷介入，目前韩国的研发重点主要集中在太阳光发电装置辅助的植物工厂、从播种至收获的自动化装置研发、功能性植物和药用植物栽培技术研发等。但是，与日本相比，韩国植物工厂的商业化程度还不是很高，大多数项目仍处于研究示范阶段。

随着亚洲植物工厂技术的蓬勃发展，欧美国家的一些科研单位和企业也开始对人工光植物工厂技术进行研究。荷兰的植物实验室（Plantlab）公司开始投资研发实用型 LED 植物工厂技术。一直生产设施园艺用高压钠灯的飞利浦公司也开始着手研发植物生长专用型 LED 光源，目前其生产的 LED 产品已在日本、中国、韩国等国家进行销售。欧洲各国一直从节能和降低运行成本的角度进行植物工厂的研发，尤其是利用计算机系统实现植物工厂的智能化监控，使运行成本大为降低，劳动生产率显著提高，极大地推动了植物工厂的普及与发展。

2. 国内植物工厂发展历程

1）试验研究阶段

我国植物工厂起步较晚，分别在 1998 年和 1999 年从加拿大引进过两套太阳光植物工厂，一套放置在深圳，面积为 1.33 公顷，另外一套放置在北京顺义，面积为 1.5 公顷，主要采用 DFT 系统进行波士顿奶油生菜的生产。但是，深圳的植物工厂系统由于建设单位对核心技术把握不到位，建成后一直未能得到有效运转。建立在北京顺义三高科技农业试验示范区内的植物工厂系统由北京顺鑫农业股份有限公司经营，在栽培技术上进行了一些改进，建成后得到了持续有效运行。

国内人工光植物工厂的研究始于 2002 年前后，中国农业科学院在科技部"植物水耕栽培装置及其营养液自控系统升级改造""植物无糖组培快繁工厂后生产技术研究与应用的研究"等项目的支持下，开始进行密闭式人工光环境控制以及水培营养液在线监测与控制技术的试验研究，获得了人工光植物工厂技术的第一手资料。2004 年，中国农业大学开发了利用嵌入式网络式环境控制的人工光密闭式植物工厂。2006 年，中国农业科学院建成国内第一座科研型人工光植物工厂实验室，面积为 20 平方米，人工光源一半采用 LED，一半采用荧光灯，并配置有智能环境控制与营养液栽培系统，由计算机对室内环境要素和营养液进行自动监测与控制。2009 年，中国农业科学院建立了 100 平方米的 LED 植物工厂试验系统，并开展了人工光育苗、叶菜栽培以及药用植物栽培的试验研究，获取了一大批原始数据，为我国植物工厂的研究奠定了基础。

2）示范应用阶段

2009 年，国内第一例智能型人工光植物工厂在长春农业博览园投入运行。首例完全具有我国自主知识产权的植物工厂的展出，正式向世人宣告我国在植物工厂领域的重大技术突破，我国也因此成为世界上少数掌握植物工厂高技术的国家之一。该植物工厂的建筑面积为 200 平方米，共由蔬菜工厂和植物苗工厂两部分组成，以节能植物生长灯和 LED 为人工光源，采用制冷–加热双向调温控湿、光照–CO_2 耦联光合调控、空气均匀循环与流通、营养液[EC、pH、溶解氧和液温等]在线监测与控制、图像信息传输、环境数据采集与自动控制等 13 个相互关联的控制子系统，可实时对植物工厂的温度、湿度、光照、气流、CO_2 浓度以及营养液等环境要素进行自动监控，实现智能化管理。植物苗工厂由双列五层育苗架组成，单位面积育苗效率可达常规育苗的 40 倍以上，育苗周期缩短 40%；蔬菜工厂采用 4 层栽培床立体种植，栽培方式选用 DFT 模式，所栽培的叶用莴苣从定植到采收用时 20～22 天，比常规栽培周期缩短 40%，单位面积产量为露地栽培的 25 倍以上，产品清洁无污染，商品价值高。

继国内第一例智能型人工光植物工厂研制成功后，中国农业科学院又在上海世界博览会（简称上海世博会）上首次展出"低碳·智能·家庭植物工厂"，该植物工厂模式的出现为植物工厂技术走向家庭和都市生活提供了超前的示范样板。

3）推广普及阶段

随着植物工厂技术的突破，2010 年 3 月中国农业科学院又为辽宁沈阳小韩村研制出 40 000 平方米的太阳光利用型蔬菜工厂，采用营养液栽培技术进行蔬菜工厂化生产，日产鲜菜 5～6 吨，取得了显著的社会经济效益；随后，山东泰安也建成了 20 000 平方米的太阳光利用型蔬菜工厂。此外，北京通州、山东寿光、广东珠海、江苏南京、内蒙古鄂尔多斯等地也相继建成了 10 多座人工光和太阳光植物工厂，尤其是家庭微型植物工厂的研制成功，还引起了日本、韩国、英国等同行的关注，纷纷要求进行相关的技术合作。中国植物工厂的快速发展和技术突破，标志着我国已经在该领域逐渐走在世界前列。

2013 年，中国正式将"智能化植物工厂生产技术研究"项目列入"863 计划"，获得了国家技术资金支持，资金总额为 4611 万元，由 15 家科教单位与企业联合进行技术研发，形成了包括植物 LED 光源及光环境智能控制、营养液在线监测与数字化调控、立体栽培及蔬菜品质调控，这些均属于物联网的智能化管控等一批具有自主知识产权的关键核心技术成果，并作为农业领域唯一的一项重大科技成果在国家"十二五"科技创新成就展接受国家领导人的检阅，受到高度肯定。

在此基础上，2017 年科技部启动了"十三五"重点专项"用于设施农业生产的 LED 关键技术研发与应用示范"，通过探明 LED 光配方生物学机制及影响效用规律，研制出设施种苗、叶菜、果菜、菌藻和病虫害防治的节能高效专用 LED 光源及智能控制系统，为 LED 在植物工厂、植物苗工厂等领域的应用提供技术支撑。

2018 年科技部又批复了对发展中国家科技援助项目"中–罗农业科技示范园构建及合作研究示范",重点在罗马尼亚进行植物工厂技术示范,以期将中国研发的具有自主知识产权的植物工厂核心技术产品输出到"一带一路"共建国家。

近年来,在中国政府的积极支持和引导下,一些 LED 制造企业、房地产商、电商,如三安光电股份有限公司、富士康科技集团、同景新能源集团控股有限公司等纷纷加入到植物工厂行业中,植物工厂规模逐渐增大,生产型植物工厂逐渐增多,应用范围也逐渐扩展到家庭、科普教育、餐饮、航天、航海、岛礁等领域。据统计,目前我国人工光植物工厂数量已经超过 200 家,其中单位面积超过 10 000 平方米的有两家,甚至还出现了栽培层超过 20 层的垂直立体植物工厂。

在未来几年内,植物工厂在中国的应用范围会越来越广泛。作为设施农业领域距离智慧农业最近的生产方式,必将成为现代农业不可或缺的重要组成。因此,作为未来农业方向,加强植物工厂向智能化方向发展的系统研究无疑是十分重要的。

8.2 植物工厂的应用场景

8.2.1 垂直农场

都市农业是将农业的生产、生活、生态等"三生"功能结合于一体的产业,是为满足城市多方面需求服务,尤以生产性、生活性、生态性功能为主,是多功能农业,发展水平较高,位置在大城市地区,可以环绕在市区周围的近郊,也可能镶嵌在市区内部。由于城市仅供农业生产的面积有限,因此如何在城市里实现农业最大化种植,一度是困扰各农业专家的难题,垂直农场的概念应运而生。

垂直农场也称摩天大楼农业、大厦农业或垂直农业,是一种通过在人工修筑的多层建筑里模拟农业生物的生长环境,进行动植物周年连续生产,并显著提升土地利用率的高效农业系统。垂直农场能最大程度地利用城市空间,来满足世界日益增长的粮食需求。

垂直农场的概念最早由美国纽约市哥伦比亚大学环境学教授和微生物学家迪克森·德斯波米尔提出,随后得到世界各国学者的响应。垂直农场在 2011 年首次发展起来,已经在亚洲、欧洲、美国等起飞,其中美国是世界上最大的垂直农场发源地。

2018 年,中国农业科学院都市农业研究所开始进行垂直农场的设计与建设。该垂直农场地上部分高度为 36 米,包括人工光植物生产区、工厂化水产养殖区、食用菌工厂化生产区、药用与功能植物生产区、太阳光植物生产区等功能区,并按各自的特点在垂直空间上进行分层布局。不同功能区的冷热源、水、氧气、二氧化碳、固体废弃物等物质和能量都能按一定的规律进行循环利用，实现垂直大厦型农业的可持续生产。

在丹麦初创企业——北欧丰收（Nordic Harvest）公司使用的这个 7000 平方米巨大仓库里，从地板到天花板有 14 层机架。仓库约有 20 个标准足球场地大小，是欧洲最大的垂直农场之一。尽管看不到土壤和阳光，但这里种植的农产品每年将收获 15 次，远多于传统农业通常的收获次数——2 次。它由 2 万个专业 LED 灯泡全天候照亮，种植箱内的生菜和其他绿叶蔬菜很快就会长出来，不受极端天气影响。同时，种植物通过机器人系统检查其生长进度。"垂直农场可以通过本地生产创建更可持续的食品系统，同时提供比常规种植的食品更高的质量和更好的口感体验"，北欧丰收公司创始人兼首席执行官安德斯·黎曼表示。同时，哥本哈根这个新的垂直农场完全依靠风力发电，有望每年产出上千吨无农药、碳中和的产品。

2022 年 7 月 18 日，全球最大的垂直农场在阿联酋迪拜开业。该农场位于迪拜阿勒马克图姆国际机场附近，拥有 30 658 平方米的设施，每年可生产超过 100 万千克的绿叶蔬菜。该农场不使用任何杀虫剂或除草剂，由于采用人工智能等先进技术，用水量也比传统农业减少 95%。

农业专家认为，"垂直农场就是我们所知道的可持续农业的未来"：完全由可再生风能提供动力，并且对附近河流的环境破坏为零，在未来数十年中很可能会被证明是农业的典范。

8.2.2 屋顶农场

屋顶农场的概念起源于美国纽约，指的是人们在屋顶有限空间内开辟一方园地，或种植果蔬，或养殖蜜蜂，在钢筋水泥的城市中安享田园情怀。

纽约市长迈克尔·布隆伯格亲手推动了屋顶农场这一热潮：为使纽约成为可持续发展城市的代表，布隆伯格在 2007 年地球日启动名为"PlaNYC 2030"的项目，给建造屋顶农场的市民提供减税优惠。在政策的推动下，屋顶农场在美国很快发展起来并成功普及推广。

屋顶农场在国外已经很火，如比利时、荷兰等地的屋顶农场已经成为热门的创业项目；中国的屋顶农场正在成为趋势，特别的是，在中国做屋顶绿化是有补贴的。

屋顶农场已经成为一个融生态、环保、旅游、休闲、餐饮、教育为一体的小型生态产业，更是一项富有创意、时尚、灵活、新鲜、便利和低碳环保的创举，主要有以下几大优势。

1) 嫁接都市农业

满足城市消费者对农业的所有期待,尤其是对健康无公害农产品的需求,还可以满足消费者互动与社交的可能性。

2) 衍生出教育功能

每一个屋顶农场都可以成为消费者或者孩子们体验教育的场所,其中包括:耕种体验、采摘体验、认识大自然等,屋顶农场因此成为人们接触和了解大自然的一个窗口。

3) 改善城市环境

种植在屋顶的蔬菜汁水丰富,有助于隔离热量、保护屋顶;此外,这些蔬菜可以帮助调节室内温度、集蓄雨水,减少室内排水压力,将雨水过滤后储存起来还能以备不时之需;绿色蔬菜还可以吸收碳,产生氧。

4) 符合生态环保大背景

屋顶农业一定是一个循环农业,可以合理利用其他资源,避免资源浪费或者资源过剩等,为生态环境提供了良好的解决方案。

8.2.3 集装箱农场

近年来逐渐被推广应用的集装箱式植物工厂属于小型植物工厂的一种,由于其样式丰富、移动性强,因此近年来被推广应用于科研院所、边防哨所、岛礁、舰船等场所,被用于科研、教学、育苗、叶菜、药用植物和矮化果菜和花卉生产等,具有广泛的应用前景。

集装箱农场又被称为"城市农场",小小的空间里边集成了很多高科技元素。集装箱农场里边的蔬菜种植不用土,而是采用水培和气培,生长速度比传统农场快两倍,生长过程无杀虫剂。一个成熟的集装箱农场包含多个集装箱,大多数用于作物生长,极少数用于果蔬的发芽和收成存储。

集装箱农场国外起步相对较早,现在的国外集装箱农场已形成了订单模式,这种模式可以规避对农业用地的依赖性。尤其是在未来,城市周边农业用地会越来越紧张,在不远的未来城里每个家庭都可以拥有一个集装箱农场,实现蔬菜的自给自足,甚至还能用卡车载着边种边卖。

集装箱农场在中国并没有缺席,2020年后,中印边境局势时有波动,边境战士们的衣食住行受到高度关注。在低温缺氧的高原气候环境下,战士们想吃新鲜蔬菜难上加难。而在2020第九届中国国防信息化装备与技术博览会上,一款集装箱种菜神器的横空出世,很好地解决了这个问题。这款集装箱采用光伏发电为蔬菜正常生长提供所需的光照、温湿度等，零下40℃的高原上种菜已成为现实。

8.3 植物工厂的发展与展望

当今世界农业的发展面临着人口增长、资源短缺、环境恶化和自然灾害频繁等诸多挑战，同时还担负着保障食物供给、食品安全和生态恢复的历史重任。改变传统农业生产方式，摆脱自然气候和土地资源的限制进行周年生产和空间延伸性生产，大幅度提高作物产量，保证作物安全，实现人类的可持续发展，是当今世界农业面临的重大课题。植物工厂是解决这一难题的重要途径之一。

8.3.1 计算机实现智能化管理

植物工厂必须使用规格化的资材，最大限度地节省能源，高品质、低成本地进行植物生产。为此，就要经常对环境进行观察、记录和控制，对植物的生长状况进行持续不断的观察和综合性的分析与判断。如果单纯依靠人工来完成这些是远远不够的，而且人工费用太高。这些不利因素都直接影响到生产规模的扩大，而由计算机来进行环境控制和管理就可以在节能状态下生产出高品质的产品。

植物生产以追求产品利润为第一目标。收集生产、市场需求动态的最新信息是获得高效益的重要条件。但是，对于究竟要生产多大的量，什么样品质的产品迎合市场的需求，科研机构有什么新发表的栽培技术信息，种苗公司有什么新品种新信息等，就必须被及时收集，并利用计算机进行分析和决策，这有助于企业制订合理的生产计划、产品定位和市场策略。因此，计算机在植物工厂的应用显得极为重要。

计算机的优势之一就是可以对众多的信息进行快速处理。植物工厂正是充分利用计算机的这一优势来进行科学管理和控制的。采用计算机系统对植物工厂自然光利用型温室的温度、湿度、光照、CO_2浓度等14个环境因子及人工光利用型温室的11个环境因子进行监测与控制。同时，利用作物发育模型对各类蔬菜的不同生育阶段进行多元素监测与机械化操作，从而保证植物工厂的作物始终处于最佳的生长状态。

8.3.2 机械化与自动化技术广泛应用

劳动力成本约占植物工厂总成本的25%，降低人力成本、大幅提升系统机械化与自动化水平将是未来植物工厂发展的重要方向。通过环境与生物传感器、决策模型以及物联网技术的应用，可实现对植物工厂环境营养信息、作物生理信息的瞬时动态监控、网络化通信，以及系统多变量协同优化控制；通过对植物工厂从播种到收获全生育期的农艺过程研究,分解出各阶段机械替代人力的技术路径,研制出机械化播种、催芽、育苗、移栽、间苗、收获、包装等成套设备,甚至采用定制机器人、移栽机器人、售货机器人、超高层操作机械手等智能设备,显著提升植物工厂机械化与自动化水平,大幅减少劳动力使用。

8.3.3 LED 光源替代人工光

都市农业中植物工厂已今非昔比,尤其表现在人工光植物工厂中 LED 光源逐渐替代人工光,这是因为与荧光灯等相比,LED 光源具有以下显著优势。

1) 节能

LED 不依靠灯丝发热来发光,热量转化效率非常高,目前白光 LED 的电能转化效率最高,已经达到 80%,普通荧光灯的电能转化效率仅为 20% 左右。所以,白光 LED 的节电效果可以达到荧光灯的 4 倍。虽然不是所有波段的 LED 都能达到白光 LED 的节电效果,但是随着 LED 技术的迅猛发展,它已经成为节能光源发展的一个重要趋势。

2) 环保

现在广泛使用的荧光灯等光源中含有危害人体健康的汞,这些光源的生产过程和废弃的灯管都会对环境造成污染。而 LED 没有任何污染,并且发光颜色纯正,不含紫外和红外辐射成分,是一种"清洁"光源。

3) 寿命长

LED 是用环氧树脂封装的固态光源,其结构中没有玻璃罩、灯丝等易损坏的部件,耐震荡和冲击,寿命可达 50 000 小时以上,是荧光灯的 5 倍,白炽灯的 100 倍。所以 LED 光源除节约能源与环保外,还能减少用于光源更换与维护的劳动力支出。

4) 单色光

LED 发出的光为单色光,能够自由选择红外、红色、橙色、黄色、绿色、蓝色等光谱,按照不同植物的需要将它们组合利用,不仅节省能耗,而且可提高植物对光能的吸收利用效率。

5) 冷光源

由于 LED 发出单色光,没有红外或远红外的光谱成分,是一种冷光源,可以接近植物表面照射而不会出现叶片灼伤的现象,并且它的体积小,可以自由地设计光源板的形状,极大地提高了光源利用率和空间利用率,有利于形成多段式紧凑型的栽培模式,适用于人工光植物工厂的集约型生产模式。

基于以上优势，LED 被认为是人工光植物工厂的理想光源。它的应用能够降低人工光植物工厂的能源消耗和运行成本，提高光能利用率和光环境的控制精度，促进植物工厂的普及与推广。同时对解决环境污染，提高植物工厂的空间利用率，减少温室效应都具有十分重要的意义。当前，LED 正在成为人工光植物工厂的主流光源。图 8-3 为 LED 光源下的植物。

图 8-3　LED 光源下的植物

8.3.4　低碳·智能·家庭植物工厂

近年来，随着城市化进程的加快，绿色休闲空间越来越受到限制，居住在城区尤其是大都市的居民对亲近自然、体验绿色的需求日益迫切，网上偷菜、都市菜园等无论是虚拟版还是现实版的"开心农场"都受到了来自各个年龄层次的城市人的热捧，家庭微型植物工厂正是在这样一个社会背景下出现的，并通过上海世博会的平台得到较好的诠释。

"低碳·智能·家庭植物工厂"是上海世博会期间应组委会的要求，设计出的一款描绘 2020 年以后都市家庭生活的新业态，即在自己家的厨房、客厅、阳台等空间采用植物工厂生产方式自产自食，既体会种植的乐趣，又可生产出洁净安全的蔬菜产品，一举多得。2010 年 5 月，家庭微型植物工厂在上海世博会期间展出后，引起了社会的广泛关注，每天有 1 万多人次参观该馆，为植物工厂走向家庭以及与都市生活结合提供了有效的发展模式和示范样板。

"低碳·智能·家庭植物工厂"最早由中国农业科学院、北京中环易达设施园艺科技有限公司研发成功，总体种植面积约为 5 平方米，设计有三层立体栽培空间，所用光源全部采用白光 LED；蔬菜种植在多功能水培床上，由自动控制系统定时进行营养液的循环与供给；系统内的温度、湿度、光照、风速等环境要素可通过计算机系统进行智能调控；同时，物联网的功能也设计在植物工厂系统中，人们可以通过手机、笔记本电脑或 PDA（personal digital assistant，个人数字助理）终端等工具，在任何地点利用互联网平台随时了解蔬菜长势，调整控制参数，实现远程监控与管理。

"低碳·智能·家庭植物工厂"第一次把家居生活与植物工厂连接起来，为家庭生活增添了无穷的乐趣和多姿的色彩。一方面通过亲身参与体验，在家里就可生产出绿色、洁净、安全的蔬菜产品，达到修身养性、陶冶情操的目的；另一方面还能利用植物的光合作用调节家居环境，植物在光合过程中可吸收大量的二氧化碳、释放出氧气，达到自然调节人居环境、创造天然氧吧的目的。这种家庭植物工厂在上海世博会展出后，引起社会的广泛关注，近年来先后出现了数十种模式的家庭植物生产装置，为植物工厂与家居生活的结合做出了重要贡献。

8.3.5 与都市结合拓展应用空间

随着城市化的快速发展，人们对就近生产洁净、安全、新鲜的蔬菜等食物需求不断上升，同时对家庭、社区等都市场所拓展绿色休闲空间、参与种植体验的需求也逐年增加，植物工厂实现在城市中"无所不在"正在成为现实，进而推动产业化步伐的加快。通过在城市内部或近郊利用各类建筑、废弃厂房、地下空间等设施，打造可生产各类蔬菜等食物的植物工厂，就近销售洁净安全的蔬菜产品，不仅可减少从产地到消费者手中的长距离物流成本与碳排放，而且可保证蔬菜品质和新鲜度。

随着土地资源的日益紧缺，未来在城市中将会出现众多基于植物工厂的垂直农场，使单位土地效率提高数百倍甚至上千倍，有效解决资源紧缺、人口膨胀等突出问题；同时，随着植物工厂与城市的融合，都市家庭与社区种植蔬菜等食物逐渐成为可能。通过构建社区植物工厂平台，为居民家庭和周边地区提供种子、种苗、资材、肥料、植保、培训等服务，让食物生产单元延伸到城市的各个角落，形成与都市融合的整体，大幅拓展植物工厂应用空间。

此外，植物工厂在特殊场所以及星球探索的应用步伐也将逐渐加快，使人类进入外层空间、月球和其他星球的食物自给成为可能。只要在太空和其他星球有一定的能量（如太阳能）、适当的水资源就可以进行植物生产，从而为人类探索太空、走向外层空间做出积极的贡献。

8.4 典型案例

8.4.1 京东植物工厂：种菜可以不用土

1）聚焦农业

2011年7月13日，北京通州国际种业科技园区由科技部、农业农村部和北京市政府挂牌成立，并纳入国家现代农业科技城体系，园区先后被农业农村部及科技部确定为国家农业科技园区、国家农业信息化示范基地及国家现代农业产业园，是中关村国家自主创新示范区唯一一个以现代农业为特色的科技园区。

2013年9月，时任中央政治局委员、国务院副总理汪洋专题调研考察种业园区，明确提出要"打造国家种子'硅谷'"[①]的要求。

京东植物工厂就坐落于北京通州国际种业科技园区内。

近几年来，众多迹象表明，京东对农业的热情越来越高：2018年11月20日，在京东数字科技全球探索者大会上，京东高调宣布将品牌正式升级为"数字科技"，并成立子品牌农牧。目前，农牧已经通过与中国农业大学、中国农业科学院等机构合作，成功研发并推出了智能饲养方案，建设丰宁智能猪场示范点。智能养猪，将成为"数字科技"之后几年来的新战略选项。

除了养猪产业外，京东同时还切入了另一个领域：种菜。

2）京东与三菱化学集团共建植物工厂

2017年6月，京东集团与日本三菱化学集团签约，双方将在水培蔬菜领域展开业务合作。目前，京东植物工厂从材料到设备，从种子到营养液均来自日本三菱化学集团，同时，三菱化学集团还提供了相应的栽培技术并派有日本专家常年驻场指导。经过一年多的精心打磨，满载着技术基因的京东植物工厂终于问世，开创国内电商自建植物工厂的先河。

植物工厂都是三菱化学集团、东芝、松下等商业巨头在做，这是因为日本对日本农业有一个超强的保护，严禁综合农协之外的其他工商企业从事农业，并不像中国这样鼓励工商企业到农村圈地。所以，既然这些企业想从事农业，又无法获得农民的耕地，所以它们才去建造所谓的植物工厂或者到中国来建造植物工厂。

但是，植物工厂这种业态在日本也是倒闭的居多，不盈利的占到70%。因为此类模式实施起来并不经济，成本非常高。只有个别财力雄厚的企业去做才会有生存空间。这就导致了它们把卖菜变成了卖商业模式，即通过卖设备来谋生存。

---

① 《汪洋强调：加快种业科技创新 做大做强种子产业》，https://www.gov.cn/guowuyuan/2013-09-29/content_2587509.htm[2025-04-24]。

包括荷兰的温室也是一样,企业不景气,温室大面积亏损,于是荷兰大量向中国出口所谓的温室技术,变成了纯粹输出技术和管理。京东和三菱化学集团合作也是购买日本的机器设备和技术,所以日本这些公司就不需要靠卖菜挣钱了,靠卖技术和设备,靠管理输出就可以赚钱。而京东也不见得就是想要靠卖菜挣钱,靠植物工厂可以带来品牌效益,它实际上还是靠股市挣钱,股市因为这个新增加的品类可能会涨几个点,到时候什么成本就都回来了。从经济效益这个角度来说,京东和日本三菱化学集团合作共建植物工厂,是一拍即合的。

3)建立京东自己的蔬菜基地

"目前国内农产品生产过程中仍然存在标准化缺失、规模化不足、产品鱼龙混杂、高端蔬菜价格过高等情况,同时,环境问题、土壤问题、供应链诚信问题等也导致了消费者对于食品安全越发重视。"京东集团高级副总裁、京东商城大快消事业群总裁表示。

蔬菜种植自然会涉及食品安全,而京东对这一块很重视。"食品安全一直是京东开展生鲜业务的头等大事,我们希望通过自建植物工厂,涉足并了解农产品产业链的上游,在源头就建立高标准和高品质,给消费者提供真正健康、无污染的蔬菜选择,让老百姓吃得更好一点。"京东集团高级副总裁、京东商城大快消事业群总裁表示。

众所周知,生鲜标准化问题一直是个难题。在目前生鲜行业标准化不足、品牌化程度不高的现状面前,生鲜电商想要突围,必须要自建标准和体系约束自身,才能向市场输出更高品质的产品,从而赢得消费者的信任。"未来破解水培蔬菜的成本解决方法就是工厂化。生产模式的标准化和工厂化,尤其是育苗和种植可分离进行,如此就极大地降低了成本,提高经济效益。"一位业内人士指出。

或许,这正是京东建立植物工厂的原因。

4)京觅和七鲜打通销售渠道

2018年12月6日,京东植物工厂落成仪式在北京通州高调公开举行,刘强东亲自体验。植物工厂生产的蔬菜,将成为京东生鲜自有品牌京觅的一员,京东植物工厂的蔬菜在落成仪式后已成功上线京东生鲜线上平台及七鲜线下超市。植物工厂内共种植了菠菜、茼蒿、奶油生菜、红叶生菜、香菜和芝麻菜等16种绿叶蔬菜,作为京东生鲜自有品牌京觅的主打产品,在京东生鲜线上平台和七鲜线下超市同步销售。据了解,植物工厂的年产量在每年300吨,依托京东的冷链技术可以做到京津冀全覆盖。

七鲜超市是京东自营超市,作为京东全渠道零售的排头兵,七鲜超市通过商圈、社区、写字楼等全场景覆盖,配合线上渠道的延展服务,为消费者提供全方位、全时段的高品质美食生鲜商品及生活服务的一站式购齐体验。通过聚焦京津冀和大湾区，提升综合经营能力，让业务整体发展更健康，并以可持续发展模式与所在城市发展同频共振。

消费者在七鲜超市APP上也可以下单，3公里半径内的用户最快可以实现30分钟配送到家，致力于成为全渠道零售引领者。自诞生之初七鲜超市就坚持做品质零售，而6S品质零售体系则是七鲜超市原创提出的核心经营理念，也是贯穿业务全生命周期的经营哲学。6S品质零售体系即：食品安全第一（safety first）、稳定的品质保障体系（stable system）、以品质为第一的精选商品（selected merchandise）、美食解决方案（solution of meal）、简单生活（simple life）、可持续性增长（sustainable growth）。

京东的七鲜超市于2018年初在北京亦庄大族广场以及海淀华润五彩城新设2家。与此同时，刘强东称将于未来3~5年在全国铺设超过1000家门店，探索无界零售新模式。七鲜超市店铺在提供农产品销售服务外，还提供食材料理和餐饮区服务，同时提供3公里内最快半小时送达的免费快递服务。

5）京东植物工厂大放异彩

农牧对外公开的资料显示，京东自建的植物工厂位于北京通州国际种业科技园区，覆盖总面积达11 040平方米，年产量约300吨。种植的蔬菜以叶菜类为主，种类约有十多种，未来还计划有小番茄、黄瓜等更丰富的蔬果品类。相比普通蔬菜，水培蔬菜（叶菜）生长周期短，纤维累积较少，口感清脆而鲜嫩。蔬菜栽培系统离地面较高，可杜绝土壤病虫、原有重金属及其他有害物质的污染；同时还可避免农药、化肥对生存环境的污染。根据京东的统计，水培蔬菜用户好评度高达99.9%。

作为全国唯一一家京东全资打造的植物工厂，以及通州国际种业科技园区推动现代设施农业创新发展的重点项目，京东植物工厂由日本三菱化学集团提供技术合作，材料、设备、种子、营养液均从日本进口，在全产业链的各个环节依照日本标准生产，是一家利用日本技术的太阳光和人工光结合型植物工厂，也是一家可量产和做商业用途的日本技术水培蔬菜工厂。在人工干预技术手段的加持下，温度、湿度、光照、二氧化碳浓度等可以常年保持在适宜蔬菜生长的状态，再配合营养液，不使用农药、化肥和激素就快速生长，一年可收割20茬，工厂内的蔬菜产量是常规种植的3~4倍，比常规种植方法节水90%以上。"京东的植物工厂将是国内最大的日本技术太阳光和人工光结合型植物工厂。"一位业内人士表示。

讲解员解释道："我们的植物工厂通过自动环境控制、人工LED光源、物联网、水培等技术手段，打造有别于传统农业的蔬菜，大家在这里看不见土壤，这也颠覆了大家印象中的种植技术。"京东植物工厂的亮点如下。

(1) 京东植物工厂采用的是水培方式,使蔬菜根系充分吸收营养物质,同时也能使根系充分吸收氧气,通过类似集装箱的装置使用人工 LED 光源培育秧苗,然后将秧苗移植到塑料大棚内,再通过太阳光和营养液进行水培,改变了我们几千年的传统土耕方式。

(2) 京东植物工厂内利用灵敏传感器或其他物联网设备时刻监控光照、二氧化碳、温度、湿度等环境因素,并通过计算机进行实时调整,使环境满足蔬菜生长所需的条件。冬季到来,天气转凉,但大棚内完全感受不到季节变化,这是因为通过人工干预技术,大棚的温度、湿度、光照等可以常年保持在最适宜蔬菜生长的状态,完全不受室外季节、空气的影响。顶部黑色的膜可以遮阳降温,夏天光照强烈便会自动展开,而到了冬天天气太冷,下面两层的保温层就派上了用场。育苗室的光照时间经过精心设定,同时育苗室外的全封闭育苗系统还可以精准控制育苗室内的温度、湿度、二氧化碳浓度等,在省电的同时营造适宜菜苗生长的环境。

(3) 京东植物工厂还兼具节能环保属性。京东植物工厂培育蔬菜的耗水量极低,每棵蔬菜从种子到成菜仅需要 500 毫升水,比常规种植节水 90%以上,由于工厂引进了日本先进的净水设备,营养液用净化后的地下水配制而成,使用起来更洁净。蔬菜所需的营养液也是循环使用,接近零排放的,对环境造成的负荷极低。同时为了满足不同品种蔬菜的营养所需,做到"因菜制宜",京东植物工厂还配置了 A、B 两种营养液。水井装置除了储存营养液,还起到控温和循环的作用,即使在冬天也能将营养液的温度控制在 20℃上下,同时保证营养液能够循环流动,节水率在 90%左右。

(4) 高产量、高效能也是京东植物工厂的一大特色。京东植物工厂对泥土的依赖小,由于蔬菜可以种在多层架子上,充分利用了立体空间,比起在普通农地里种植,增加了几倍的种植面积。依靠高科技实现精准管理,所以蔬菜可以全年无休地生长和收获,产量极高。在上述的环境下,菜苗 15 天左右就可以长成,从育苗室拿出定植在栽培床上,再生长 25 天便可采收,十分迅速。以生菜为例,北京的气候环境如果选择陆地种植,一年只能长三茬,而在京东植物工厂,可以打破季节壁垒,做到全年无休产出。

(5) 京东植物工厂有效地控制了各项成本,降低了生产投入。据悉,在 1 公顷多的京东植物工厂,每年蔬菜产量可以达到 300 吨,是传统菜农产量的几十倍以上。但是,管理这样的一家植物工厂,居然只需要 4~5 名技术人员,大大降低了人工成本和种植成本。

(6) 京东植物工厂使人们能以更亲民的价格吃上更安全健康的蔬菜。净水设备可以杜绝水体污染,再配合营养液,蔬菜不需要使用农药、化肥、激素也可以茁壮成长,营养远高于普通蔬菜和有机蔬菜。这里每棵菜都是在绝对无菌的环境下生长，没有任何病虫侵害，也就不需要打农药和施各种肥料，长大后干净到不用清洗就能直接吃。

京东生鲜在植物工厂建设了生鲜协同仓和专属保鲜冷库，可实现蔬菜从基地到配送的无缝对接，减少不当存放，缩短中间环节，全面保障蔬菜的新鲜度。京东将把植物工厂当作京东的库房，根据用户订单按需生产，24小时采摘。未来，京东还将继续扩大项目规模，满足更广泛的消费需求，同时也有计划在其他地区开建新的生产基地。

对于京东自建的植物工厂，业界有两种声音。一种观点认为，更科学、更机械自动化的全新种菜方法来袭，颠覆中国种植业的变革正蓄势待发；另一种观点认为，就水培蔬菜本身而言，养分的唯一来源是人工调配的化学液体，但是人类并没有完全搞清楚植物生长需要的各种养分和微量元素，因此水培环境不可能供应全部养分。

8.4.2 B植物工厂：国内首家大型商业化植物工厂

1）B植物工厂：中高端客户的蔬菜"后花园"

成立于2015年7月的华星环球（深圳）农业有限公司以室内垂直农场为主营业务，是一家致力于为人类健康事业保驾护航，同时注重环境保护的国家高新技术企业，已获得华大基因、松禾资本、中融信托等机构的数千万投资。主营业务是现代化室内垂直农场技术研发、建设、运营及高附加值植物研发、种植、销售，它旗下的B植物工厂是国内首家大型商业化植物工厂。

2016年底，B植物工厂建成，其占地面积为3000平方米，预定生产规模为日产10 000株生菜。作为国家智慧植物工厂创新联盟常任主席单位，B植物工厂坐落于深圳艺象iD TOWN国际艺术区，前身是某印染厂。B植物工厂引领植物工厂产业化进展，并积极推动行业标准发展，是目前国内首家获得全球良好农业规范和中国良好农业规范的植物工厂，也是唯一获得供港资质认证的植物工厂。工业化的作物生产流程，革新的农业生产方式，是未来高科技农业的典范。该植物工厂利用废弃的半栋2层建筑式厂房改造而成，实际完成预定建设规模的2/3，运营其中的一半，日产量折合为2000~2500株生菜。对外开放的一个蔬菜生产车间内有6列12层立体栽培架，长度在15米以上，使用1.5米长的红蓝组合LED灯具，光照强度约为200微摩/(米^2·秒)，采用椰糠基质进行穴盘漂浮育苗。育苗结束后将蔬菜种苗从穴盘高密度转移到低密度进行定植，栽培14天后采收，栽培期间采用底面灌水。叶菜采收和包装时带根，利用"活体菜"的方式进行销售，消费者在打开包装后切除根系即可免洗食用。B植物工厂的投资商包括华大基因和松禾资本，这也从侧面证明了产业界和金融界对LED植物工厂的产业化投资将先从深圳开始,深圳成为我国植物工厂产业发展风向标的判断是基本正确的。

作为行业领先的室内全人工光垂直农场,B 植物工厂通过计算机精准控制植物生长过程中的关键环境影响因素,使植物生长不受气候、地理条件影响,实现农作物全年连续生产。其全环控的生长条件,确保了蔬菜在无农药的环境下茁壮成长;同时,工厂采用 12 层密植技术,极大提高了土地利用率;在节水方面,B 植物工厂也表现出色,用水量仅为传统农业的十分之一。此外,该工厂高度重视自主知识产权的保护,目前已提交了 36 项专利申请。

B 植物工厂的产品是通过精准控制生长环境生产出来的洁净无污染的高级叶菜等食材。在产品质量的监测上,监测结果均为零农药、零重金属残留。

目前 B 植物工厂位于深圳东南的大鹏新区,占地面积约 3000 平方米,日产能力在 1 万棵菜左右,产品定位为中高端客户,并拓展至港澳地区、珠三角地区及长三角地区的高端餐饮品牌及高端酒店。据国家统计局计算,2021 年中国中等收入人群达到 4 亿人以上,高端蔬菜市场空间巨大。

每天,深圳华润万家旗下的高端超市品牌:Ole 精品超市的果蔬区,B 植物工厂的蔬菜虽然价格不菲,但仍供不应求,属于爆品。这些蔬菜是在全环控人工光条件下生长的,无施用任何农药,能做到无须清洗、采收即食,最大化保留和还原蔬菜的营养和口感。

提到 B 植物工厂,就不能绕过它的创始人——蔬菜女博士 C 和她的创业梦。

2)女博士 C 的思考与探索

2012 年,浙江大学蔬菜学博士 C 来到深圳,加盟了香港中文大学深圳研究院张建华教授的团队,开始做博士后研究工作。

C 介绍,当时她的工作任务就是培育蔬菜新品种,一年至少有六个月的时间在田间地头劳作,一个人负责两三亩地的黄瓜、菜心等,需要逐一观察、记录、分析植物生长发育的全过程。夏天,她必须像广东有些地区的农村妇女一样戴着大斗笠,把头颈围得严严实实。

"即便如此,我也被太阳晒得皮肤黝黑。"C 直爽地说,"在博士后阶段,我才真正体会到农民劳动的不容易,面朝黄土背朝天,真是十分辛苦。现在越来越多的年轻人不愿意做农村体力活儿,那么,会不会有更好的农业模式呢?在全球人口越来越多、可耕种土地越来越少的情况下,什么样的农业形态可以满足人类对粮食的需求呢?"

C 经常思考这些问题,但一时也没有找到很好的解决方法。通过大量接触当地农民,C 发现他们的科学种植知识依然十分匮乏,有的农药可能是剧毒,但农民因为不了解有关知识,违反规定使用,这自然会引发人们对食品安全的种种顾虑。那么，是否有一种更安全的种植模式？怎样才能给餐桌供应更安全的食物？2015年4月，D通过朋友联系，在香港中文大学深圳研究院找到了C，给她看了一段视频，内容是关于2014年NASA（National Aeronautics and Space Administration，国家航空航天局）科学家及其伙伴将室内人工光植物工厂成功商业化的新闻报道。D问C："这个技术可不可行？值不值得在中国尝试？"其实，C对植物工厂关注很久了，虽然国内涉及植物工厂的研究还非常有限，但在美国，早在1998年，NASA就展开了太空植物种植技术研究。2005年科学家在南极的20平方米实验室内，成功研发出室内循环种植技术。

C答复D，室内人工光植物工厂项目可以做，而且这是未来农业的重要补充形式。于是，D邀请C加入团队，作为创始合伙人负责技术支持。C正想学以致用，改变传统农业的局面，所以兴致勃勃地加入了。2015年7月，华星环球（深圳）农业有限公司在深圳成立。C回忆："我们当时只是有了一个创意，启动项目还缺乏资金。后来我们找到松禾资本董事长厉伟，介绍了自己的创业想法。他们听取了我们的项目实现路径的汇报，很快就答应给我们投资，于是我们拿到千万级天使投资，启动了整个项目。"

3）创业起步最难是市场定位

C说："创业对我来说，也是一个学习和成长的机会。创业教会了我很多东西。没有完美的个人，只有完美的团队。创业，需要找到三观一致、能力互补的伙伴，组建一支有战斗力和凝聚力的队伍，围绕共同的目标奋斗。"

确实，C拥有一支战斗力和凝聚力都极强的团队。他们在大鹏新区租下一座高层旧厂房，改造成一个有12层垂直生长空间的室内全人工光植物工厂，种植面积可达3000平方米，是当时国内第一家大型商业化植物工厂。用了一年多时间，C完成对废旧厂房的改造及植物工厂设备的建造和调试，多种作物多层叠加种植，不用阳光，不用土壤，没有农药、病害，蔬菜可以不受天气因素影响，实现任何时间、任何地点的植物智能化生产。她说："我们的项目可以理解为电影《火星救援》的现实版，因为我们可以在太空、荒漠、戈壁、海岛、水面、摩天大楼等非可耕地里栽培出蔬菜。"

免洗即食、零营养流失、室内12层立体栽培、全年收成26次……这一切都像是科幻故事中的情节，却被C的团队带到我们身边！

C介绍，目前B植物工厂是全球领先的室内全人工光种植基地，通过计算机对植物生长过程中的关键影响因素，如光照、温度、湿度、营养液成分、二氧化碳浓度实现精准化控制，使植物生长不受自然条件影响，是实现农作物全年连续生产的高效农业方式。

2016年夏天，D公司给予C团队千万级的投资。至此，E公司完成Pre-A轮的融资，资金主要用于市场推广。资金、技术都已经不是难题，真正困扰 C 的是产品的市场定位！"植物工厂生产出产品了，高端蔬菜非常新鲜可口，我们应该把蔬菜卖到哪里去呢？去菜市场卖菜，还是给酒店、餐厅去上门推销？卖给谁，成了最大的难题。"C 于 2016 年 10 月收获了植物工厂生产的第一批蔬菜，居然被"卖给谁，怎么卖"的问题难住了。

C 留下一小部分蔬菜做测试和检验，其他都送给身边的朋友品尝，收集反馈意见。大家一致认为："蔬菜口感很好，但包装不行，看起来不够高大上。"于是，C 找到一个优秀的设计团队，对产品进行精心包装，突出产品独有的特色——无污染、无农药、免洗即食、零营养流失，创立了自己的品牌——B。

4）卖场中的 B 沙拉蔬菜

关于产品定价，当时公司内部也有不小的争论。因为市场上已经有无公害和绿色有机类蔬菜，消费者对"室内全人工光种植技术"的优越性并不了解，对植物工厂生产的蔬菜非常陌生。因此，当时有人劝 C 把蔬菜价格定得稍微低一点，这样有利于产品快速切入市场，C 却坚持自己的意见："所谓一分钱一分货，既然我们的产品品质相较于其他产品是有明显优势的，甚至是最好的，那我们的定价也应该是与此相匹配的。"C 的态度如此坚决，是因为 B 植物工厂的生产过程把控、产品质量、百分之百零农药、零重金属、免清洗以及 12 小时到店等特点，是目前其他品类的蔬菜都难以达到的。她认为，如果一开始把价格定得低，植物工厂就无法获得应有的利润，也就意味着无法继续扩展这个模式，必须让市场来检验产品是否足够好，价格是否合理。

经过精心准备，C 带着团队来到深圳华润高端超市，见到果蔬采购总监徐先生。徐先生看到植物工厂的几盒生菜洁净而新鲜，当场决定在他们那里上架，并乐观估计"一定可以成为爆品"。不出所料，B 植物工厂的蔬菜顶着"活着的沙拉菜"广告词，在超市果蔬区高调亮相，很快就被年轻的顾客一抢而空。这样的火爆场面，在后来的"超级物种"新零售商店也出现过。

海南一家超市负责人在深圳看到了 B 植物工厂出品的蔬菜，打电话直接要求进货到海南超市上架。2019 年，B 植物工厂在大鹏新区官湖片区 3000 平方米种植面积年产量达 300 吨，目标人群为中高端客户。零售终端产品已经进驻深圳及广州华润高端超市、永辉旗下新零售品牌"超级物种"华南地区数家旗舰店，并拓展至港澳地区、珠三角地区及长三角地区的高端餐饮品牌及高端酒店。

"最初，我们从不知道蔬菜生产出来后该卖给谁，到今天，蔬菜供不应求，"C 微笑着说，"我最骄傲的是，有顾客告诉我，他们是 B 的忠实粉丝，B 是他们吃过的品质最好的沙拉蔬菜！听到这些赞扬我就非常自豪。深圳是一座年轻的城市，消费者对新鲜事物接受程度高，加上深圳毗邻香港、澳门、广州，人口基数很大，如今也有越来越多的消费群体崇尚无添加、健康轻食的生活方式，因此 B 沙拉蔬菜受到越来越多消费者的喜爱"。

如今，B 植物工厂的产品主要包括不同类型沙拉用生菜、宝宝菠菜等叶菜；传统中式叶菜，如紫青菜、皇帝菜；芽苗菜类，比如苜蓿苗、萝卜苗等；香料类，比如罗勒、薄荷、芝麻菜等；高档新型健康蔬菜，比如冰草等。

5）深圳只是创业的起点

2016 年 10 月全国大众创业万众创新活动周，B 植物工厂创始人 C 作为全国五家创业标杆企业负责人之一受到了国务院总理李克强接见。2017 年，B 植物工厂获中国深圳创新创业大赛生物与生命健康行业决赛企业组二等奖、深圳龙岗区"启迪杯"创新创业大赛企业三等奖。

C 并没有因为频获殊荣而停止前进的脚步。深圳，只是创业的起点。从深圳到全国，B 植物工厂的模式可以进行复制，只要掌握人工光源系统、营养液循环控制系统和环境控制系统，就可以扩大种植面积。C 说："这只是我们的第一期目标，未来不仅可以生产高档的蔬菜，还能生产名贵中草药，这是第二、第三期的发展目标。名贵花卉、药物提取等高附加值产物提取等方向是 B 未来价值提升最大的领域之一。"

C 十分关注先进技术在植物工厂的应用，她自信地说："结合人工智能、大数据、云计算、区块链技术，提高植物工厂的自动化和智能化水平，建设无人值守的植物工厂不再遥远。实践证明，植物工厂迎合了国内消费升级的需求，可以提供高端洁净蔬菜，这是未来农业的重要补充，植物工厂在中国一定有非常广阔的市场。"

参 考 文 献

曹恭, 梁鸣早. 2008. 平衡栽培体系中的农业栽培措施(十). 中国土壤与肥料, (5): 85-87,84.
曹红星. 2005. 黄瓜无土栽培有机基质配方和肥料筛选研究. 杨凌: 西北农林科技大学.
常钦. 2023. 植物工厂拓展农业生产边界. 甘肃农业, (2): 1.
贺冬仙. 2018. 人工光型植物工厂在中国产业化发展的新动向. 中国蔬菜, (5): 1-8.
蒋建科. 2010. 数字植物工厂正向我们走来. 北京农业, (16): 47-48.
李绍华. 2023. 植物工厂的国家战略需求及其产业的前沿科技创新. 中国农村科技, (2): 17-18.
李婷. 2022. 京东七鲜全新升级：一站式品质零售下的超市发展新模式. 中国食品工业, (20): 26-27.
澎客. 2019. 蒋晶晶：种菜女博士圆了创业梦. 劳动保障世界, (34): 36-37.
任慧媛. 2019. 在日本倒闭了的"植物工厂"模式京东做接盘侠能成功吗？中外管理, (2): 106-108.

汪烨. 2019. 植物工厂: 没有阳光也灿烂. 农经, (6): 46-49.

闻婧. 2009. LED 红蓝光波峰及 R/B 对密闭植物工厂作物的影响. 北京: 中国农业科学院.

杨梅. 2007. 几种瓜类蔬菜育苗基质及其施肥配方的研究. 杨凌: 西北农林科技大学.

杨其长. 2019. 植物工厂. 北京: 清华大学出版社.

杨其长, 魏灵玲, 刘文科, 等. 2012. 植物工厂系统与实践. 北京: 化学工业出版社.

杨其长, 张成波. 2005. 植物工厂概论. 北京: 中国农业科学技术出版社.

一凡. 2019. 京东现代农业的新战略. 企业观察家, (2): 46-47.

佚名. 2017. 京东生鲜与日本三菱合作生产水培蔬菜. 中国蔬菜, (7): 103.

第 9 章　农业生产社会化服务平台

9.1　农业社会化服务概况

9.1.1　农业社会化服务的定义

农业社会化服务一词近几年频繁出现在政府涉农报告和农业经济研究领域，明确农业社会化服务的概念对于相关研究具有重要意义。国外并没有农业社会化服务这一说法，大部分国家称为农业服务，从概念上看，农业社会化服务属于农业服务的一个分支。具体来看，"社会化"的概念来自社会学研究，是指个人在与社会的互动发展中，经过不断地掌握社会文化和学习角色知识，最终融入社会生活的过程。随着社会的发展，社会化的类型呈现多元化的趋势，出现了政治社会化、民族社会化、档案社会化等概念，农业社会化也随之出现。从社会分工和商品交换的角度，将农业社会化定义为从封闭自给型的体系发展为分工合作的开放型商品体系，而农业社会化服务是农业社会化的具体表现。通过梳理国内有关农业社会化服务的定义，归纳出以下三种观点：一是 1991 年国务院给出的定义，农业社会化服务是包括专业经济技术部门、乡村合作经济组织和社会其他方面为农、林、牧、副、渔各业发展所提供的服务；二是夏英（1993）认为农业社会化服务是指农业系统中，除农业生产部门外，其他部门为农业生产者提供的补给和保障等相关服务的经济活动；三是仝志辉（2007）认为农业社会化服务主要是指农业生产产前、产中和产后的服务。这些定义在使用上各有偏重，但其核心内容一致，所以学者在使用过程中不必强调农业社会化服务的定义，以上主流观点均可有效地使用。

关于农业社会化服务的内容一般分为产前、产中和产后三部分。产前服务指的是农业生产资料的购买和相关信息的服务，产中多指技术、金融的服务，产后服务包含了农产品的收购、储存、加工和销售的内容。三类服务将农业生产要素进行新的配置和重组，弥补了小规模经营的短板，强化了与农户利益上的互补。钟亮亮等（2014）对江西省的农业社会化服务水平进行测度，研究发现不同的服务内容对农业生产效率具有显著差异，农业生产服务发展迅猛，对农业规模经营起到重要支撑作用。

根据前人观点，本节中给出的农业社会化服务的定义为：在农户兼业化、农业商业化和农业产业化不断推动的作用下发展起来的，针对个体小农无法独立完成整个生产过程这一现象而产生的,是政府公共机构、农村专业合作组织、龙头企业、科研教育单位和其他社会服务组织为农户生产经营所提供的各种服务,服务内容涵盖产前、产中、产后各个环节。农业社会化服务体系是指在家庭承包经营的基础上,为农业产前、产中、产后各个环节提供服务的各类机构和个体组成的网络。

9.1.2 农业社会化服务的特点

第一,具备较高的综合生产率,包括较高的土地产出率和劳动生产率。农业成为一个有较高经济效益和市场竞争力的产业,这是衡量现代农业发展水平的最重要标志。

第二,可以促进农业成为可持续发展产业。农业发展本身是可持续的,而且具有良好的区域生态环境。广泛采用生态农业、有机农业、绿色农业等生产技术和生产模式,实现淡水、土地等农业资源的可持续利用,达到区域生态的良性循环,农业本身成为一个良好的可循环的生态系统。

第三,可以促进农业成为高度商业化的产业。农业主要为市场而生产,具有很高的商品率,通过市场机制来配置资源。商业化是以市场体系为基础的,现代农业要求建立非常完善的市场体系,包括农产品现代流通体系。离开了发达的市场体系,就不可能有真正的现代农业。农业现代化水平较高的国家,农产品商品率一般都在90%以上,有的农产品商品率可达到100%。

第四,可以实现农业生产物质条件的现代化。以比较完善的生产条件、基础设施和现代化的物质装备为基础,集约化、高效率地使用各种现代生产投入要素,包括水、电力、农膜、肥料、农药、良种、农业机械等物质投入和农业劳动力投入,从而达到提高农业生产率的目的。

第五,可以实现农业科学技术的现代化。广泛采用先进、适用的农业科学技术、生物技术和生产模式,改善农产品的品质、降低生产成本,以适应市场对农产品需求优质化、多样化、标准化的发展趋势。现代农业的发展过程,实质上是先进科学技术在农业领域广泛应用的过程,是用现代科技改造传统农业的过程。

第六,可以实现管理方式的现代化。农业社会化服务广泛采用先进的经营方式、管理技术和管理手段,从农业生产的产前、产中、产后形成比较完整的、紧密联系、有机衔接的产业链条,具有很高的组织化程度。农业社会化服务有相对稳定、高效的农产品销售和加工转化渠道,有高效率地把分散的农民组织起来的组织体系,有高效率的现代农业管理体系。

第七,可以实现农民素质的现代化。具有较高素质的农业经营管理人才和劳动力,是建设现代农业的前提条件,也是现代农业的突出特征。

第八,可以实现生产的规模化、专业化、区域化。通过实现农业生产经营的规模化、专业化、区域化，降低公共成本和外部成本，提高农业的效益和竞争力。

9.1.3 农业社会化服务的分类

按照农业社会化服务的功能可以将社会化服务分为以下几类。

1. 农业生产社会化服务

农业生产社会化服务是指贯穿农业生产作业链条，直接完成或协助完成农业产前、产中、产后各环节作业的社会化服务。一般从事种植业的农户的生产性服务需求主要包括：农用机械作业服务（机器耕作、机器采收），农产品销售、储存、加工服务，农业相关基础设施建设服务等与农业生产过程密切联系的农业服务。

2. 农业销售社会化服务

农业销售社会化服务是指在农业产前、产中、产后各环节的涉农产品销售活动过程中，为降低销售方和购买方的买卖成本而提供的社会化服务。一般分为售前售后服务，售前服务如产品咨询、产品设计、产品示范等服务。售后服务如代办托运、产品维修、零件供应、包退包换等服务。

3. 农业物流社会化服务

农业物流社会化服务是指以保障农业相关产品供需主体利益为目标，以信息技术为支撑，运用现代化的物流手段，从供应源到消费源为农业生产资料与农产品、相关服务和信息，进行组织、控制与管理等经济活动的社会化服务。由农业生产资料采购和农产品的生产、收获、储存、运输、包装、流通加工、装卸搬运、配送、分销与信息处理等一系列运作环节组成，并在整个过程中实现了农业生产资料和农产品保值、增值与组织目标。

4. 农业金融社会化服务

农业金融社会化服务是指各类金融机构以及非正规金融为农业产业以及农业生产者提供的存款、信贷、信托保险、理财投资等金融社会化服务。需求主体主要包括专业大户、家庭农场、农民专业合作社、农业企业等，其融资需求主要包括：生产资料、人工费用等日常资金周转，仓库、厂房等设施建设，农业机械、烘干设备、监测仪器等设备购置。

9.1.4 传统农业社会化服务的发展概况

1. 中国农业社会化服务政策演变

2019年全国农业社会化服务工作现场推进会上，时任农业农村部副部长韩俊曾形象地说："新型农业经营体系形象地讲就像一只鸟,领头的是各类新型农业经营主体,主干是亿万小农户,两翼翅膀一个是农业科技,一个是农业社会化服务。"改革开放40多年以来,我国各级政府对农业社会化服务体系建设工作非常重视,一直将其当作农业农村工作中非常重要的任务来完成,该任务关乎农村基本经营制度的不断完善,更利于深化农村改革。在这个过程中,我们不断健全涉及农业社会化服务体系的相关政策,使之取得了很大进展。早在20世纪80年代,党中央、国务院就曾将"发展农业社会化服务,促进农村商品生产发展"作为农村第二步改革的突破口,进入20世纪90年代后,中央明确提出要"建立健全农业社会化服务体系",并将农业社会化服务提到与"稳定完善以家庭联产承包为主的责任制"同等重要的高度[①]。进入21世纪,从2004年开始,连续出台十个"一号文件"对"健全农业社会化服务体系"提出要求,其中党的十七届三中全会做出了"建立新型农业社会化服务体系"的重大部署,并明确了新型农业社会化服务体系的发展方向、依靠力量和实现路径,标志着我国农业社会化服务体系建设进入了全新的发展战略期。由此看来,我国农业社会化服务体系的发展建设历程总是契合着新中国"三农"工作的总体任务和发展目标,而且在不同的历史阶段会表现出不一样的阶段性特征。所以,将农业社会化服务发展进程中的各个阶段颁布的相关政策进行梳理和回顾是很有必要的,既可以将不同时期的农业社会化服务的特点和所取得的成效进行总结提炼,还可以迅速在新形势下摸清农业社会化服务的演变路径,把握未来农业社会化服务体系建设发展的方向选择。

1）建立阶段（1949～1978年）

在新中国成立初期,各地为完成分配到的农业生产任务,让农业的合作化和集体化更加深入,初步建立起农业生产服务体系,该农业生产服务体系包括很多内容,也设立了很多提供专业技术服务的部门,如有的部门提供农产品收购及流通服务,帮助农民实现农产品统购统销;有的部门专门为农户提供各种农业生产资料;有的则是为农户提供农机作业服务;有的部门负责推广优良的农业生产技术;有的部门负责疫病防控的工作,提供相关植保防疫服务;还有的部门则是提供农业经营管理等服务,为农业生产缺少资金的农户提供信贷。当时的中国处于计划经济时期,在这种经济制度下,农业生产的主体是由政府主导的人民公社和生产队（大队）。建立的由这些不同专业技术服务部门所组成的农业生产服务体系对当时的农业生产起到了非常大的促进作用,虽然在实践的过程中还是有诸多的难题,但总归是基本满足了当时的农业生产需求,使得农产品的产量得到了很大幅度的提升。

---

① 《中共中央、国务院关于一九九一年农业和农村工作的通知》,http://www.reformdata.org/1990/1201/4148.shtml[2025-04-24]。

2）探索阶段（20 世纪 70 年代末和 20 世纪 80 年代）

自 1978 年十一届三中全会后，全党全国的工作重心转移到了经济建设上来，要大力推动生产力的发展，于是原先的农业生产格局被打破，农村改革如火如荼，形式多样的农业生产责任制不断建立。同年，小岗村的村民以"包干"的形式自主创新，拉开了中国家庭联产承包责任制的序幕。在三年后，也就是 1981 年年底，遍布在我国广大农村的生产队中有 90%以上都建立了形式多样的农业生产责任制，到 1983 年年底，有 97.9%的生产队和 94.5%的农户都实行了"大包干"，确立了农业家庭经营的生产方式。当时的广东省湛江市、惠阳区等地也顺应实行了包干到户，想要打破处于"三靠"穷队的窘状，即"吃粮靠返销、生产靠贷款、生活靠救济"。但是事与愿违，广东省因为耕地资源禀赋条件不足的约束，地块分散导致农户包产到户后土地条件不好，使得经营规模分散而且地块面积比较小，即使农户掌握了生产经营自主权，在独自面对市场风云变幻时承担的风险还是很大。而且生产经营权自主后，农户的生产内容也不尽相同，彼此生产内容的差异化便衍生出了多种多样的农业生产服务需求，但是当时的农业生产服务体系仍然停留在改革开放之前，老旧的服务供给已经满足不了新生的服务需求，具体表现在小农户对农业生产的各种服务业务需求得不到满足，服务方式也待改进，所以就导致小农户不采纳农业生产服务，使当时很多农业生产性服务组织面临资源闲置、持续亏损甚至机构瘫痪的状态。因此，在 1983 年中共中央印发《当前农村经济政策的若干问题》便提出"当前，各项生产的产前产后的社会化服务，诸如供销、加工、贮藏、运输、技术、信息、信贷等各方面的服务，已逐渐成为广大农业生产者的迫切需要"。一年后的《中共中央关于一九八四年农村工作的通知》专门提到"必须动员和组织各方面的力量，逐步建立起比较完备的商品生产服务体系，满足农民对技术、资金、供销、储藏、加工、运输和市场信息、经营辅导等方面的要求。这是一项刻不容缓的任务。"

3）突破阶段（20 世纪 90 年代）

国务院于 1991 年出台了《关于加强农业社会化服务体系建设的通知》。1992 年 1 月，邓小平同志发表了著名的南方谈话，同年党的十四大明确提出我国经济体制改革要以建立社会主义市场经济体制为目标。这个阶段，随着我国政策环境的逐渐改善，农村市场化改革随着社会主义市场经济的推动而不断深入，这有效地使广东省广大农民的农业生产性服务需求大幅增加。加上一系列客观条件的逐渐成熟，如市场的扩大、流通速度的加快、科技金融的进步，都促使广东省农业生产性服务快速发展，农业服务主体也逐渐多元化起来。也是在这个阶段，很多地区都建立了农业商品生产基地，这些生产基地拥有高产、高质、高效的"三高"特征，并且各地也涌现了一批龙头企业，农业生产服务打破旧制探索出了一条以市场为导向的新经营模式即贸工农一体化的新路径,这是我国农业生产服务体系建设过程中的重要突破。

4)发展创新阶段(21世纪以来)

1998年,党的十五届三中全会隆重召开,会议提出到2010年要"基本建立以家庭承包经营为基础,以农业社会化服务体系、农产品市场体系和国家对农业的支持保护体系为支撑,适应发展社会主义市场经济要求的农村经济体制"。这段时间我国的农业生产形势发生了很大的变化,一度出现了"农民真苦,农村真穷,农业真危险"问题。为了应对这一问题,国家出台了一系列具有历史意义的标志性的政策,包括2004年起历年的中央一号文件重新聚焦"三农"问题,2005年启动新农村建设,2006年取消了施行2000多年的农业税等。在历史的变革当中,国家发展战略和政策导向的制定上农业生产性服务的属性被区分开来,农业生产性服务被分为公益性和经营性两种,公益性是以政府财政经费为保障,而经营性则是以市场为主体。这种双轨制的农业社会化服务体系制度设计有效促进了农业生产性服务业的发展。2008年,党的十七届三中全会召开,会议明确提出要"推进农业经营体制机制创新,加快农业经营方式转变""形成多元化、多层次、多形式经营服务体系的方向转变""建设覆盖全程、综合配套、便捷高效的社会化服务体系"。新型农业社会化服务体系的概念被正式提出来,国家相关支持政策持续跟进,支持力度不断加大,支持方式不断创新,农业社会化服务体系的发展呈现非常迅速的势头。2017年是农业社会化服务创新发展的重要年份,这一年提出了"农业生产托管"的概念。当前,我国正处于一个由传统农业向现代化农业转型的关键时期,在大国小农的基础国情之下,仅仅依靠小农户显然难以实现现代农业发展,但是农业现代化又绕不开小农户。因此,必须加大农业社会化服务体系建设,创新农业社会化服务发展模式,以服务规模经营促进我国农业发展规模化、绿色化、高效化。经过多年的政策支持与引导,我国农业生产性服务业发展颇具成效,呈现出传统服务迅速升级、新兴服务迅速发展并存的格局,而且进一步发展的空间很大。数据表明,我国农业生产性服务的总支出从2000年的789.8亿元,快速增长至2018年的7885.8亿元,由不足千亿元上升至近八千亿元,增长了8.98倍,是一个磅礴发展的新产业、大产业,是乡村振兴产业兴旺的重要组成内容。

2. 国外发达国家农业社会化服务体系建设的经验借鉴

1)美国以大学为依托的社会化服务体系

总体上来说,美国的农业社会化服务体系包括三部分:公共农业服务系统、合作社农业服务系统与私人农业服务系统。公共农业服务系统主要由政府部门牵头，负责组织农业教育、科研与推广，为农业提供最基本的服务。但政府并不直接干预农业生产事务，只是通过教育-技术-推广体系为农业发展提供保障，服务的部门机构具体包括：农业研究局、林业局、农业研究中心、联邦农技推广局及州、县农技推广机构、各州赠地大学农学院及其附属的农业实验站与合作推广站（樊亢和戎殿新，1994）。合作社农业服务系统由农场主根据生产经营需要而形成的各种合作社组成，为农户提供购买、销售、信贷、技术、灌溉、运输、仓储、电力、电话等服务。合作社类型主要有四种：生产合作社（production cooperatives）、销售合作社（marketing cooperatives）、购买合作社（purchasing cooperatives）和服务合作社（service cooperatives），但同时还普遍存在着集多种功能于一身的混合型合作社（hybrid cooperatives），这些合作社与赠地大学及农业实验站紧密联系，以从中得到相应的技术支持（Rasmussen，1991）。私人农业服务系统主要由各种从事农业生产、加工及运销的私营企业组成，一般通过与农民签订合同的形式将服务送到农民手中，从中赚取利润。美国农业社会化服务体系的三种服务系统相互补充、共同发展，但其中以联邦农业科研机构和赠地大学为代表的科研、教育、推广体系最具特色，成为美国农业技术服务的核心力量，非常值得学习与借鉴。

为促进农业技术教育的发展，1862年美国国会颁布了第一个《莫里尔法案》（Morrill Act），该法案规定，根据各州国会议员人数，按照每人3万英亩的标准向各州赠予土地，并将出售土地所得的收益用于资助各州创办赠地学院，以从事有关农业与机械技术教育。1890年，美国国会又颁布了第二个《莫里尔法案》，规定政府要对赠地学院每年提供运行资金，以确保其正常运转和发挥作用。该法案还专门针对美国黑人，在南方各州建立起历史上的黑人技术学院。另外，连同1887年的《哈奇法案》（Hatch Act）和1917年的《史密斯-休斯法案》（Smith-Hughes Act），这四个法案共同确定了赠地学院的三项重要任务——教育、研究与推广，使大学的研究成果与社会需求紧密联系起来，促进教育推广与技术转化。

各赠地大学农学院都开设有与农业相关的课程和专业，不仅有自然科学专业，如农学、林学、生命科学、土壤学、地理信息系统、动物科学、植物病理学、园艺学等，也设有社会科学专业，如农业经济、社区管理、社会工作、家庭研究学等；它们拥有实验站、推广部、示范基地等，有专人负责农业科学技术的示范、推广与应用，同时，还为农业与农村社会发展提供相关服务。例如，美国的肯塔基大学农学院，就对全校开放相关农业课程，尤其社会科学方面，开设有农业经济学、农村社会学、社区与领导力发展、家庭研究、社区管理、信息传播等课程；农学院下设有推广部，服务的项目有农业科学技术推广服务，为肯塔基州农业合作社发展提供研究、教育与推广服务，旨在促进农村青年头脑（head）、心胸（heart）、双手（hands）、身体（health）全面发展的4h青年发展（4h youth development）服务，社区与经济发展服务，家庭与消费服务，社区内人员培训服务等。在其指导与帮助下，众多的农业合作社与社区支持农业（community supported agriculture，CSA）农场建立起来，农民市场（farm market）也得到繁荣发展。在专业课程设置上，注重理论联系实际，针对课程内容，教师会主动引导学生进行相关实践，参与到具体项目和服务过程中，不仅使学生深入了解实际情况，能力得到锻炼，同时也促进了农业农村发展，实现双赢，如肯塔基大学农学院下设的农村社会学课程，就将学生参与社会调查的表现与实践报告作为衡量课程成绩的重要部分，组织学生深入到当地的农民市场对消费者进行调查与访谈，将全部知识与方法贯穿到实地调研中，并以公开会议的方式将学生集体完成的总结性报告反馈给当地农民，现场与农民进行互动与讨论，服务农民的效果明显，教学相长。在这一体系下，农民与大学关系密切，学习与培训不断加强，农民的需求得到有效的满足。

这些赠地学院在促进美国农业发展过程中发挥了极其重要的作用，一是为农业生产提供知识与技术支撑，推进了美国农业的产业化进程，农业劳动生产率大幅度提高，增加了农产品的科技含量与工业基础，提升了机械化与管理水平；二是促进了家庭农场向商业化实体转化，经营规模不断扩大；三是实现纵向一体化经营，集生产–加工–销售于一体，农场公司化趋向日益突出；四是不仅满足了农民的生产生活需求，还关注农民的发展问题，通过个性化的教育方式培养农民的市场竞争意识、管理技能和创业能力，拓宽了农民的就业渠道。近些年来，美国赠地大学的服务范围不断向农民生活领域扩展，在提供农业教育和科技服务的基础上，还提供家政、远程教育、信息咨询、社区领导力培养、农村青年发展等服务，为农民提供免费指导与示范，促进了美国农业经济和农村社区的发展以及农民素质的提高。

2）德国以政府部门为主导的社会化服务体系

德国国土总面积为 35.7 万平方千米，一半以上的土地用于农业生产。虽然德国农业产值在国内生产总值中所占的比重很小，2004 年约为 190 亿欧元，占国内生产总值的比例约为 1%，但德国农业非常发达，农业机械化程度很高，农业生产效率也非常高，在欧盟成员国中仅次于法国和意大利，成为第三大农产品生产国（魏爱苗，2013）。这主要得益于德国完善健全的农业社会化服务体系，以及德国政府在政策引导、财政支持、农业用地规划、农民职业培训和农业产业链升级上的长期努力。第二次世界大战以后，德国农业受创较为严重，粮食短缺不能自给，饥荒问题较为突出，对此德国政府采取了加大农业投资、提高农产品价格、完善农业信贷、发展农业机械化和科研教育等措施，促进了农业生产的发展。20 世纪 50 年代以后，德国开始发展农业现代化，颁布了一系列法律条文鼓励农地合并经营以扩大生产规模，并广泛应用农业科学技术发展生产，极大地提高了劳动生产率。德国联邦统计局的统计资料显示，截至 2004 年底，德国的农场数量已达到

44.7万家，平均面积为38.2公顷（李俏，2012），在农场经营规模扩大的同时农业从业人员的数量却在逐渐减少，机械化程度不断提高，农产品加工业日渐发达。20世纪80年代，德国农业部门又战略性地倡导发展绿色生态农业，不仅使生态环境和食品安全得到了保障，还促进了农业的可持续发展。

德国共有16个州，14 808个地区，行政区划主要包括联邦、州和市镇三级。德国政府非常重视农业与农村社会的发展，在各州设有专门的管理部门对农业进行直接干预，使得德国的农业社会化服务体系形成了以农业部门为主导、垂直管理的特点，各社会化服务机构接受政府农业部门的领导与管理，承担着组织与实施相应级别的农业技术研究、农民职业培训及农业科技推广等责任。德国农业社会化服务体系主要由农业行政机构领导和管理，在各州设有农林部，并在县一级设有专门的农业办公室。农林部主要由两大类部门构成：一类是包括农、林、渔、土地、规划在内的农业管理部门，其职责主要是提供公共服务，并贯彻落实政府出台的各项农业政策与法规；另一类是包括农业科研、技术咨询与培训在内的服务部门，其职责主要是为农民提供农业技术指导和信息咨询服务，并对基层农技人员、管理人员、农业干部等进行职业培训。

德国较为有效的农业社会化服务组织除政府农业部门以外，还包括农业协会和农业职业联合会。德国的农业协会是独立于农业部门的非政府组织，按照"自我帮助、自我负责、自我管理"的原则建立，维护和代表农民和农业企业的利益，同时接受各级政府的部分资助，主要职责是对农民和企业的生产销售活动进行协调，深入了解农民需求，以将信息反馈给政府并提出各种建议，以促进政策法规的合理制定及实施，对会员提供免费服务，对非会员的咨询提供收费服务。农业职业联合会是按照司法程序建立起来的，虽然不属于政府部门，却与国家机关合作广泛，并承担着农业管理方面的一些职能，在生产、销售、交流和考察方面发挥着重要作用。德国农业中央联合会是其最高机构，下设有农民联合会、农民合作社和信贷互助联合会、农林场主协会、农业协会四个联合会。另外，德国作为合作组织的发源地，农业专业合作社发展态势良好，并形成了独具特色的多层级、网络型、分权式的农村信用合作服务体系，有效地解决了农业生产资金积累不足的问题（胡家浩，2008）。德国的信用合作服务体系主要由三级组织构成：处于最顶层的是德国中央合作银行，下属区域性合作银行和基层合作银行都是其股东；处于中间层的是区域性合作银行和银行业务中心，负责平衡资金流动；处于最底层的是基层合作银行及商品供销合作社，直接面向农民提供服务。与此相类似，农民以自愿、民主的方式自下而上也建立了三个层次的合作社，即基层合作社、区域合作社联盟和全国性合作社。基层合作社专业性很强，旨在为农民专业化生产提供专项服务，通常情况下德国农民会同时加入多个合作社，以确保获得多项服务。而区域合作社联盟则具有综合性的特征，它不开展具体的经营业务，而主要负责协调农民与合作社及合作社之间的关系，为合作社成员提供教育培训，提供低息贷款担保和市场信息咨询服务。在德国农业社会化服务体系建设过程中，德国政府通过立法为合作社发展创造了良好的社会经济环境，同时还出台了一系列的优惠政策保障其健康发展。

3）日本以政府和农协为主的社会化服务体系

日本的农业社会化服务体系主要形成于第二次世界大战后，该体系主要包括两个相互协调、相互补充的部分：由政府组建的相关职能部门（包括农业技术推广、农业科研教育、信息服务等部门）和由农民自发形成的各级各类农协组织，在政府的鼓励与扶持下，目前农协已发展成为农业社会化服务体系的重要载体。日本农协是通过自下而上的方式，按町（村）、都（道、府或县）和中央三个层次逐级建立起来的，并在此基础上设立了相应主管的农协机构（王浩，1999）。日本农协作为集多重服务于一体的综合型组织，广泛参与农业与农村发展中的各项事务，其在经济、政治和社会各个方面上的影响力都非常大。同时，日本农协与政府联系密切，一方面，向农民提供综合服务，另一方面，接受政府的监督指导，并协助实施政府的相关政策。

农协对农户所提供的农业社会化服务范围十分广泛，几乎可以涵盖产前、产中和产后的各个方面：一是提供产前的农资供应服务。农协代表农户与农资供应商进行价格谈判，并对农资的质量进行监测，不仅可以确保农户以低价买到所需的生产资料，还能保证其质量。二是提供农技指导与推广服务。针对农业生产过程中遇到的品种、栽培和饲养等问题，开展农业技术指导、交流和培训。三是提供加工、销售与流通服务。农协可以有效地集中分散的农产品，有计划地成批量上市，以解决分散小农因生产规模小和产品数量不多所导致的零星销售困难等问题，提高农户在农产品市场竞争中的地位，免受中间渠道的利益盘剥。四是提供农村金融与农村保险服务。农协内设有金融部门，用于吸收民间资金，方便农户借贷，还为农户办理农业保险事务。

3. 我国农业社会化服务体系存在的问题

1）农业社会化服务制度供给不足

目前由于制度供给不足，我国在建立完善新型农业社会化服务体系的过程中存在很多问题，如在政府负责的公益性服务方面仍较薄弱，由市场介入的经营性服务灵活性不足，服务在各个区域之间不能很好地进行协调，不能进行统筹规划等，这也成为我国当前新型农业社会化服务体系发展中的最大阻碍。以农技推广为例，虽然从新中国成立至今，经过几代人的不懈努力，我国建设起了庞大的农技推广体系，这对农业生产经营的作用已经显而易见，但也存在很多问题：一是农业技术推广的效率不高,这是由于在县级层面的农业技术推广机构设有不同的部门,这些部门领导不同的专业,这便增加了协调成本,降低了效率;二是农业技术推广服务难以满足当下的需求,这是由于随着经济的不断发展,兴起了很多新兴产业,这便催生了更多新的服务需求,然而农业技术推广人员的素质和知识结构却难以满足新的需求。在我国农业社会化服务的发展受到政策支持的制约性较大,已有的农业补贴政策是建立在家庭承包经营的基础上的,其他专门针对农业社会化服务的支持政策并不多,特别是对经营性服务主体的政策支持力度不大。新型农业社会化服务体系是一个庞大的、由多个主体共同形成的服务网络,这个服务网络的主体包括农业部门和其他涉农部门、企业事业单位、各类经济合作组织以及社会团体还有个人。

2)农业社会化服务供需结构不匹配

随着经济的不断发展,我国农业的专业化水平和现代化水平都在不断提升,农业的功能也逐步得到完善,这使得对农业社会化服务的需求也不断升级,从局部且片面的农业社会化服务项目转向更加系统且全面的农业社会化服务需求。但现实情况是,我国目前的农业社会化服务还存在问题。从农业社会化服务的供给面来看,农业社会化服务的供给满足不了农户的实际需求。目前,以农业社会化服务中的技术服务为例,我国为农户提供的技术服务多是增产型技术、资源利用型技术和农艺型技术,对于增收型技术、资源节约型技术和农机型技术供给还不足。从农业社会化服务的供给主体来看,民间农业社会化服务主体还是起着非常显著的作用,除了水利设施及灌溉服务以外,民间农业社会化服务主体在其他各种农业服务的提供中占比超过3/5,即我国的农村金融服务问题显著。在人才的需求方面,随着我国农业经营规模化的不断扩大,农业的市场化程度逐渐加深,在农村与农业生产的过程中对人才的需求也发生了改变,我们需要专门型人才也需要复合型专家,专门型人才包括生产型、技术服务型和经营管理型等,而复合型专家则涉及的层次更多、领域更广、更加全面。但现实是,我国的农业社会化服务体系大都以公共服务机构为主,这些机构提供的服务都是单项的,但广大农户的农业服务需求综合性较强,所以往往服务供给难以满足服务需求。农业新型经营主体包括家庭农场、种养大户、专业合作社等,他们的社会化服务需求要求更加多元,所以在服务供给与服务需求方面的矛盾则更加突出,社会化服务的供需结构亟须优化。新型经营主体对农业社会化服务的需求相较于传统的服务,更具个性化、全程化以及综合性的特征。个性化表现为新型经营主体对农业社会化服务的需求会依据自身业务的发展特点而有所差异。而且新型经营主体较传统的经营主体会产生更多新的服务需求,这些新的服务可能涉及产业规划、品牌设计或者是市场信息、产品营销或融资服务等;全程化表现为新型经营主体对农业社会化服务需求的要求覆盖面会更加广,不再是简单的产中环节向产前环节的延伸或者产中环节向产后环节的延伸,而是覆盖整个农业生产经营环节的全程化的社会化服务;综合性表现为新型经营主体对各种农业社会化服务的需求都明显增强,而新型经营主体有很多种类型,根据不同类型的行业特点和各自经营规模的大小,会形成各种农业社会化服务的需求组合,农业新型经营主体对农业社会化服务的需求综合性的趋势越来越明显。比如,家庭农场和种养大户就对产前的农业社会化服务需求更大,包括农资的供应、市场信息的获取还有相关技术服务等;相比家庭农场,专业合作社则更偏向于产后的农业社会化服务,包括对农产品的运输、加工和贮藏以及对农产品的销售等;而农业企业在农业社会化服务的需求方面更倾向于被提供市场信息服务和金融保险服务等。由此看出,要完善农业社会化服务体系建设,缓解社会化服务的供需矛盾,除了要增加社会化服务供给总量,更要优化农业社会化服务的供需结构。

9.2 农业生产社会化服务平台概况

9.2.1 农业生产社会化服务平台的定义

农业生产社会化服务平台是农业社会化服务领域生产的智能服务平台,覆盖粮棉油糖、果树茶叶、蔬菜花卉、畜牧养殖、渔业养殖五大领域,将服务组织提供的农事生产服务、农业信息服务、农资供应服务、农机租赁与维修服务、废弃物回收利用服务、农产品加工采购服务等内容以服务产品形式汇聚在平台上,小农户和新型农业生产主体利用智能移动设备和电脑直接与服务组织进行对接和交流,消除小农户与服务组织的信息鸿沟,促进农业服务资源在合理区域内流动,全面提高农业生产社会化服务效率。

政府通过农业生产社会化服务后台进行项目监管,实时监测服务主体动态、服务价格、服务合同,智能化了解农机实时作业面积,通过系统智能比对实现项目实施预警与精准发放资金,保障项目顺利推进与资金安全。向上链接国家农业资源平台,向下链接地方政府农业要素,实现平台之间的资源共享,促进农业资源精准化匹配与利用。农业生产社会化服务平台也针对区域特色产业以及地方需求,可实现平台的功能菜单化和特色化定制。加快发展农业生产性服务业,对于培育农业农村经济新业态,构建现代农业产业体系、生产体系、经营体系具有重要意义。

9.2.2 农业生产社会化服务平台的特点

农业生产社会化服务平台的具体特点可能会因平台类型、定位、服务内容等不同而有所差异。农业生产社会化服务平台的一般特点体现在以下几个方面。

（1）平台重点展示服务组织提供的最新服务内容、农户发布的最新农业生产需求、平台实时成交记录、最新农业政策与新闻等内容，方便各类用户了解平台提供的核心功能并提高其利用平台的意愿。

（2）主要服务对象是小农户，为其展示不同服务组织提供的农事生产相关的服务内容项，包括服务品类、服务价格、距离、服务时限、服务详情与标准、成交记录、用户评价等信息，方便下单时选择。

（3）服务提供对象是各类服务组织，为其提供小农户、合作社、家庭农场、村集体等不同生产主体发布的农业服务需求，同类需求也会进行关联展示，方便服务组织进行选择和对接。

（4）平台主要向服务需求方展示服务组织的个性服务主页，通过查看服务组织主页，可以了解该组织申报认证情况、基本信息、服务提供项、服务记录、服务评价和服务轨迹等信息，通过该板块提升服务组织的品牌宣传，方便小农户进行甄别对比，同时利于政府部门进行服务监管。

（5）平台公共服务可以提供免费的市场信息、农业气象服务、农技视频、农业专家对接等信息资源，满足小农户和服务组织学习提升、生产与销售辅助决策等需求。

（6）平台的内置商城功能提供便民化在线交易，包括农机租赁、土地租赁、农资商城、农优特产等电商交易服务，为小农户和服务组织提供物美价廉的优质产品和服务。

（7）设置服务方白名单，由服务主体申报与审核，以实时动态监测服务组织的数量、服务环节，为本地政策引导和支持提供数据参考。

（8）实时关注中央财政资金的资金分配、项目管理、任务监督、资金发放等情况，自动获取服务组织作业数据和项目实施内容，辅助资金发放决策。

（9）监管服务组织发布的不同生产环节的服务价格，便于监管不同作物、不同区域的服务价格，及时动态掌握服务价格。

（10）监管服务组织与农户签订的服务合同订单，包括服务时间、服务面积、服务总价、支付等。服务组织在实施合同过程中还能上传服务记录，同步传给小农户，便于小农户及时了解服务进展。

（11）服务完成后，监测小农户对服务组织的投诉和满意度评价，并可将投诉较多的服务组织纳入黑名单，一旦纳入后五年内不能参与政府项目。

9.2.3 农业生产社会化服务平台的优势

1. 小农户等生产端更高效地通过平台解决生产问题

通过平台，小农户等生产端可以更高效地解决生产问题，并且可以更好地实现农事生产服务对接、需求发布、延伸服务以及智能推送等一系列服务，从而更好地满足农业经营主体的需求。

1）农事生产服务对接

对于服务需求方，平台重点展示不同服务主体发布的最新的服务内容，可以选择自己关注的品类，再根据距离、价格、评价等综合选择查看每一个服务项，并可查看关联的服务商主页了解该服务商的认证及基本信息，然后进行下单，待服务组织确认订单后该项服务生效。服务过程中，小农户会收到服务组织提交的服务记录，待小农户确认该项服务完成后，对该项服务进行评价，整个服务结束。

2）需求发布

小农户还可通过平台快速发布需求，将自己目前或是将来需要的生产服务类型在平台上进行发布，平台内服务组织便可通过智能移动设备或是电脑进行直接联系，双方确认后开展服务。

3）延伸服务

小农户也可通过公共服务了解农产品交易行情、农业气象、农技视频等提高生产决策水平，并和农业专家进行一对一技术问答，解决生产中的难题。小农户通过内置商城购买农资或是租赁农机与土地等，节约生产成本，促进农业资源要素合理利用。

4）智能推送

系统根据农户的关注作物、区域以及种植品种，智能推送匹配的服务组织，农户可根据服务组织的评价、服务能力等进行快速选择。

2. 各服务主体可以通过平台实现更佳的服务效果

通过平台，各服务主体可以实现更佳的服务效果，包括服务对接、申报认证、订单管理、农机作业监控以及延伸服务等环节，从而更好地满足农业经营主体的需求。

1）服务对接

对于服务提供方，平台重点展示最新的农业生产服务需求信息列表，可以选择查看该条需求详情，也可进行分类选择，根据服务组织关心的品类、服务区域、数量等特征进行筛选，查看具体需求详情，同时会推荐相同类别的需求，供服务组织选择，便于在生产服务中进行时间规划和规模服务，扩大服务组织的服务面积，从而降低服务组织的服务成本。

2）申报认证

服务组织通过平台向当地主管部门进行申报认证，提交基本信息、农机具信息等，当地主管部门通过平台审核后进行认证，认证后服务组织可以发布服务类型、服务价格、服务标准等，生成服务项供小农户下单选择。

3）订单管理

服务组织通过平台管理服务合同订单，将服务对象、服务面积、服务价格、支付情况等，在平台上进行便捷化管理，摆脱纸质合同的局限性，实现服务智能化，以预警服务进度和提醒项目执行进度。

4）农机作业监控

服务组织将农机定位设备数据同步到平台，在平台上可以实时查看服务位置、即时统计服务面积、回看服务轨迹等，让农机管理更高效。

5）延伸服务

服务组织自身有技术培训、农业气象、金融保险、农产品销售等延伸服务，平台通过审核第三方入驻，为服务组织提供相对应的产业延伸服务。

3. 农业管理部门通过平台更好地发挥服务监管作用

农业管理部门通过白名单管理、项目管理、服务价格管理和服务合同订单管理等平台功能可以更好地发挥服务监管作用。

1）白名单管理

服务组织提交主体信息、营业执照、服务类型和农机具等信息，主管部门审核通过后，服务组织方可通过认证并进入白名单。通过该白名单，管理部门可以监管本区域内服务主体的动态，包括数量、服务的类型、覆盖的品类等，为本区域政策制定提供数据参考。

2）项目管理

通过录入中央财政资金任务、管理项目资金分配、关联项目实施的服务主体，平台自动调取服务组织的服务详情，实时了解项目实施进度；掌握资金发放情况和发放详情，并通过系统智能化比对任务面积、订单面积和农机作业面积，监管资金发放的安全性。

3）服务价格管理

管理本辖区内服务组织提交的服务项内容，包括服务类型、服务价格、服务标准等，审核是否属实，可对其进行删除、编辑等处理；通过服务价格管理，为有效制定补贴标准提供了重要的参考数据，也为全国不同区域补贴标准统一提供了大数据支撑。

4）服务合同订单管理

监管服务组织的服务详情，包括服务对象、服务面积、服务时间、服务合同、服务记录、服务轨迹等。作为下发服务补贴的主要参考依据，要求服务过程有记录、服务实时留痕，防止套取资金。

5）作业监管

通过物联网手段实时查看辖区内的农机作业动态，掌握实时作业面积与轨迹，为社会化服务项目补贴提供重要决策参考。

6）投诉管理

监管农户对服务组织的服务人员、服务质量的满意度评价，对于长期被投诉的服务组织，政府管理人员有权将其纳入黑名单，停止项目执行，并在五年内不予受理项目实施。

7）统计查询

根据政府管理需求，自动生成农经报表、自动核查项目实施的小农户比例、农机作业面积比对等，为政府提供智能大数据分析工具。

9.3 农业生产社会化服务平台的应用场景

9.3.1 农业生产供需对接平台

1. 农业生产供需对接平台的内涵

农业生产供需对接平台就是用互联网、电信网等信息传播媒介，采用电子商务、网络营销的商务方式，使农产品供需充分对接，形成完整的信息流，从而提高农业发展效益和交易效率，最大限度保障生产者利益和消费者权益的社会化服务平台。

在消费需求升级的驱动下，以信息技术为支撑实现农产品供应链全程品质关键信息的同步采集，根据供应链参与主体对信息的需求，对农产品供应链数据进行组合发布，为生产者提供市场需求信息，为经营者提供优质农产品来源，为消费者提供伴随农产品供应链过程的品质保障关键信息，通过改善供应链主体间信任关系实现优质农产品的价值增值，为生产者反馈更多的收益，实现优质优价的良性循环。

2. 农业生产供需对接平台的作用

1）规范农产品产销各个环节信息的一致性和共享性

一个完整的农业生产供需对接平台，需要有统一、规范的信息流标准，从而提高农产品产销信息的共享程度，使农产品在生产、配送、加工、流通和销售环节上能够更加及时和准确地衔接，解决农产品的生产盲目和需求不匹配，农产品和销售市场脱节等问题，具有稳定价格、预测市场等作用。

2）促进农产品产销一体化经营

在生产上运用先进的信息化技术提高产量，运用大量机械作业提升工作效率。建立农业生产供需对接平台，扩大销售市场范围并且提高交易手段的多元化和便捷性，扩大农产品的市场占有率和利润率，成为农产品产销合作组织应对国内外激烈市场竞争，提高农产品核心竞争力的重要途径。

3）提升农产品的经济效益

信息技术已经延伸到了产销链条的各个环节，从最初的农产品生产信息化的应用到现在包括流通环节、加工环节、信息平台建立以及科研开发等整个链条，这条产销信息链大大解决了农产品在生产过程中存在的利润率低、效率低下以及产销脱节等问题，使内涵更加丰富，实现了信息化对产销链条的深入渗透，迎合了农业产业化经营的大方向，相信随着信息化在农业中运用得越来越广泛，我国的农业经济也会随着信息化进程迅猛地发展。

3. 农业生产供需对接平台的特征

1）连接农产品生产和销售，具有全环节服务的一体性

农产品供需对接是农产品产销链条顺畅与否的关键，它能加强产销链条中各个环节间的联系。减少农产品产业发展中生产和市场需求不匹配等因素，并且还能够发挥市场价格分析和市场规模稳定等作用。通过平台的应用和建设，一方面最大限度满足终端消费者的需求，另一方面提升始端农产品生产者的经营效益，从而有效实现农产品全环节的一体化服务支持，并最终促进农产品生产交易效率与规模，促进农业发展。

2）以平台技术为依托，具有信息技术的融合性

农业生产供需对接平台对于农业信息的广泛应用，使得信息的生产和服务方式发生了根本变革，也正以前所未有的速度推进农业信息化的进程。农业生产供需对接平台的建设以现代企业计算机管理信息系统（management information system，MIS）为重要基础，并综合利用各种现代先进农业信息技术，如全球定位系统、农产品地理信息系统、农田遥感监测系统、农产品智能监测系统、网络化管理系统等，最终形成有效的农产品信息服务体系。因此，农业生产供需对接平台的建设必须涉足全方位农产品信息化的各个环节，以信息技术为依托，对现代农业信息技术具有较强的依赖性。

3）扩大农产品经营范围，提升农业经济的高效性

目前，"三高"农业、外向型农业（创汇农业）已经成为我国农业发展的重要出路，无论是发展绿色集约化农业，还是发展创汇农业，都离不开对农产品信息的引导，广大农民不仅需要种植方面的信息，更需要市场贸易、商品供销等方面的信息。农业生产供需对接平台能够打通农产品生产、流通、销售的环节，有效解决"卖难"和"买难"的问题，形成农产品通向广阔市场的桥梁。因此，农业生产供需对接平台会直接影响到农业经济的产业优化，对生产消费结构的优化起到关键作用，降低农产品生产和销售成本，从而实现利益最大化，推动农业经济向正确的发展方向迈进。

4）供需对接具有特殊性，统筹建设具有系统性

农业生产过程中受外界因素影响比较大，包括气候、土壤、季节等因素在不同时刻的变化，导致农产品在生产中具有较高的风险性和不确定性。同时我国又是一个幅员辽阔的国家，农业生产的地域差异十分明显，各地方的环境差异比较大，供需关系差异较大，所以，农业生产供需对接平台具有分散性和层次性的差异。

4. 农业生产供需对接平台的构建流程

为了实现农业生产供需对接平台的成功构建，需要先建立一条共享农产品产销标准化信息链，确保信息的准确传递和共享。在此基础上，构建一个农产品电子商务平台，为农产品产销双方提供一个便捷、高效的交易平台。同时，积极推进农产品产销过程中技术的高效应用，以提高生产效率、降低成本、提升农产品质量和安全水平。通过这些措施，可以更好地满足市场需求，促进农业的发展和农民的增收。

1）共享农产品产销标准化信息链

第一，构建农产品从生产到销售环节的基本信息体系。当前我国农产品产销链条存在的最主要问题就是生产环节和销售环节相脱节，农产品的品种和市场需求不统一，在产销链条的基础上建立一个信息化的交流服务体系，是最为主要的任务。农产品产销信息体系是农产品信息管理的重要内容，能够加强农民合作经济的飞速发展，提升农民合作社的信息化和科学化管理，将股份制引入信息化的农业合作社能够保证农民专业合作社向更加科学和规范的管理方向发展，为信息体系在农产品产销中的运用提供有力保证。第二，推广标准化生产技术和安全标

准。在完善设备的同时,要注重与其配套的栽培技术的示范和应用,根据消费需求的变化及时修订生产标准。根据作物类型、栽培方法及生长周期的不同实施多种形式的宣传教育,同时要派专人对相关生产技术进行培训和引导,提升农产品生产统一化和标准化,进一步加强农产品的质量安全,保证生产能够安全有效地运行。第三,完善安全监管体系。应尽快建立覆盖农产品产前、产中和产后各个环节,层次清晰、职责明确、管理规范的产品安全监测体系,目前的首要问题是国家对于农产品质量问题的管理体系不够健全,应该加强对于农产品市场准入机制的把关和建立先进的农产品追溯管理体系以及出台一些相关的政策和法律法规。管理制度和管理体系完善的同时对农产品市场的监督任务也是重中之重,同时也是最为直观的监察方式。第四,完善管理制度体系,提升监测能力。为安全监督和安全监察提供技术支撑,制定农产品市场信息采集的标准和规范,建立起市场需求和价格变化的预测系统,并及时更新信息,为菜农和企业做好服务工作。同时要想加强国际竞争力就要要求我国的农民遵循农产品国际化的标准。同时为了形成一条有序的信息化链条,农产品的监管制度必须相应完善,首先应该加强的就是安全监督制度,对一些个体经营的散户和一些大的外地承包商进行有效的监管,为建立国际化标准的农产品产销链条扫清道路。

2)构建农产品电子商务平台

电子商务的概念就是以电子网络为平台,生产和销售之间进行贸易交易的一种经济模式。电子商务涵盖了基于计算机信息技术的多种网络行为,包括网络经营、物流配送以及电子支付等,它使得产销链条中的各个环节都能够通过信息化手段进行有效管理。中国地域辽阔,农业发展分布面广,信息资源的搜集和共享变得尤为重要,农民在生产中获取的专业技术有限,导致我国农业经济发展缓慢,同时销售商也很难找到和市场需求所匹配的农产品信息,我国农产品信息化建设显得尤为重要。

根据各地实际发展情况,可以看出农产品的电子商务模式大致可以分为以下三种类型:第一种为虚拟类型,包括信息的流通和交流、数据分析的运行和一些虚拟社区。它们的相同之处就是不对农产品进行虚拟的网络交易,而是提供虚拟交易的平台以及服务功能。第二种是进行实物的网络信息化交易:包括网络信息平台的订单、配送以及支付等功能。它们的共同之处为都是电子商务的运行环节。第三种是依据实际国情民情,尽可能地降低因基础设施损耗所带来的成本过高和流通不畅从而导致农产品电子商务发展缓慢。

3)积极推进农产品产销过程中技术的高效应用

传统的农业生产过程效率低下,农民的经济收入增长缓慢。随着我国的信息技术的广泛应用,农业生产也实现了信息化,将信息技术运用到农业生产中来,以先进的互联网信息技术为支撑，用市场来进行引导，建立具有高科技、信息化的农产品生产过程，将产销链条中的各个环节串联起来，实现具有特色的农田到交易市场，市场到餐桌的产销链条。

以企业计算机管理信息系统为重要基础，并综合利用各种现代先进农业信息技术，如全球定位系统、农产品地理信息系统、农田遥感监测系统、农产品智能监测系统、网络化管理系统等，最终形成有效的农产品信息服务体系。运用通信技术、传感技术、智能技术、自动化技术等信息技术开展农业资源调查、土壤养分监测和施肥、病虫害监测和防治、农田信息采集和管理、农业环境变化和农业污染监测等。精细农业需要及时了解农田状态信息，如农田中的肥、水、病、虫、草、害和产量的分布情况等。农产品生产精细管理集成了信息技术与空间信息技术，在信息采集、高效传输、信息处理、模型建立、决策分析、农作管理等方面开展信息化技术研究。在农产品生产的各个环节，获取作物的苗情、长势、与作物生长直接相关的环境信息，并将相关数据发送到农业综合决策网进行处理，以指导施肥、施药、收获等农业生产过程。

9.3.2 土地托管服务平台

1. 土地托管内涵

对于土地托管的内涵，国内学者对此异议较小，综合学术界的普遍观点后，本书将土地托管的内涵定义为：具有相应需求的不愿耕种或无能力的耕种者，在土地承包经营权保持不变的前提下，将自营耕地的产前、产中、产后等环节部分或全部委托给其他农业经营个体或组织经营、组织、管理，并向其缴纳相应费用，耕种收成归己所有的一种经营托管模式。

对于土地托管的性质，王竞佼和隋文香（2010）认为，土地托管是土地流转的一种形式，是在国家鼓励土地流转的背景下的一种新型的土地模式，属于土地流转的范畴。孙晓燕和苏昕（2012）认为，土地托管不同于土地流转，土地托管与土地流转的根本区别在于，托管农户不仅保留着土地的承包权，也保留着土地的经营权（使用权）和收益权。农户仅享用土地托管服务方提供的菜单式服务，并照单支付服务费用。张新喜和湾晓霞（2015）也具有相似观点，认为土地托管不同于农村土地流转，二者具有本质区别，在土地托管模式下农户享有土地的承包权、经营权，而土地流转下的农地经营权归土地流转组织所有。石磊等（2009）则认为，土地托管是促进现代农业发展的一种农业经营方式或土地管理模式。

目前，调研结果及文献显示，国内主要存在两种土地托管模式：全程托管和半托管（菜单式托管）。全程托管，是指土地托管经营主体和农户签订协议，由土地托管经营主体提供从种到收（部分组织由种到售）的全程化服务，农户交付一定金额的服务费用。半托管，是指土地托管服务组织根据不同的农户需求而提供农业生产环节中的部分服务，收取部分服务费用。根据斯密定理，农业生产发展到一定阶段会导致专业化分工的出现，也正是由于专业化分工的出现，在一定程度上提高了生产效率、降低了生产成本，这也促使了土地托管的产生和发展。

与土地流转相比较，土地托管不改变农业土地的所有权、承包权、经营权，其本质是一种农业生产社会化服务，农业组织仅仅提供土地托管服务，农地最终种粮收益归农户所有；而土地流转本质上是农业土地经营权的转让交易，农户只能获得每年固定的土地流转费用，而农地的最终收益归土地流入方所有，从目前的土地流转市场来看，土地流转避免不了流转后的农地非农化。

2. 土地托管特征

通过对土地托管模式的做法和运行机制的分析，可以发现土地托管模式具有以下几个特点。

1）土地托管的动力是产业融合带来的高效益

产业融合发展，可以打破产业间的分割，降低交易成本、提高生产效率，进而提高经济效益和市场主体的竞争力。土地托管的发起者来自农业服务业，由农业服务企业主导进行土地托管，其根本动力是第三产业与农业融合带来的高效益。

农业服务业通过对农业生产的整合，一方面可以获得稳定的市场份额，另一方面，由于合作社对农资集中采购，农资采购数量较大，在农资采购市场上的话语权要大于一般的农资销售者，合作社能以低于市场价的价格采购农资。

2）土地托管的表现是农业服务业对农业生产的整合

粮食生产对农业服务业尤其是农机、农资服务需求很大，农业服务业的发展对于降低粮食生产成本，促进粮食产业的发展有重要作用，但随着农业服务业的发展，市场主体数量越来越多。在农资服务方面，市场主体众多，各个农资服务企业之间竞争激烈，市场混乱，导致行业利润率逐年降低。在农业机械服务方面，由于农业生产的季节性，机械化水平提高的同时带来了农业机械闲置的问题，造成资源的浪费，延长了农机服务主体回收成本的周期。在农业服务业收益逐渐减少的情况下，有实力的市场主体开始将自身的业务范围向产业链的下游——农业生产延伸，实现产业的融合。

如上所述，农业虽然也有与服务业融合的意愿，但农业的经营主体——农民受经营规模的限制，自身实力弱小，没有足够的能力整合服务业。因此产业融合的过程就表现为服务业对农业生产过程的整合。

3）土地托管的关键是土地的规模经营

通过土地的规模经营，实现粮食生产的规模经济，从而提高合作社和入社农民的收益，使农民和合作社因为共同的利益紧密地结合在一起；离开了土地规模经营，种粮收益无法提高，双方也就失去了合作的经济基础，土地托管就不可能实现。因此，土地规模经营就成为土地托管模式发展的关键。首先，土地规模经营实现了规模经济，降低了粮食生产的成本。土地规模经营提高了现有农业资源的配置效率。由于大规模的集中连片作业，合作社农业机械的利用率大幅提高，从而降低了农业机械的使用成本。同时随着劳动力价格的不断上涨，低成本的机器替代了高成本的劳动力，降低了粮食生产的劳动力成本。合作社统一购买农业生产资料，所以生产资料成本也低于一般农户的。其次，土地规模经营促进了粮食生产经营的专业化，提高了粮食产量。以玉米、小麦为代表的粮食作物属于土地密集型农业，对劳动力需求不多，并且具有很强的季节性。很多种粮农户多属于兼业型农户，春播以后外出务工，秋收时返回。这就导致了粮食生产田间管理环节的落后，从而影响了产量。通过土地规模经营，实现了生产的专业化，通过广泛采用新技术，及时完善田间管理，就提高了粮食产量。

4）土地托管的结果是一个帕累托改进

帕累托改进就是一项能够使得至少一个人的收益增加，而不会对任何其他人的收益造成损害的改进。通过土地托管，农民从土地中获得的净收益和外出务工的劳务性收入都增加了，农民的总福利实现了改善；合作社提供农资、农机服务的收益增加，自身规模实现了扩大，合作社的总收益实现了增加；因为农业服务企业效益的提高，当地政府的税收收入也增加了。因此，土地托管模式的结果就是一个帕累托改进。

5）土地托管运行依赖于委托双方履行权利义务

在土地托管实践中，托管组织都会向土地承包户收取一定的管理费用，入托农户可通过对托管方提供的不同服务进行选择，以支付相应的费用。在报酬方面，托管经营与承包经营的规定正好相反。在土地托管制度中，土地承包户即委托人有给付报酬的义务，受托组织享有获取报酬的权利；而在承包经营中，往往是发包人可以享有获取利润的权利，承包人有上交利润的义务。这应是托管经营与承包经营在形式上最显著的区别。

6）土地托管承包方权责更为明确

在进行土地托管的过程中，入托方对托管服务组织的授权较为具体明晰。土地托管与农户个人之间自发性流转具有明显不同，一般都有明确的管理规则，托管组织根据农户所提出的具体要求完成某一项或几项服务。与承包经营制度中的承包方相比较，托管方的经营决定权相对比较小，而承包人基本可获得完全的财务支配权，具有较强的自主性。

7）土地托管对承包方要求更高

土地托管采取农户自愿入托的形式，而农户要选择入托一般是建立在土地经营管理可以得到良好改善的基础上，因此土地托管比土地承包更有难度，这就决定了托管方应具有良好的技术保障，或有一定的产业经营专家指导，并且通常是有一定规模的合作组织或非法人单位，很少为自然人，而承包经营合同的承包人大多为自然人。

3. 土地托管模式的运行机制

土地托管是通过土地流转的方式，将资本、技术、服务等合作社所拥有的优势资源与规模化的土地资源相结合，实现资源的优化配置，从而产生良好的综合效益。将土地托管作为一个整体系统，以农民专业合作社为土地托管经营主体，在运营机制上主要是：以市场机制为平台，在政府部门、技术创新组织的相互作用下，开展依托高技术水平的土地托管。合作社提供农业技术、资本、服务等多种土地托管所需的运作成本，农户提供土地并缴纳一定技术服务费用，在不改变土地所有制的前提下，通过整合合作社社员土地并签订合同，将土地流转到合作社，对土地进行集中整理，全程化进行土地托管技术服务，从而实现规模化经营；合作社利用自身的先进技术、充足资本、完善服务的优势，广泛使用机械操作代替人工劳动，实现粮食生产的机械化；合作社针对粮食生产配备专业人员、采用先进适用技术、加强配套服务等，实现粮食生产的专业化，并通过统一采购农资、统一耕种、统一施肥、统一飞防、统一收储等实现标准化农业生产。最终通过提高托管主体的生产规模及技术服务水平，依托高水平农业技术，提高农作物产量、降低农作物生产成本、减少农户机会成本、提高农民收益、增加合作社利润、实现技术扩散等。

粮食生产的"四化"（规模化、机械化、专业化、标准化）促进了粮食生产的发展，产生了良好的经济效益、产业效益和社会效益。通过提高劳动生产率、降低采购成本、提高产量等方式，提高了粮食生产的经济效益，使合作社可以按照高于一般产量的标准向农民支付现金收益或实物；通过土地流转，使农机服务、农资销售、农业生产向农机合作社集中，促进了农业与第三产业的融合，产生了良好的产业效益；农民将土地流转出去以后，可以专心外出打工，促进了农村劳动力转移，产生了良好的社会效益。

为保证土地托管的高效性，托管主体必须在土地托管过程中运用高水平农业技术，并根据各地的自然气候、地理环境、人文因素等筛选因地制宜的技术，这就要求托管主体必须与农业高等院校、农业科学研究院等多种农业技术创新主体相联系，产生有机联动。同时，在市场机制的作用下，托管主体只有获得利益才会开展土地托管并在土地托管下进行技术扩散；被托管农户只有获得增产增收、省时省心等直观利益才会参与土地托管,接收农业技术,这是市场机制与托管主体及农户的作用原理。此外,在托管过程中,采购优质良种、进行机械化耕种、进行飞防打药、使用测土配方肥等多种农业技术的使用,也需要托管主体在科学合理的组织管理机制下进行合理分配、运作,进而使农业技术在被托管农户中有效扩散,达到土地托管方式下的技术扩散目的。

9.3.3 菜单式农业服务平台

1. 菜单式农业服务的内涵

菜单式农业服务是根据各类新型农业经营主体和普通农民的需求,相应地提供农资供应、配方施肥、农机作业、统防统治、收储加工烘干等单项服务。

需求导向型菜单式科技定制模式就是依托网络,由市、县(市、区)、乡镇三级财政共同出资,并鼓励非政府农业科技推广组织等机构参与,共同搭建科技服务平台,制定科技服务菜单,科技应用者根据自身需求选择所需的科技服务项目。农业科技推广的菜单式定制模式,可改变目前政府主导的自上而下的、上级部门下达计划任务的"准行政化"的农业科技推广模式,改变自上而下的决策机制和利益资源分配机制,改变推广方—科技—科技应用者单向传递的方式,形成健全的信息反馈和良好的交互作用机制,是对政府主导的农业科技推广服务的供给侧改革。通过农业科技推广的菜单式定制,赋予农民主动选择权和机会,满足应用者的个性化需求,从供给模式上解决供给脱离需求的问题。

2. 菜单式农业服务的特征

第一,政府应定位为服务者角色。在农村科技推广中政府应发挥主导作用,且因为地方政府更了解当地农业发展对科技的需求,更容易实现农业科技供给与实际需求之间的有效衔接,所以要更加重视地方政府的作用,但不能靠行政命令分配科技推广资源,不能以政府计划替代应用者意愿,不能以精英设计替代应用者参与。要鼓励非政府农业科技推广组织机构的创建和发展,从而能够准确定位科技应用者对科技的实际需求,尽量避免供需脱节,提高推广效能,让农协、农业合作社等经济组织在农业技术推广中发挥重要作用,通过科技推广主体多元化实现供需双方短距离对接。

第二,菜单式农村科技推广体系中供给方和应用者的关系是良性互动的。市场经济的发展催生了农民生产者与经营者的双重角色,农民对产前、产后环节的需求随之增长。为适应农业发展和农民对科技需求的变化,科技推广内容不断丰富,满足了应用者多样化的需求,从产前信息到产中农业技术指导与培训到产后农产品营销技巧、存储技术、加工、销售,实现了涉农领域全覆盖,从而为实现良好的科技供求关系提供必备条件。

第三，在平台拥有充足的可供选择的资源的前提下，应用者拥有主动选择权。科技应用者不是被动的接受者，而是根据自身农业生产需求主动选择的。科技推广主体应尽可能提供应用者需要的科技资源。现代化手段使农业科技推广各环节实现了无缝链接，信息网络覆盖率不断提高。推广人员可以随时获得大学推广站数据库中的资料，也能了解到世界各地农业的发展动态和技术信息、市场信息等；各推广站设立有电视台、无线广播电台，定期向农民播放农业信息和技术知识；还可运用卫星系统向农民提供农业气象、病虫防治等方面的服务，开展技术培训等；还可通过集中示范、网络系统、电话咨询、举办各类技术培训班、设立推广站法定接待日等方式推广农业科技。这一方面改变了科技供给者与应用者的对接方式，农民成为积极参与者，另一方面提高了农业科技推广决策者、组织管理者和推广人员的推广能力。

第四，应用者具备足够的定制能力。应用者具有自主选择的意识、基本的选择技能和辨别使用能力。通过农业咨询服务满足科技应用者的个性化需求，要求重视通过提供农业咨询服务满足科技应用者的个性化需求，推广咨询体系既要有官办的，也要有民间组织的，内容涉及与农业、农村、农民有关的各种问题，包括产前资源信息、农业生产技术、保护生态环境、产后农产品销售等，从而适应了科技应用者的个性化需求。这样的体系充分保证了农民在自愿、自主的基础上解决生产、生活中面临的问题。

3. 需求导向型菜单式科技定制模式的构建路径

需求导向型菜单式科技定制模式的构建既要结合我国实际，保留我国农业发展中取得的有效做法，又要积极借鉴先进农业国家的成功经验。

1）搭建菜单式供给平台

农村科技从产生到带来经济效益经过研发、推广、应用三个环节，菜单式科技定制模式处于从推广到应用的衔接阶段。构建以农民需求为导向的农村公益性科技体制，在农业科技推广应用环节，通过资源整合，建立综合推广机构，并在全国农业科技推广服务中心的领导下，设立农业院校推广中心和从省—市—县—区域—推广员—农民的自上而下农业科技推广体系。搭建"菜单"供给平台就是在全国农业科技推广委员会的领导下，在省、市、县、区域各级设立网络和电话咨询等系统，依托网络，整合农业科技资源，制成科技服务菜单，面向社会公布共享。

我国已开通的"12316"三农热线，从成立并进入运行的农业科技"110"信息服务平台及由农业农村部门主导的农业信息服务体系等相关活动已经取得了成功经验，需进一步提高它们的服务效能并充分完善电视、电话、电脑、手机短信、手机客户端服务等多种服务平台。同时,要建立平台的供给者与应用者之间良好的交互机制,解决推广与应用脱节的问题。

2)提供菜单式便捷获取路径

需求导向型菜单式科技定制模式依托网络、电话、电视、手机等信息平台,但农民获取农业科技信息实际渠道的数据显示,通过电视、广播、网络、书报查阅获得信息的占33.2%,在关于"影响使用农业科技的因素"的调查中发现26.1%的应用者认为不方便获取,因而构建需求导向型菜单式科技定制模式必须要提供便捷的获取路径。近年来,我国以推进"宽带中国""无线城市""下一代互联网""三网融合""宽带乡村"等工程建设为契机,加快了农村基础通信设施、光纤宽带网和移动通信网、广电有线网络建设,构建了有线无线相结合、覆盖城乡的信息网络体系。国家统计局数据显示,2015年我国农村有线广播电视用户数占家庭总户数的33.5%,第55次《中国互联网络发展状况统计报告》指出,截至2024年12月,农村网民规模达到3.13亿人,从互联网普及率来看,2024年中国农村地区的互联网普及率达到65.6%,农村网民规模达到3.13亿人,其中手机成为农村网民的首选上网设备。但与发达农业国家相比,我国农村在互联网基础设施及数字化服务层面仍存在较大的提升空间。

3)丰富"菜单"内容

农民的科技需求日益多样化和个性化,农民对产前、产中、产后环节的需求都非常强烈,因而科技"菜单"的制作要尽可能丰富,能够集中展现新的科技资源,充分满足科技应用者的个性化需求。

4)提高应用者的定制能力

目前我国农村互联网普及率还不是很高,同时受收入、教育水平的影响,网络浏览率较低,农村科技应用者的定制能力不足。第一,要加大宣传力度,提高科技应用者对科技推广平台的知晓度;第二,通过培训等方式提高应用者的网络浏览能力、科技"菜单"选择能力和定制能力。

9.3.4 农业生产智能化服务平台

1. 农业生产智能化服务平台内涵

农业生产智能化服务平台是将现代智能化信息技术(主要包括物联网、云计算平台和区块链等技术)应用于农业生产服务平台中,使传统农业社会化服务数字化、信息化、智能化,具备智能属性。

而农业生产智能化服务平台的现代信息技术在农业产前的信息服务领域、产中的生产领域以及产后的流通管理领域的农业产业链中的具体应用，就是通过使用各种传感器、射频识别技术、网络采集终端等传感器设备，广泛地采集大田种植、设施园艺、畜禽养殖、农产品加工、农产品销售、农产品物流等产业链环节领域的精准信息，通过建立数据输送和农业信息服务大数据库，充分利用无线传感器网、GIS和互联网等多种现代信息传输方式，实现农业信息实时精准性传输，接着对海量的农业信息进行整合和处理，同时通过智能管理终端实现农业的精准信息服务、自动化生产、优化控制、智能管理、系统物流和电子交易，从而推动农业产业链不同领域的优化升级，进而实现农业产业化、规模化以及高产、优质、高效的生产目标。

2. 农业生产智能化服务平台特征

1) 生产过程智能性

结合物联网、大数据、遥感系统以及 GPS 在农业生产中的应用，通过大棚温度控制技术、大田种植信息化技术、农业用水灌溉技术、现代物流应用等方式，实现农业生产中浇水、温度测量、成分测试等环节的程序化操作，实现对于农业发展的精准控制。如图 9-1 所示为蔬菜种植自动温湿度控制系统。同时在智慧化阶段，不仅要考虑到经济收益，还要考虑到对环境以及社会的影响，在生产中保持与自然环境发展相协调的理念，以清洁、有机、健康为理念，创新农业生产模式，从思想上转变农业发展理念，实现智慧化生产。

图 9-1　蔬菜种植自动温湿度控制系统

2) 生产模式动态性

智慧化生产是现代化生产的进阶版本，摒弃了以前传统的机械化生产方式，解决了以前农产品市场存在的大小年问题。智慧农业的生产模式是基于互联网平台的市场化运作方式,将生产与市场需求相结合,采取"订单式"生产方式,以实际需求为基础,解决了传统农业销路不畅的问题。同时,智慧农业不再是单一的传统产出,而是与生态、旅游、文化相结合的综合体,让更多的受众参与到农业生产、采摘过程中去,体验与智慧农业的互动式发展,形成受众与农业发展之间的良性互动,构建环境友好、生态健康的生态圈。

3)农业生产个性化与多样性

传统的农业生产因为受到地理、气候等因素的影响,导致产品比较单一,同质化程度较高。在智慧农业条件下,能够最大限度地解决土壤、气候、水质等问题,提高农业产品的种类和数量。同时在订单式的生产状态下,智慧农业生产可以做到个性化,对于产品的等级、营养、大小、色泽等方面的不同要求,实现个性化定制,满足不同地区的多样化要求,能够增加农业产业的收益,避免传统农业生产方式中的同质性竞争。此外,农业生产方式也逐渐向无土栽培、室内栽培、沙地种植、光伏农业等多种方式发展,节约了农用土地的同时,还能够提高资源利用率,实现环境的友好发展。

3. 农业生产智能化服务平台功能

纵向来看,农业智能网络服务平台和智能网络交通、智能网络家居等平台类似,由农业物联网的感知层、传输层和应用层构成。应用层主要包括大数据管理中心、云存储云计算中心与农业应用平台。农业智能网络服务平台的主要功能包括农产品生产、质量安全、运输加工、农业环境监测、市场行情分析、农业科技培训、信息浏览等。

农业生产智能化服务平台主要实现以下功能。

1)数据采集

物联网中各种传感器采集到的数据与互联网中相关资源的汇集,通过数据整合、加工处理,组成土壤数据库、气象数据库、地理数据库及电子商务数据库等,所有数据库构建成农业数据资源中心。

2)数据存储

依托集群应用、网络技术或分布式文件系统等软硬件技术,提供对农业信息数据库的存储和访问功能。农业生产智能化平台可以在任何时间、地点透过任何网络装置连接到云存储上方便地存取数据。

3)数据分析

根据农业生产智能化平台的个性化需求,采用大数据相关技术,包括数据挖掘、安全加密、网络通信与算法研究等,提取有价值的信息准确地提供给目标客户。

4）数据浏览

数据浏览功能是用户的操作入口，提供多种方式对数据进行查询、展现和统计分析，为农业生产经营主体提供及时和有效的生产技术、教育培训、经营管理、市场流通等信息服务。

9.4 典型案例

9.4.1 A县"全程机械化+综合农事"机械专业合作社

西安市A县某农业机械专业合作社于2014年8月注册成立，注册资金为300万元。经过多年发展，合作社已成为一家专门从事农田农业机械化耕作服务、土地托管、土地流转、粮食种植及销售等业务的新型农业经营主体。近年来，合作社牢固树立服务创新促发展理念，走上"全程机械化+综合农事"服务助力乡村振兴的创新发展之路。

1. 合作社发展概况

近年来，该合作社紧紧抓住国家扶持和发展农机合作社的政策机遇，开启以土地流转、适度规模经营、农机作业服务为主要方向的创业拼搏之路。目前，合作社成员由成立时的5人发展到62人，资产由刚成立时的300万元增加到835万元。现流转土地560亩，托管土地8500亩，有大中型拖拉机72台，收割机15台，配套机具136台（套），农机操作手70人、专业维修人员2人、安全保障人员2人，服务规模、服务范围、投资规模逐步提升，呈现欣欣向荣、蓬勃发展的态势。合作社重点开展机耕、机播、机收、植保等一条龙作业服务，同时完善合作社农业安全生产各项规章制度，积极推广秸秆粉碎还田、玉米硬茬播种、宽幅播种、深松等科学种粮技术，为农户开展"土地托管+全程机械化+综合农事"服务，把托管农户从高强度的体力劳动中解放出来，有效地提升了当地农业生产水平，同时将农户收获的粮食统一收购销售，进一步提高了农民收入，形成了产业化发展格局。如今，合作社年农机服务面积达5万亩，年农机服务综合收入在750万元以上，合作社经济实力显著增强，入社成员收入不断增加，合作社发展逐渐步入良性发展的快车道。负责人先后被授予全国种粮大户、西安十佳杰出农民称号，2017年该合作社被评为陕西省现代农机专业合作社，2019年被评为西安市十佳米袋子农民专业合作社。

2. 主要做法及成效

1）开展土地适度规模经营，提高农户收入

合作社成立之初就开展流转土地和土地代管等农机作业服务，利用现有人力和机械资源，流转土地 560 亩，托管土地 8500 亩，并与家庭劳动力欠缺的农户签订合同，代管承包土地，采取统一供应良种、统一配方施肥、统一机耕机收、统一病虫防治、统一田间管理的"五统一"模式组织生产，不仅解决了当地群众单家独户种地难的问题，也让农民分享了土地增值的收益。据测算，规模化连片作业，成本大幅下降，植保、灌溉、施肥平均节省成本 15%。为了保证农民丰产又丰收，依托合作社强大的资源平台，建立生产、销售一条龙，提高农产品的溢价能力，小麦平均每千克高于市场价格 0.04～0.06 元，玉米每吨高于市场价 50～60 元，农户每亩增收 120～180 元。

2）推广农机新技术新装备，提升农机化水平

合作社在发展过程中，始终做农机新技术、新机具推广应用的排头兵，积极引进新型农业技术，更新合作社的服务装备。合作社先后引进了小麦收获打捆一体机、玉米免耕旋播种机、玉米机械化茎穗兼收一体机、玉米灭茬免耕深松精量播种机、土地深松机、自走式喷杆喷雾机、植保无人机、玉米籽粒收获机，建设了能容纳 30 吨粮食的烘干塔。合作社通过这些新技术、新机具、新设施的应用，提升了粮食生产的机械化程度，提高了农机化水平。经过十余年的发展，目前合作社拥有覆盖粮食生产全过程的拖拉机、小麦玉米播种机、收获机、植保机、烘干设备各类配套农机具 223 台（套），合作社耕、种、管、收各类机械作业总面积达 5 万余亩。

3）推进综合农事服务，满足农户实际需求

随着农村经济的发展，合作社仅提供农机作业服务已经满足不了农户的需求，根据农户的实际需求，合作社开展农资供应、应急维修、配件供应、技术推广、咨询培训等综合农事服务，"一站式"解决农户生产难题。一是与农资经销商协商，以低于市场的价格批量采购农资供应农户，降低生产成本。二是为了不误农时开展抢收抢种作业，合作社购置农机应急维修车，24 小时为成员及机手提供应急抢修服务，年应急维修服务 200 台次。三是为方便机手维修保养农机，合作社成立了售后维修服务中心，让机手在家门口就可用到原厂原价配件，保证了农机随坏随修，做到不误农时，确保收益。四是合作社定期组织机手检修农机设备，开展农机操作、农技实用技术培训，提高农户的技能水平。

3. 经验与启示

保障粮食安全，培育新型粮食经营主体，开展粮食适度规模经营，大力推进

农业生产社会化服务，为合作社进一步开展土地托管、农事服务提供了更加广阔的空间和机遇。一是规模化经营是合作社不断发展的坚实基础。在当前国家坚持农业农村优先发展，大力实施乡村振兴战略的背景下，合作社利用农业机械耕作、深松、播种作业等方面的优势，坚持农机农艺融合，提供"土地托管+全程机械化+综合农事"服务，不断探索规模化生产的新路子，通过市场机制推动农业生产专业化、规模化、机械化，推动合作社不断发展。二是创新服务是合作社不断发展的不竭动力。合作社在开展生产服务的过程中，紧紧围绕农业生产耕、种、管、收和产前、产中、产后服务，为托管农户提供优良品种、优质农资、最优的"全程机械化+综合农事"服务，不断提高农业生产水平，促进农民增收、农业增效。同时，合作社通过积极组织成员赴河南等地开展跨区农机作业，为成员开展安全、技术等方面的培训，受到当地群众的好评，吸引了更多的机手加入合作社，促使合作社不断发展壮大。三是技术集成为合作社不断发展提供科技支撑。在开展粮食生产服务的过程中，合作社坚持农机农艺结合，应用现代农机装备，开展粮食新品种、新技术示范推广，推广农机化秸秆综合利用、有机肥替代化肥、机械深松、宽幅播种、旱作节水等集成技术，主攻单产，探索粮食绿色高质高效生产，提高合作社粮食生产能力和农机社会化服务能力。

9.4.2 B县C农机合作社大田种植智慧农业模式

1. 背景介绍

2013年，董某放弃都市高管职务，回到家乡B县E镇，为了帮助家乡摆脱"面朝黄土背朝天"的传统农耕模式，董某决定成为一个新型职业农民，走机械化信息化生产的大田生产智慧农业模式，同年董某流转了500多亩土地，通过机械育秧、机械收割等高科技化种植模式，以及自动化灌溉、精准施肥、植保无人机治虫，机械育秧、插秧、农机收割等现代农业智慧种植模式，收获到了第一桶金。2015年，由D农业科技有限公司投资带动，与合伙人以注册资本5000万元成立了B县C农机合作社，合作社是新型职业农民队伍管理运营的新型农业经营主体，董某当选为理事长。

2016年，B县C农机合作社被评为区示范合作社，一直到2016年底，合作社投资超1200万元，为了增加粮食的生产加工效率，在B县E镇建设了现代化机插秧育供示范项目和上万吨粮食仓储及烘干设施一体化项目，同时建设了农机维修站点，并配套建设了一座办公科技楼，粮食产业服务设施已具备一定规模，并且仍在不断投资完善中。2017年被评为全国农机示范合作社，为了进一步加强合作社提供现代农业生产服务和减少农民生产风险的能力，从F公司引进两条自动化育秧流水线，该流水线是根据种苗自然生长的特点开发的一种全新粮食生产育苗装备，技术上可实现自动播种、自动施肥、自动喷灌、智能控温、多层次育秧等功能，能够大大提高秧苗的质量和抗病虫的能力。

2018年，合作社在E镇建设了全市首个也是唯一一个大规模智慧农业示范基地，项目包含了在示范基地建设智能灌溉系统、四情监测系统、水稻田间管理系统、农产品溯源系统，以及购入多套现代化农机生产设备，智能灌溉系统通过运用物联网技术，使无线电磁阀控制器与智能网关链接，实现管理员在平台管理软件或手机端APP实时监测土壤水分，远程开启或关闭阀门控制系统，实现无线农业灌溉控制，促进生产智能化；四情监测系统则以先进的监控传感器、物联网等信息技术为依托，使基地管理员可以通过PC端与移动客户端实现系统管理功能，实时监测和管理调节每个控制点的作物生长情况的主要参数，如作物生长信息、墒情信息、空气温度、土壤湿度、光照强度等；在智慧农业示范区，C农机合作社应用了水肥一体化技术，可以有效减少农业种植化肥用量，缓解水质污染。农产品质量安全的可追溯性确保了整个大米生产过程的质量和安全性。

同时在近几年，合作社从农业生产管理、农情预报、信息查询、专家咨询、远程培训等服务功能着手，累计投资700万元，建立了网络基础数据库，并完善了智能化芽种生产管理系统、智能化秧田管理系统、水稻智能化循环节水灌溉系统、水稻生长生态环境监测系统，建立了基于GIS的农机作业自动化和精准农业管理系统，在大田农业生产全程信息化方面发挥了重要示范作用。合作社在农业全领域推动了智能化技术的应用，实现了从传统种粮向智慧种粮的转变，打造了"智慧农业+合作社+农户"的绿色水稻生产、加工、销售的利益相连模式，合作社统一开展品牌经营与销售，通过经营打造了一个绿色优质的稻品牌，在本社电子商务有机农产品直营网站上销售产品，消费者可以直接在网上完成交易，合作社还提供订单农业，为消费者提供个性化定制服务；同时在农产品流通环节，合作社建立的质量安全溯源系统可以为消费者提供大米从生产到餐桌的全流程质量安全追溯。

目前，合作社不断完善了农业全产业链的社会化服务内容，进一步开发改良作物生态环境、建设农产品现代化加工厂等工程，开展绿色产品从种植到销售的全产业链社会化服务，升级农业全产业链，促进本社特色农产品品牌的打造。C农机合作社的智慧农业基地成为湖南省典型的智慧农业示范推行区，合作社的智慧农业模式在农业产前、产中、产后全产业链中的应用适应了我国现代农业的形势与需求，对农业现代化、信息化建设具有重要的借鉴意义，C农机合作社将进一步引领带动B县其他百余家农民专业合作社、家庭农场和近300个种粮大户走智慧农业的智慧种粮模式，向信息化、产业化、数字化、机械化、农民职业化方向发展。

2. 农业信息化与智能化：提升服务链效率与农产品销量

1）育种信息及农田监测信息精准化提升服务链的农户满意度

育种信息及农田监测信息的精准化表现为以下几方面。

（1）育种信息化。2016年，合作社建设了B县现代化育秧工厂，耗资达到了200多万元，800平方米的育秧工厂均实现了智能育秧，工厂配备了两条育秧流水线，可实现自动播种、施肥、喷灌、智能控温等现代化育秧作业，其中建设了智能化芽种生产系统，采用电脑自动控制系统进行温度调节，采用工厂化方式，实现了全厂芽种100%统一供应。针对积温不足的问题，建设了基于PC端和移动终端的水稻智能育秧大棚，通过布置在大棚内的光照、温、湿度传感器，摄像头，无线控制器实时采集相关数据，使农场管理者和农户可以随时随地通过手机或电脑，进行远程监控、远程控制浇灌，实现了智能微喷及电动卷帘通风控制，促进秧苗的均匀、健壮、整齐生长，为水稻生产提供了高质量的秧苗。图9-2所示为空气温湿度传感器。

图9-2 空气温湿度传感器

（2）农田生态环境监测信息精准化。在合作社智慧农业示范区，2018年建设了依托于云计算平台、物联网等现代化信息技术的四情监测系统，通过大田墒情综合监测站，推广应用了墒情监控系统、农田气象监测系统，实现了对环境的实时定点采集，并将采集数据无线回传到生态环境监测系统。监测环境内的大气因子主要包括环境空气温度、相对湿度、光合有效辐射强度、大气压、风速、风向、降水量等信息。土壤内的主要因子包括土壤温度、湿度、电导率等参数。并通过布设地下水位监测网络，实时感知土壤地下水位变化，指导合理用水。模式如下。

得益于育种信息及农田监测信息的精准化，水稻供种安全得到保障。合作社智慧农业的应用与示范加快了水稻生产信息化进程，提高了农业生产管理水平和生产效率。目前，合作社的智慧农业智能催芽工厂，日产芽种能力达到百吨，实现了100%统一供应芽种，从而提高了水稻芽种生产的安全性，降低了农户的风险，提高了农户水稻生产的经济效益，提升了农户对产前精准信息服务的满意度。

（3）粮食供给保障水平提升。合作社将智慧农业的四情监测系统贯穿于整个水稻生产全过程中，但在产前对农田生态环境进行监测，能使产前农情的服务信息科学精准化，能做到变量投入定位实施，为水稻种植做好详细准确的规划，农业管理员或农户根据对农业生产中的生产作业、作物生长、病虫草害的发生与防控等重要视频信息的实时监测，及时掌握生产进度、作物长势、灾害情况等，有效实现了节本增效的目标，在保障粮食安全的同时最大限度地提高农业生产效率，实现了农业增产、农户增收。在2016年，合作社种植的3600亩水稻共收获粮食将近3000吨，年销售收入约800万元，每亩收入2242元以上，比2015年平均每亩增收400元以上。截至2018年底，合作社的水稻种植面积达到了4300亩，年稻米收获量超过3500吨，达到了历史最高水平，使当地农户平均每亩增收超过300元，及至2022年全程机械化、信息化水稻生产面积达到5000亩，亩产800多千克，比传统种植方式单产增产350千克，按1.38元/斤计算，合计增产996万元。

2）机械化、信息化作业改进生产链效率

机械化、信息化作业对生产的改进体现在以下几个方面。

（1）农田生产视频监控。针对水稻长势过程中面临的主要病虫害、应急事件等，合作社采用了基于物联网技术的 GIS 的农田视频监控系统，通过集成应用GIS、无线传输网络、视频监控等技术，开发了病虫害远程诊治与预警系统，对生产作业、作物生长、病虫草害的发生与防控、重大事故等重要视频信息通过GIS进行空间定位显示。根据这些实时、直观的视频信息，生产管理者可以及时掌握生产进度、作物长势、灾害情况以及重大突发事件等具体情况，提高了农田生产决策指挥的准确度和灵活性。

（2）农田精准作业。在田间作业中，合作社在将物联网等信息化技术应用于水稻田间现代化管理、水肥一体化、水稻智能化循环节水等方面起到了重要的示范引领作用,搭建了水稻全生育期间叶龄、水层、肥料、水温、防病、防虫等的自动化、智能化、精细化的水稻田间现代化管理体系,促进了资源节约。

(3) 植保无人机喷施作业自动化。为实现农机调度的自动化控制,合作社建立了精准农业农机平台,开发了精准农业管理系统。实现高效农业,离不开农机的现代化,农用植保机搭载精密仪器、喷洒农药更加精准,农用无人机可通过数据记录仪及时采集田间信息,将肥、水、病、虫、产量等信息反馈给农户及决策系统,为建立农业大数据库提供依据,同时,通过空中和地面遥感收集和分析的水稻生长情况相关信息,将农田分为作业网格,依据不同的农情制定不同的喷雾作业方案,并对网格有针对性地进行喷洒,提高农药利用率和减少环境污染。

(4) 依托机械化、信息化作业体系,农业生产效率与智能化水平实现双提升。合作社构建的智慧农业水稻种植应用技术体系,推动了农业信息化和机械化的全面融合。在农机作业过程中,通过应用物联网技术、空中遥感技术和地理信息技术使得播种、整地、喷洒、灌溉等农机作业高效自动化。过去传统的人工浇水是不均匀的,而现在的智能化育秧系统大大提高了种苗浇灌的精度,秧苗盒子改用可回收可反复使用的硬盒,不再像过去抛秧用的薄膜满天飞,机插秧平均每人插秧效率比人工提升了 17 倍,极大降低了劳动强度,作业效率也飞速提升,达到日均百亩。同时植保机械防治效率较人工工效提高了 2.8 倍,植保飞机更是可以达到 100 亩/天的工作效率。以早稻为例,全程机械化、信息化种植成本在 600 元上下,而传统种植(含机耕、机收)成本超过 800 元,主要差距在于育秧、机插、机防和灌溉等过程全部实现机械信息化,大大省去了人工成本,节约成本 200 元/亩,包括育秧费用、统防统治节省病虫害防治费用、机插秧节省人工成本等。

(5) 生产资源利用率得到有效提高。与一般稻田相比,合作社 2018 建立的"智慧农业应用示范园区"的农田亩均减少农药、化肥施用量 10%以上,单产提高达到 5%以上,每亩可节约用水 100 多立方米。通过大力引进国内外先进现代农机装备,水稻生产机械化率达 97%以上,自动化育秧流水线全程 11 道集中育秧工序环环相扣、紧密衔接,育秧周期可缩短 14 天,以 2.3 元/盘的价格和 50 盘/亩的需求计算,一亩水田的育秧成本在 115 元左右,相比于传统田间育秧,每亩可节省人工成本 80 元,当前合作社已拥有了 800 平方米的育秧工厂,可为 2000 亩水田提供机插秧苗;2019 年合作社尝试了无盘育秧新技术,解决了机插杂交稻用种量大、秧龄期短、秧苗素质差、双季稻品种不配套等技术难题,大幅降低了机插稻的育秧成本,与传统软盘育秧相比较,省面积、省时、省力,每亩田减少杂交稻种子、软盘等费用 200 元以上;合作社还购置了 3 台侧深精准施肥机,通过测算,采用侧深施肥的田只需传统施肥量的 70%就可以保证水稻正常生长,而且田里不长草,环境污染少,千粒重增加 6%,每亩增产 100 多斤,每亩可节约劳动力工资、肥料、除草剂等成本约 300 元;建设了 1500 平方米的粮仓,储存容量达到了1万吨；合作社建有一个粮食烘干塔，每天可处理200吨粮食，同时建有四条小型粮食烘干线，每天可加工15吨粮食，综合起来每日可烘干粮食260吨，还建成了800平方米的农机停机坪，近万平方米的粮食晾晒坪，配备了旋耕机、插秧机、联合收割拖拉机等多批现代化农机设备，大大提高了粮食生产效率，每年单位面积土地水稻产出达800多千克/亩，比传统种植方式平均单产450千克/亩高78%。

（6）智慧农技推广体系逐渐完善。合作社投资220万元，以"高效节水灌溉系统"为主攻项目，农情监测系统、农产品质量追溯体系同步上线，建成了B市首个全过程远程监控、远程控制的智慧农业示范基地，同步上线了新型农技推广平台，通过应用推广减肥增效示范工程，C农机合作社以配肥车间为依托，通过与土肥站设置的取土试验点对接，根据E镇地区土种及优势农作物布局，制定本地减肥增效示范工程建设方案，推广测土配方服务，C农机合作社通过示范工程建设，增强农民科学施肥意识，提高配方肥施用效率，提升科学施肥技术水平，促进施肥方式转变，为提高粮食产量，提高农业效率，提高农民收入做出新的示范效应。同时在合作社厂区建设了一所200平方米的新型职业农民培训学校，由专业的农业技术人员担任顾问，开展农民农田技术培训活动，动员当地农户积极参加培训，增强他们对智能化农业技术在农业中应用的接受度，从而提高生产能力以及智能化农业技术应用接受度，是市场经济条件下培育具有文化、技术和管理能力的新型农民的有效方式。

3）农产品电子商务及质量安全追溯提升合作社农产品销量

农产品电子商务及质量安全追溯表现为以下几个方面。

（1）农产品的质量追溯与产品跟踪。在合作社的智慧农业控制中心，管理员通过部署在水稻田间的传感器设备，水稻种植管理溯源系统自动采集水稻生长过程中的各项指标和信息，如全生长期的图片、生长环境数据等，并将信息自动生成溯源档案，且后期不可更改，有力保证了溯源档案的真实性，同时工作人员也可在后台对产品溯源信息进行有效保护，添加企业信息、产品监测、产品认证信息、加工配送信息等，让产品溯源档案更加全面，以便消费者直观了解大米从生产到流通过程中的信息，每一袋大米都具备唯一的二维码，消费者通过手机扫码就可以"看见"每一批大米的前世今生，让每一袋大米都"有迹可循"。另外，消费者还可以观看水稻生产的实时视频直播，"亲历"生产现场，最大程度地"触及"生产各个环节，增强对产品和生产基地的直观体验。

（2）农产品电子商务。合作社统一开展品牌营销，通过规模化生产、集约化经营打造B县绿色粮食的主导品牌，通过品牌效应提高规模效益。通过"互联网+供销合作社+智慧农业"这一新的流通方式，大大提升了农产品的品牌效应和销售量，合作社与县供销电子商务公司合作，并以智慧农业大田种植基地为基础，将依托环境监测和绿色防控等先进科技生产的绿色品牌优质大米搬上农村淘宝和供销 e 家网络平台，一经上市好评如潮，销量不断在提高。与此同时，合作社也积极促进农产品订单服务，在农产品还未出现在市场上时，通过合作社电子商务平台提前发布信息，获得预订订单的同时有效防止农产品的倾销或单一竞争，此外，合作社还为消费者提供个性化的定制服务，最后通过设立自己的有机农产品直销网站，实行网上下单、付款，通过智能柜和送货上门两种方式进行配送，实现了农产品从地头到餐桌的安全一站式销售。此外，合作社还通过微博、微信、QQ 等宣传渠道进行电商销售，与电商企业合作提供优质农产品并进行线上线下交易。

得益于农产品电子商务及质量安全追溯，市场化信息化水平和产业规模效益不断提高。为进一步加强产销对接，合作社新建 300 平方米的农产品销售展示厅，展销内容分两部分：一是来自 E 镇本地生产的特色农产品，包括但不限于大米、蔬菜、水果等；二是设置了农耕文化展示区，挖掘展示 E 镇本地传统特色农耕文化。此外，展销中心还将进一步对接惠农公司线上销售平台，有效减少生产销售过程中的多余环节，线上线下同步将本地各类品质优良、绿色健康的农产品进行展览推销，为扩大规模效益提供产品展示和销售的平台。同时合作社在推进农业信息化服务的进程中，科学种田体现在产前集中育秧、机插秧服务和产中智能化管理，也体现在产后粮食的晾晒和烘干方面，实现了对农产品从生产、加工、物流到配送的整个流程的管理。2023 年，合作社年销售收入达到 1100 多万元，农产品销售效益达到历史最高。合作社在农产品流通环节还通过电子商务交易、智能柜配送实现信息化管理，智能柜利用农宅接合、配送到家的模式，减少农产品的流通环节，解决配送"最后一公里"难题，使农产品的生产监管、销售各个环节实现链接和整合，建立了全新的农产品产、供、销一体化模式，推动了 C 农机合作社全产业链的改造升级，打破农村第一、第二、第三产业的壁垒，促进产业融合，开展从种植到销售的全过程社会化服务，增强农村农业抗风险的能力，促进合作社增产增收。

农产品质量安全得到有效保障，实现合作社增收。合作社凭借高品质有机农产品、快捷有效的诚信服务、品牌直营销售已经成功打造了农产品质量安全溯源系统和产品绿色履历，在合作社和城市消费者之间建立了便捷、健康、安全和可靠的联系方式。2023 年合作社实现了优质稻示范田从播种到收割，从出厂到消费者手中的全程可追溯、可查询，合作社还以每亩 2000 多元的价格与中间商签订了协议书，打开了产品销售的预订模式，解决了产品销售的后顾之忧。

参 考 文 献

本刊评论员. 2007. 创新发展中国肥料业建设现代农业. 中国城乡桥, (11): 13-16, 12.

樊亢, 戎殿新. 1994. 论美国农业社会化服务体系. 世界经济, (6): 4-12.

高强, 孔祥智. 2013. 我国农业社会化服务体系演进轨迹与政策匹配: 1978—2013 年. 改革, (4): 5-18.

关军领. 2022. 全程机械化+综合农事助力乡村振兴: 记蓝田县铁骑农业机械专业合作社. 中国农民合作社, (5): 47-48.

胡家浩. 2008. 美、德农业社会化服务提供的启示. 开放导报, (5): 88-91.

贾广东, 张涛, 刘睿文, 等. 2015. 美国现代农业社会化服务体系发展对我国的启示. 农村经营管理, (10): 22-25.

孔祥智. 2014. 农业政策学. 北京: 高等教育出版社: 428-434.

孔祥智, 楼栋, 何安华. 2012. 建立新型农业社会化服务体系: 必要性、模式选择和对策建议. 教学与研究, (1): 39-46.

李俏. 2012. 农业社会化服务体系研究. 杨凌: 西北农林科技大学.

李俏, 王建华. 2012. 新型农业社会化服务体系构建与创新: 基于国际比较的视角. 世界农业, (12): 41-45.

李俏, 王建华. 2013. 农业社会化视域下农业推广硕士教学实践路径探讨. 学位与研究生教育, (5): 32-35.

刘洋, 陈秉谱, 何兰兰. 2022. 我国农业社会化服务的演变历程、研究现状及展望. 中国农机化学报, 43(4): 229-236.

刘玉凤. 2021. "菜单式"科技定制模式下农业高校科技服务人才培养研究: 基于青岛经验的分析. 安徽农业科学, 49(23): 280-282.

刘玉凤, 王珩. 2017. 构建需求导向型"菜单式"农业科技定制模式的实证研究: 基于中外科技推广模式比较的视角. 山东农业科学, 49(10): 168-172.

柳赵郑. 2009. 河南省现代农业物流面临的问题及其对策研究. 郑州: 河南农业大学.

马文科, 潘运华. 2014. 农业信息化中智能网络服务平台的研究. 萍乡高等专科学校学报, 31(6): 73-76.

农业部, 国家发展改革委, 财政部. 2017. 农业部 国家发展改革委 财政部关于加快发展农业生产性服务业的指导意见. http://country.cnr.cn/gundong/20170824/t20170824_523916046.shtml [2024-07-27].

任端阳. 2017. 我国农业知识产权与智慧农业发展对策研究. 合肥: 中国科学技术大学.

任致远. 1984. 试论农村商品流通体制改革的方向. 杭州商学院学报, (3): 16-18.

石磊, 冉中胜, 蔡建基. 2009. 农户承包土地托管现象分析. 农村经营管理, (4): 26-27.

史芳. 2022. 现代农业目标下农业社会化服务对小农户生产行为影响研究. 长沙: 湖南农业大学.

孙晓燕, 苏昕. 2012. 土地托管、总收益与种粮意愿: 兼业农户粮食增效与务工增收视角. 农业经济问题, 33(8): 102-108, 112.

仝志辉. 2007. 论我国农村社会化服务体系的"部门化". 山东社会科学, (7): 50-52.

王浩. 1999. 美日农业社会化服务体系的比较与借鉴. 中州学刊, (2): 22-25.

王竞佼, 隋文香. 2010. 农村土地托管制度探讨. 经济师, (1): 48-49.

魏爱苗. 2013. 多管齐下提高农业生产效率. 农产品市场周刊, (22): 53-54.

夏英. 1993. 农业社会化服务问题的理论探讨. 农业经济问题, (6): 41-46.

许雯静. 2015. 黑龙江省国有林区发展林下经济的社会化服务体系研究. 哈尔滨: 东北林业大学.

杨南西. 2021. 智慧农业推动农业产业链改造升级问题研究. 长沙: 湖南农业大学.

张驰. 2017. 农产品透明供应链关键技术及其应用研究. 北京: 中国农业大学.

张鹏飞. 2016. 土地托管组织运行机制与运行效果研究. 济南: 山东财经大学.

张鹏飞. 2019. 土地托管方式下的技术扩散研究. 郑州: 河南农业大学.

张新喜, 湾晓霞. 2015. 周口市农村土地托管现状及发展建议. 现代农业科技, (1): 348-349.

张颜皓. 2013. 我国农产品产销信息化研究. 武汉: 华中师范大学.

张云鹤, 赵亮. 2023. 中国农业社会化服务平台解决农业生产社会化服务痛点: 以安徽省宿州市为例. 中南农业科技, 44(5): 105-108, 112.

张云鹤, 赵亮, 贾志威, 等. 2021. "屯留模式"与中国农业社会化服务平台结合探索. 乡村科技, 12(24): 35-36.

张忠明, 钟鑫. 2013. 土地流转的有效形式: 土地托管模式. 江苏农业科学, 41(7): 403-406.

赵勤. 2006. 中国现代农业物流问题研究. 哈尔滨: 东北林业大学.

钟亮亮, 童金杰, 朱述斌, 等. 2014. 江西省农业社会化服务水平测度及制约因素解构. 广东农业科学, 41(14): 199-204.

周琼. 2020. 宁波市农业金融服务存在的问题及对策研究. 舟山: 浙江海洋大学.

Rasmussen W D. 1991. The 1890 land-grant colleges and universities: a centennial overview. Agricultural History, 65(2): 168-172.